怀疑的胜利

TRIUMPH OF DOUBT

暗 钱 与 科 学 腐 败 的 真 相

Dark Money and the Science
of Deception

［美］戴维·迈克尔斯　著

徐梦蔚　译

上海科技教育出版社

对本书的评价

在美国职业橄榄球大联盟中,队医听命于组织。我们运动员私下开玩笑说,让队医来掌管我们的健康,无异于让吸血鬼德古拉来管理血库。戴维·迈克尔斯在《怀疑的胜利》中一针见血地揭露了橄榄球等行业的运作内幕:大公司染指科学,用营销手段散布怀疑、误导公众,而结果就是无辜的人受到伤害。每个人都该读一读迈克尔斯的书,以便识破这些公司的致命伎俩。

——克里斯·博兰(Chris Borland),
前美国职业橄榄球大联盟球员

戴维·迈克尔斯兼具勇气和专业知识,这样的特质难能可贵。他不但知道哪里隐藏着最肮脏的秘密,也知道始作俑者是谁。《怀疑的胜利》和前作《他们生产怀疑》这两本书正是今天的社会所需的。通过可读性极强的叙述,两书为读者娓娓道来科学腐败的后果——无论是橄榄球场上的运动员、工厂里的劳工、喝下碳酸饮料的消费者,抑或是卡车司机,都逃不开"坏科学"的危害,可以说这个地球上每一个拥有脉搏的人,都无法独善其身。

——丹·费金(Dan Fagin),
普利策奖获奖作品《汤姆斯河》(*Toms River*)作者

书的内容叫人欲罢不能。多么希望书里的故事都是虚构的,但那些悲剧却真真切切地发生了。被金钱收买的专家、操纵事态的暗钱——《怀疑的胜利》揭露了行业巨头如何误导和欺骗公众。

——莫纳·汉娜-阿提纱(Mona Hanna-Attisha),

《眼不可见》(*What the Eyes Don't See*)作者

迈克尔斯是科学家,是公职人员,也是公共卫生和安全的积极捍卫者。他的前作揭开了怀疑论的面纱,在此基础上,这本新作记录了势力强大的企业如何把"产品辩护"打造成新型的政治武器。企业使用暗钱排挤优秀的科研、为有害产品保驾护航,让它们继续在市场上横行。为了重获公众对监管背后的科学的信心,相关人员有必要阅读此书。

——希拉·贾萨诺夫(Sheila Jasanoff),

哈佛大学肯尼迪学院

由于美国安全监管深度腐坏,每一位公民都成了受害者,儿童尤甚,而戴维·迈克尔斯则是黑暗的揭露者。在安全监管一把手的位置上工作七年多的迈克尔斯细致地阐述了故事的始末,也点出了未来必须作出的改变。每一位心系环境清洁与安全的人,无论国籍,都有必要听一听他讲述的故事,哪怕故事可能引起惊骇。

——劳伦斯·莱西希(Lawrence Lessig),

《忠诚与约束》(*Fidelity and Constraint*)作者

无论是烟草、医药还是化石燃料行业,一旦有科学研究揭露其产品对公众的危害,既得利益者总是忙不迭地对科学发动攻击。戴维·迈克尔斯对这类操作再熟悉不过,他与这群既得利益者抗争了十余年,他致力于揪出作恶的反派、让他们付出代价。这本书能让我们认清坏人是谁,并学会如何反击。

——迈克尔·E.曼(Michael E. Mann),

《疯人院效应》(*The Madhouse Effect*)作者

对社会最有害的做法,就是在公众辩论中夹带私货、掺入有害的虚假信息,把讨论变成荼毒。戴维·迈克尔斯向一个又一个行业开炮,揭露了他们如何为了利润而不择手段地撒谎、欺骗、操纵,而背后的代价,却落到了无辜民众身上。

——比尔·麦吉本(Bill Mckibben),

《衰退》(*Falter*)作者

戴维·迈克尔斯用他的笔尖把暗钱和坏科学的丑陋暴露无遗,揭示了烟草、石棉、铅、二氧化硅、杀虫剂等有毒产品如何在市场或工作场所中规避法规、威胁健康,甚至夺走生命。他毫不避讳地点出了一些人名和公司名,他们隶属于"产品辩护"行业,擅长拖延、阻挠、欺骗,并打击富有正义感的吹哨人。这本书能激起你的愤怒,读罢此书,你会渴望学习保护自己、保护社区和保护家园的方法。希望这本书能帮助你保持警觉,不被催眠。

——拉尔夫·纳德尔(Ralph Nader)

《怀疑的胜利》以行业为篇章,剖析了企业如何为了牟利操纵科学、拉拢专家、牺牲公众健康。这一趋势如果继续下去,民主也会受到威胁。我们应立即响应戴维·迈克尔斯的号召。

——玛丽昂·内塞(Marion Nestle),
《令人厌恶的事实》(*Unsavory Truth*)作者

真相或许是难以下咽的,但企业和政府领导不能因此就规避真相,编撰出其他的解释,把利益和利润置于人性之上。如果不破除这种风气,我们的未来将是灰暗的。《怀疑的胜利》提醒我们,真相只有一个。

——贝内特·奥马鲁(Bennet Omalu),
《真相没有偏见》(*Truth Doesn't Have a Side*)作者

戴维·迈克尔斯细致、深入地记录了伪科学的欺骗式宣传。如今,贩卖怀疑、欺骗宣传、虚假信息这一主题逐渐获得了一些作者的关注,而这本新书无疑是这一领域的又一力作。

——内奥米·奥利斯克斯(Naomi Oreskes),
《贩卖怀疑的商人》(*Merchants of Doubt*)作者

直言不讳地剑指根基深厚的行业巨头,这一点需要极大的勇气。我有幸与迈克尔斯博士在奥巴马政府共事,在我们推动二氧化硅管理条例的制定时,我亲眼目睹了他为保护建筑工人的健康而展示出的无畏勇气。《怀疑的胜利》不仅撕破了某些企业所赞助的"科研"的假面,也让企业追逐利润、掩盖风险的灰色手段无所遁形。本书不容错过。

——汤姆·佩雷斯(Tom Perez),
美国劳工部原部长

面对重要的社会问题,我们有必要运用数据和研究来展开辩论。在《怀疑的胜利》一书中,戴维·迈克尔斯深入记载了关于科学的这场论战,解释了金钱是如何攻击科学证据、炒作怀疑的。而这场论战的结果,则关乎地球这一星球的存亡。此书不可不读。

——亚当·萨维奇(Adam Savage),
《流言终结者》(*MythBusters*)节目主持人

如果你关注真相,希望了解那些被刻意隐瞒的实情,那么本书则是你的不二之选。迈克尔斯详细地叙述了有权有势、道德沦丧之辈如何动用手腕来掩盖实情。

——德莫里斯·史密斯(Demaurice Smith),
美国职业橄榄球大联盟球员工会执行董事

我出身于矿工家庭,祖上三代人都以挖矿为生,我亲眼目睹了家人被煤肺夺去生命,我也知道工人的安全不应沦为政治筹码。商界、劳工界和科学界人士都应该读一读戴维·迈克尔斯的这本书。

——理查德·特拉姆卡(Richard Trumka),
美国劳工总会与产业劳工组织主席

戴维·迈克尔斯用详实的证据说明了烟草、石油、化学品、医药等行业如何借助"产品辩护"的伪科学挑起消费者对正统科学的怀疑,为危险品争取到了生存的空间。通过他的叙述,我们看到了公正无私、效力于政府机构的科学家在保护公众健康、维护环境卫生、抵制企业谎言中扮演的重要角色。

——汤姆·尤德尔(Tom Udall),
美国国会参议员

无论是医药企业在导致阿片类药物泛滥中扮演的角色,抑或是科氏兄弟在气候变化问题上的倒行逆施,迈克尔斯对这些不光彩的行业历史做了一一剖析,揭示了行业如何打着科学的名号攫取利润。这本书能够帮助读者更好地识破企业的谎言。

——谢尔登·怀特豪斯(Sheldon Whitehouse),
美国国会参议员

谨以本书献给无数的受害者，他们饱受那些擅长生产怀疑、炮制虚假信息的科学骗子和无良企业的伤害

如果一个人用来谋生的工作要求他对某些事情视而不见,那无论你怎么努力,都无法让他睁开双眼。

——厄普顿·辛克莱(Upton Sinclair)

金子在谁手上,谁就是规则的制定者。

——布兰特·帕克(Brant Parker)、
约翰尼·哈特(Johnny Hart)

无论你再怎么愤世嫉俗,总有更丑陋的事情能再次突破你的想象。

——莉莉·汤姆林(Lily Tomlin)

目录

第一章　序言 / 001

第二章　欺骗的科学 / 017

第三章　永生的化学物质 / 031

第四章　美国职业橄榄球大联盟的脑科医生 / 046

第五章　断然的否认 / 064

第六章　与柴油的交易 / 086

第七章　阿片类药物 / 116

第八章　致命的灰尘 / 132

第九章　与裁判打心理战 / 162

第十章　大众汽车,甲壳虫还是害虫 / 186

第十一章　气候变化否定器 / 210

第十二章　带来疾病的糖 / 231

第十三章　党派的主张 / 252

第十四章　待价而沽的科学 / 271

第十五章　不确定的未来 / 290

信息披露与致谢 / 315

参考文献 / 320

第一章
序　言

在2015年美国职业橄榄球大联盟(NFL)的美联决赛*上,新英格兰爱国者队以17∶7的比分领先于印第安纳波利斯小马队。这场比赛至关重要：获胜队伍将晋级"超级碗"。随着下半场比赛的打响,运动员返回赛场,新英格兰爱国者队率先在4次控球进攻机会之内达阵得分,打开局面后一路猛进,最终轻松地以45∶7大比分获胜。

然而,比赛结束后不出几日,针对爱国者队下半场的爆发,有一则小道消息不胫而走,在球迷、网民和媒体中广为流传。传言称,中场休息的时候,爱国者队中有人先在更衣室里对球做了手脚,再把球混入赛场,而且这极有可能是受了爱国者队的明星四分卫汤姆·布雷迪(Tom Brady)的指使——他本人据称偏爱瘪一点的、充气不那么足的球。难道真的是因为这个原因,他才在下半场如有神助吗？小马队真的是在不知不觉中被摆了一道吗？不出所料,这一事件迅速发酵,成为全美轰动一时的"放气门"。全国媒体都紧紧盯着布雷迪这位顶级橄榄球巨星,并敦促美国职业橄榄球大联盟作出官方回应,捍卫赛事公平。

---

* 译者注：美国职业橄榄球大联盟现有32个球队,分别隶属于两个联合会：美国橄榄球联合会(AFC,简称美联)和国家橄榄球联合会(NFC,简称国联),两个联合会各自的冠军最终会在"超级碗"(NFL冠军总决赛)上争夺总冠军。

"放气门"是否真的涉及作弊，这还不是最难查清的事，其背后的职业橄榄球竞赛大环境更是错综复杂、暗流涌动。在"放气门"发生之前，新英格兰爱国者队已称霸职业橄榄球赛场整整13年，其中5次晋级"超级碗"，并3次最终赢下"超级碗"，领军人物布雷迪称得上是最优秀的现役四分卫（当年38岁的他也是四分卫中年纪最大的）。在这一时期，联盟中的各支队伍实力相差无几，新英格兰爱国者队的成功可谓史无前例，也因此吸引了大批忠诚的球迷——随之而来的，自然也少不了其他球队球迷的极端蔑视。"放气门"并不是爱国者队第一次陷入类似的争议，多年以来，爱国者队已多次被指控不公平竞争，此类指控是否公正、属实则另当别论。2007年，爱国者队被公开判定为比赛作弊——他们偷录了对方球队的手势暗号。判罚一出，许多球队的老板及球迷不禁怀疑爱国者队之前的辉煌成绩到底有多少水分。再加上"放气门"，似乎爱国者队还对比赛用球动起了歪脑筋。

从各类报道中不难看出，爱国者队老板罗伯特·克拉夫特（Robert Kraft）和其余球队老板之间原本就关系紧张。"放气门"曝光之后，其余31支球队联合一致向美国职业橄榄球大联盟总裁罗杰·古德尔（Roger Goodell）施压，力求严惩这支传奇球队。但首先必须有明确证据证明布雷迪以及更衣室中的"共犯"确实给橄榄球放了气，古德尔才能作出处罚。因此，古德尔急需找到"科学依据"来为他的决策背书。他和许多大企业、大机构的高层领导一样，选择了一条几十年来屡试不爽的老路：找那些能按照客户要求来"定制"检测结果的专业人士。

当然，"放气门"并不是本书的主题。与本书所关注的议题相比，一位明星四分卫是否在某场重要比赛中作弊这样的事可谓微不足道。本书探讨的问题极其重要（包括关于橄榄球这项运动的另一个话题：脑损伤）。之所以谈到职业橄榄球大联盟在处理"放气门"事件时的下意识举动，是因为这一丑闻清晰展现了大企业里那一套深入骨髓、条件反射式的问题处理方法的影响范围,而媒体和公众对这种惯用手段却鲜有觉察。

今天,如果一家企业卷入负面风波,某件产品遭遇安全上的质疑,很少有哪位首席执行官能站出来说:"我们会聘请最优秀的科学家彻查这一问题。如果调查结果显示该产品确实存在隐患,我们将立即停产。"实际上,过去几十年的无数案例表明,面临危机的企业会选择一条相反的路。企业似乎是本能地抛弃道德:否认指控,不惜一切代价维护自己的产品,集中火力攻击那些揭露问题的科学证据。当然,企业高层和反监管倡导者永远不会亲口承认在他们眼里利润比员工健康或公共安全更重要,也不会承认他们对环境保护其实没什么兴趣。但无论他们如何花言巧语,他们的实际行动早就说明了一切。如今,各大企业的管理层要对企业短期及长期的财务表现负责。为了追求财务目标,一种扭曲的风气慢慢滋生:利润和发展可以凌驾于一切之上。对许多高层管理者来说,任何肮脏的决策都有一个合理的借口:为公司规避财务损失。

诚然,高层的决策非常复杂,无法简单地用黑白对错去判定。每一个决策背后都涉及诸多因素,例如政府若出台相关监管措施将带来多少额外成本,产品隐患被证实后可能向同类产品流失多少市场份额,等等。此外,企业也害怕问题产品的受害者会发起诉讼,索取巨额赔偿金,同时让品牌形象一落千丈。这些因素都是企业要计算考量的。

大多数人,尤其是美国人,都对企业唯利是图的举动不感到意外。逐利是商人的本性。我们也不指望商人能像科学家一样行事。科学应该是恒定的存在,无政治立场、不参与利益纷争。本书要特别关注的是一批善于用科学盈利的"专家",以及他们赖以为生的"产品辩护行业"——这一行业纠合了徒有其名的专家、巧舌如簧的公关、游走政坛的说客,他们共同炮制伪科学来服务雇主。雇主想要怎样的报告结论,他们都能制造出来。这简直与一个关于服装店的老笑话如出一辙:如果顾客想买蓝色西装,就开蓝色的灯!

在这个欣欣向荣的行业中,有几家声名在外的王牌事务所。"放气门"事件发生后,职业橄榄球大联盟总裁古德尔选择的毅博咨询公司(Exponent)就是这样一家全美数一数二的产品辩护公司。此类咨询机构雇佣了(也可以临时召来)一批毒理学家、流行病学家、生物统计学家、风险评估员,以及其他所需的相关领域受过专业训练、懂得应对媒体的专家(经济学家当然也不例外:当面临可能出台的监管措施时,受聘的经济学家会极力夸大监管的弊端和经济成本,淡化监管措施能带来的好处;企业面临垄断指控时,受雇经济学家也会出来帮企业说话)。他们的工作主要就是为产品辩护:当某一公司的产品、原材料或生产方式被指控存在隐患——例如释放有毒气体、污染水源,他们就负责整合出一套科学依据,证明这一产品、原料或生产方式其实没太大问题。这些"专家"会炮制出光鲜亮丽、煞有其事的报告,并在科学期刊上发表已通过同行评议的论文(当然,参与评议的同行也都是拿工资的"枪手")。简而言之,产品辩护行业就是炮制假账的:如果"科研"结论不符合客户要求,那就换个团队、换个方式再研究一遍,直到得出符合客户利益的数字。

我把这种企业策略称作"生产怀疑",或者"生产不确定性"。我希望本书能够指认、归纳并曝光企业的心机操作,让读者看到企业是如何利用唯利是图的"赏金科学家"来操纵科学的。在这个商业世界的任何一个角落,任何支持引入监管措施的证据都会被质疑——动物实验不具备可比性,人类数据不具备代表性,被曝光的数据不具备可信度或参考价值。总之,证据存在太多疑点,证据不足以证实危害,没有足够的证据证明企业造成了**足够的**危害。

这不过是公关手段披上了科学的伪装。公司的公关高手把精心撰写的素材提供给受雇的科学家,由他们代为发声。从科学家口中讲出的反主流言论往往会吸引记者的目光,因为记者常有这样一种职业病:他们坚信一切故事均有正反两面,而任何公正的报道也应该充分考量两方面的声音。于是,监管机构本想保护公众,但企业却派出科学家去影响监管机构的决策;消费者沦为问题产品的受害者,提出的诉讼却遭遇"科学"的反驳。企业及其"枪手"把他们的研究和报告鼓吹为"可靠科学"并大肆宣传,但所谓"可靠",可真是太不靠谱了。企业将用钱买来的伪科学奉为金科玉律,而真正的学术研究,但凡可能对企业利益造成一丁点儿威胁,就会被猛烈抨击、贬得一文不值。用一个词概括企业的这类行为,那就是"奥威尔现象"(Orwellian)*。

小到公司个体,大到所有行业,数十年来都在不断精益求精,把这一策略运用到极致。他们明明是为了利益不顾公共安全,却可以大言不惭地说是出于科学上的谨慎。面对可能给公众或环境带来危害的问题产品,政府拟议的监管措施却频频遭遇企业的阻挠,而企业从中作梗的最佳方式,不是谈政策,而是谈科学——拿科学作武器,比挑战政策简单得多且更加行之有效。早在几十年前,已有许多行业打着科学的名义为自己辩护,涉及烟草、二手烟、石棉、工业污染以及众多化学物质和产品。时至今日,这些行业"否认一切不利证据"的做法依然广泛存在。此外,企业和受雇专家想要掩盖、矫饰的并不只是威胁健康或环境的有毒化学物质,还包括有毒的**信息**(Facebook就是一大例子,这家公司的某些不当行为便是佐证)。

我无意断言产品辩护专家做的每一项研究、写的每一份报告都是虚

---

* 译者注:英国作家乔治·奥威尔(George Orwell)在其小说《一九八四》中描绘了未来独裁统治下的恐怖情景,这里的"奥威尔现象"指为达到宣传目的而篡改并歪曲事实的社会现象。

假、错误的。科研人员当然有权为了推翻某一假设而去论证另一假设。在追求真理的过程中,科学进步的一大方式就是不断地推翻既有认知,质疑普遍真理。或许每一个故事的确都有正反两面,但并不意味着正反两面都同样能**站得住脚**。当有一方的说辞是以高价购得的,且出自那些以炮制企业客户所需的研究成果和报告而发家的事务所,这样的说辞又有多少可信度呢?

如今,关于公共政策的科学依据有很多讨论,在这场论战中,相关行业靠着攻击、质疑政策的科学性(即"生产怀疑"的企业策略)取得了惊人的效果。长远来看,他们的那些辩白之词根本站不住脚,有些甚至第一眼看上去就荒诞可笑。但产品辩护团队的真正目的在于扰乱视听、争取喘息时间。抛出质疑、搅乱局势后,有些企业或行业或许能因此获得足够的时间来巩固市场地位或研发替代产品。因为他们播撒下了怀疑的种子,原本用以维护公众健康或保护环境的措施可能就此延期或搁浅。当有怀疑的声音在混淆视听,法庭上的陪审员也可能受此影响,判断某一产品造成某些严重疾病的证据并不确凿。

假以时日,随着严谨的科学研究越来越有说服力、越来越明确,企业炮制的研究结果最终会被证伪(但到了那一刻,风波早已过去,那些曾言之凿凿为企业站台的专家也被淡忘,不必为自己的谎言付出任何代价)。企业最终放弃抵抗,承认自己的产品存在危害,并接受更严格的监管、承担随之而来的监管成本。如果在问题发生伊始他们就承认错误、配合监管,可能相应的监管成本还更低。但企业早就计算过这道数学题:在拖延的这些年,他们早就靠问题产品**赚**了足够多的钱。企业的财富不断积累。至于那些在这些年间,因为问题产品而患病或离世的人呢?被污染的环境呢?那不好意思,只能算他们倒霉了。

至于产品辩护事务所,他们下场如何呢?在科学与金钱的交界地带,他们总能找到突破口,做成下一单生意。在"放气门"中,凭着毅博咨询公司出具的报告,职业橄榄球大联盟的代表律师在比赛过去4个月后终于发声,表示专家并没有找到"可靠的环境或自然因素"来完整解释爱国者队提供的橄榄球为什么会发生气压变化,但结合其他情况证据,人为降低橄榄球气压的"可能性大于"无人为操作的可能性。为了公平,美国职业橄榄球也参考了通信信息等其他可能证明橄榄球的确被人为放气的证据。[1]但毅博公司的报告已经达到了联盟想要的结果,报告的内容足以供联盟作为证据,对四分卫布雷迪作出处罚。古德尔宣判,在随后的2015年赛季中布雷迪禁赛4场,爱国者队罚款100万美元,且不能参加接下来的第一轮选秀。不难想象,禁赛的处罚一出,双方的律师立刻斗得不可开交:最终这一案件一路申诉到了联邦法院,关于禁赛是否有法律依据的争论也一路持续到了当年秋季开始的新赛季。布雷迪的禁赛暂缓执行,他打满了新赛季16场常规赛及之后的季后赛。在新赛季的美联决赛上,爱国者队最终落败。2016年,布雷迪履行了禁赛4场的处罚。在他缺席的4场比赛中,他的球队赢下了3场。布雷迪归队后,爱国者队最终在他的带领下再次赢下那届"超级碗"。(2019年,爱国者队再次晋级"超级碗"并获胜。至此,在过去17年间,爱国者队共9次挺进超级碗,并6次获胜,这样的成绩可谓梦幻到不真实。)

　　毅博咨询公司为联盟球队老板们提供的报告最终成了美国职业橄榄球大联盟的污点。麻省理工学院的机器人专家、机械工程教授约翰·伦纳德(John Leonard)是早期质疑毅博公司报告结论的人之一。他进行了一系列的分析演算,证明毅博公司的原始计算中存在错误,事实上"并不存在违规的人为放气"。[2]伦纳德教授有理有据的运算分析被做成教学内容发布在了视频网站 YouTube 上,浏览量已超30万次。[3]由于他在马萨诸塞州生活和工作*，人们不免会揣测伦纳德的立场是否存在主观偏见，但经考证，他在这点上其实是位"叛徒"——这位马萨诸塞州的居民是费城老鹰队的球迷。并非只有伦纳德教授一人站出来批评毅博公司的报告结论。卡内基梅隆大学、芝加哥大学、洛克菲勒大学及多个学术机构的教职人员都曾指出报告中的错误。⁴可见，这并不是产品辩护行业的高光时刻——只是它比大部分案例受到更多的国人关注，让它成为一个具有代表性的例子。

在我职业生涯的早期，我研究并执教过流行病学，这一学科关注的是人群健康。我研究的重点是疾病与工作环境的联系，例如工作中是否会接触到石棉、铅或其他化学物质。2001年，我决定调整职业方向，重点研究公共政策，关注流行病学的科研成果在实际疾病防护中的运用。自那以后，我通过大量的调研和写作，揭露了各类行业如何以"未有明确科学结论证明危害"为托词，持续给公共卫生和环境造成危害。职业重心的这一转变源自（或许我应该说受启发于）一段多年的工作经历：在比尔·克林顿（Bill Clinton）总统任职期间，我曾在他的内阁政府中出任国家能源部助理部长，负责环境、安全和健康。单看"能源部"三个字，你可能认为这一部门主要负责石油、发电等相关事务［据说唐纳德·特朗普（Donald Trump）总统委任的能源部长——原得克萨斯州州长、总统选举参选人里克·佩里（Rick Perry）最初对这份工作也是这样理解的］。事实上，产油和发电只能代表国家能源部管辖职能的一小部分。该部门的主要工作是生产核武器，并清理核武器生产可能带来的环境危害。我原先的工作实际上是核武器生产项目的首席安全官。那份工作充满挑战，我的职责在于保护国家核武器生产综合设施的工人、附近居民以及周边环境。钚和浓缩铀是

---

* 译者注：马萨诸塞州为美国新英格兰地区的六个州之一，也是新英格兰爱国者队的主场所在地。

核武器的核心材料,它们的生产中会用到大量有毒化学品,因此当年的生产设施中存放着大量有毒化学品(现在有些地方可能依然如此)。参与核武器生产和测试的数千名工人不可避免地暴露在化学物质和辐射之下,一些生产区也成为全美污染最严重的地区。

我任职于能源部时,恰巧赶上一段令人激动的时期。美国及其同盟国以"胜利者"的身份结束了冷战,此时正转而反思在新形势下是否还需要一个庞大的核武器库。此外,能源部历来有个不成文的传统——对核工厂工人的健康问题装聋作哑,拒不承认他们的疾病与工作环境存在关联。虽然并不会被明文记载,但能源部内其实都傲慢地称之为"否认及辩护"。这也是重新审视该策略的时期。全国各地核工厂的工人都一致认为工作环境导致了他们的健康问题,但他们的政府却无动于衷。我拜访了许多工人,发现在绝大多数情况下,工人都没说错。对于患上慢性铍疾病的工人,毋庸置疑,其症状与生产中使用的铍有直接关系(铍是一种有毒金属,用于增大核武器爆炸时的威力)。至于其他工人,他们的症状与工作环境之间的关联则不那么明显,但工人并不相信能源部会诚实、公平地作出裁定。工人的心态不难理解。显然,机构领导也有自己的考虑:他们担心,一旦承认核工厂可能使工人过度暴露在辐射或有毒化学物质下,国家的武器生产会因此受阻,进而影响美国在二战及随后的冷战中的胜败。

能源部部长比尔·理查森(Bill Richardson)给我派了任务,让我解决这一难题,还工人以公平。最终,能源部出台了新的工作方案,克林顿总统出面向工人道歉。更重要的是,一项对工人的补偿方案在参众两院投票通过,并经总统签字生效,至今这一方案已向受到核武器工厂辐射危害的工人及家属提供了逾160亿美元的补偿金。[这段经历的个中曲折被我写进了上一本书《他们生产怀疑》(Doubt Is Their Product)里的"与过去握手言和"一章,占了很大的篇幅。]

当然,冷战的终结并不意味着美国核武器项目的终结。往后,严控核武器生产设施的辐射及污染会一直是一项艰巨的任务。许多核武器生产设施已经颇有年代,且硬件陈旧、技术过时。在我任内,我带领团队出台了一系列安全和健康方面的规章制度,有效提升了军工行业的核安全,其中最重要的一项当属对铍元素管理标准的强化。为了新标准的出台,能源部的员工在学术专家的帮助下付出了数年的努力。有了初步的成果后,我们全力推进,针对作业场所的铍暴露浓度起草并最终确定了相关的标准。在规章的起草与制定过程中,我亲眼看到了那些生产有毒有害产品的大公司如何通过制造不确定性来拖延政策的制定与出台。

尽管能源部关于铍的严格新规仅适用于国有生产设施,铍行业却依然抵制任何层面的改动。为什么?因为当能源部出台新规后(尤其是这样一套经过缜密研究、细心考证的规定),美国职业安全与健康管理局(OSHA,简称职安局)极有可能在他们所管辖的私有民营领域出台类似的规定,以相应地降低铍暴露浓度。(民营领域中涉及铍的生产设施非常多,因为铍是一种非常有用的金属元素——质量比铝更轻,坚硬度强于钢铁,铍合金及化合物则具备各种特殊属性,因此在多个行业中均有极高的工业应用价值。)

铍行业接洽了一家产品辩护事务所(又是我们熟悉的毅博咨询公司),以"还存在太多不确定性"为托词,试图说服能源部暂缓新政的推行。[5]我一眼看穿了他们的把戏,他们用的就是曾被烟草行业用到极致的那一招:鼓吹所谓"不确定性",激起对科学证据的怀疑,从而规避更严格的标准,逃避对受害者的赔偿。我们和铍行业斗争了很久,在科研界和法庭上斗智斗勇,最后终于艰难地赢下了这一役。

在乔治·W.布什(George W. Bush,即小布什)当选总统后,我从联邦政府离职，重回学术领域。有了之前的经验，我已十分擅长识别那些洗白的伎俩，铍行业并非特例，许多行业都还在效仿烟草行业的那一套。曾经帮烟草巨头辩护的那一批科学家，如今正用同样的产品辩护手段帮石棉、苯、铬等有毒有害化学品站台。小布什政府则拿着这些听钱指挥的科学家所炮制的论据，迟迟不肯执行重要的公共卫生和环境保护规章。

随着我识破了越来越多的类似伎俩，我把相应的发现撰写成多篇文章和评论，发表在《科学》等学术杂志上，揭露问题所在，并提出了政策上的呼吁与建议。在《科学美国人》杂志上，我发表了题为《他们生产怀疑》的文章，这一标题化用了烟草行业高层人士的原话，他坦言烟草行业决心反击一切对他们不利的科研结论，拒不承认吸烟对健康的危害。他写道："我们生产怀疑，因为只有在普罗大众的心里撒下怀疑的种子，才能动摇他们原本认定的'既有事实'。制造怀疑也能把原本一边倒的事实变成一场辩论。"6《科学美国人》上的这篇文章也促使我写下了同名的书，书的副标题为"当行业染指科学，你的健康面临威胁"。我的写作过程涉及海量的研究，书中揭露的那些饱受争议的行业，在"染指科学"的过程中也留下了大量足迹，具体可以参阅书中85页之长的注释和1100条参考文献。

这本书在科学界的反响很好，但显然也触动了商业王国的一些敏感神经。其中，专门为企业站台的律师组织"辩护研究协会"向我发出了挑战，要求我与丹尼斯·保施滕巴赫（Dennis Paustenbach）一辩高下，后者是一位从事产品辩护的科学家，我在书中抨击过他的"杰作"。对于这场辩论，我欣然应战：既然我愿意把我的观点白纸黑字地写进书里，那我也不会避讳在公共场合直抒己见，哪怕我面对的观众是几百名为美国造成污染最严重的企业做辩护的律师（他们的客户中不乏美国规模最大、最具影响力的一些企业）。这场辩论给了保施滕巴赫一个绝好的机会，如果他认为《他们生产怀疑》一书中存在谬误，那他可以借机尽情批驳。可惜他和他的观众都一定很失望,因为他没能从书中找出哪怕一个错误。[7]时至今日,依然没有人能证明书中有错。讲这些并不是为了自夸,而是为了说明我所写的每一个案例都是有事实依据的,《他们生产怀疑》和本书也都是为了传播事实。在两本书收录的案例当中,有些企业的做法之肮脏已经到了令人难以置信的地步,读者看后不禁感叹:"天哪,这怎么可能是真的。"很遗憾,每一个故事都是真的。

离开能源部以后,我回到非政府领域,在乔治·华盛顿大学执教并写作。我很满意这份新工作,原本也并无计划再回政府部门工作,直到巴拉克·奥巴马(Barack Obama)总统邀我出任美国职业安全与健康管理局(职安局)一把手。这是一个我无法拒绝的邀约。他给我的具体职位是美国劳工部助理部长,负责领导劳工部下属的职安局。在劳工安全和健康领域,这无疑是全美最重要的岗位。在这个职位上,我也能用我所长,为公共卫生事业作出最大的贡献。

职安局的行政长官一般任期为两年,在我上岗之前,没有一位官员任职达到四年。(绝大多数情况下,接到此类联邦监管职务任命的政客都会在岗位上做个两三年,积累一段能够写进履历的工作经验,给自己镀个金,方便日后用前任官员的身份去赚外快——演讲、咨询等都会找上门。做满两三年后,他们就会走出旋转门,在私营领域谋得一个薪资高得多的工作。许多律师的职业道路就是这么规划的,他们先在体制内积累一定经验,再转身加入反方阵营,利用他们原先积累的人脉以及对体制内流程的了解,对抗自己原先效忠的体制,阻挠监管、拖延安全健康政策的出台。这无疑是非常讽刺的。)我在职安局工作了七年多,直到特朗普上台。我自己有时也不禁会想,我是怎么在这么难的一个位置上待这么多年的。当然,我的情况和他人不太一样。首先,我发自内心地热爱这份工作,此外,我也在乔治·华盛顿大学米尔肯公共卫生学院拿到了终身教职。在学术界,如果教授受邀出任政府职务,学校一般会给予两年的假期,两年之后要么回校执教,要么放弃终身教职。乔治·华盛顿大学的行政管理层对我非常慷慨,在两年的时限到了之后,他们一次又一次地帮我办理延期。允许一位教授离校七年多,这在学术界也是闻所未闻的。

管理职安局是我梦寐以求的工作,我先前的各项经历都可以说是在为这一刻做准备。在奥巴马总统的政府内任职令我倍感光荣。政府内的各位同事都是杰出、团结且富有使命感的,尽心尽力地为国家及人民谋求福祉。作为高层领导团队成员,我们都以最高的道德标准约束自己,铭记各自所执掌的职能部门的职责。正因如此,我们在各项议题上几乎做到了使命必达。职安局内部专业过硬、思想端正的工作人员比比皆是,大家齐心协力,立志保护美国劳工的安全与健康。

重回乔治·华盛顿大学后,我执教流行病学和环境卫生政策,并计划重点研究工作场所的卫生安全管理与企业运营绩效之间的相关性。在制造业,任何生产系统都不可能是主观**故意设计**出来伤害工人的。如果依然有工人在生产中受伤,说明要么是生产设计环节出了问题,要么是生产管理环节出了问题,或者两者皆有问题。我听很多企业高管说过,他们的企业大大获益于工作和生产中执行的安全方案,对安全的重视可以促成效益的增长。如果企业重视安全生产,生产线可以更加顺畅、无事故地运行,进而减少材料和人力的浪费,提升员工士气,降低人员流动,也因此省去不断招聘和培训新员工的成本。安全至上的管理理念让企业更高效,进而提升效益。[8]其中一个例子就是孩之宝(Hasbro)——全球最大的玩具及桌游生产商之一。在我加入职安局之际,孩之宝在美国境内仅余一家工厂,其余的生产都转移到了人力成本更低的亚洲国家。仅存的美国工厂位于马萨诸塞州——一个成本高昂的地方,工厂工人还加入了工会组织。但一位孩之宝高管和我解释了这里面的原因:这家工厂自发参加了职安局所倡议的安全项目，得益于这个项目，工厂的运作非常高效，盈利情况也非常好，完全没有必要把生产迁移到海外。事实上，孩之宝不久前还把旗下的培乐多彩泥生产线从土耳其和中国迁回了美国。[9]

公共卫生和环境保护离不开科学的支持，但遗憾的是，科学的前进之路并非一帆风顺。20世纪50年代烟草行业发明的"混淆视听法"在2020年依然如教科书一般，被不同企业用在不同领域里。暗处的金钱主宰着局势。企业或是资金雄厚的富豪用钱扶植起一批"非营利教育机构"，这些机构的唯一使命就是在气候变化、有毒化学物质、含糖碳酸饮料及酒精的健康危害等议题上提出反面观点、混淆视听，用所谓"不确定性"迷惑大众。要找出藏匿在非营利组织背后的出资人并不容易，他们非常神秘。我们目前仅有的一些信息，一部分来自法庭记录，还有一小部分则是某些机构百密一疏，自己不小心透露了捐赠人信息。

人为制造出来的怀疑论随处可见，在这种论调的鼓动下，问题产品的毒害性从"证据充分"变成了"尚有疑虑"，因而得以存续，持续地给我们的食物、饮品和空气带来危害。可以说，如果没有"怀疑论"从中作梗，成千上万人就可以及时避免伤害，我们的人民会更加健康，环境也会更加清洁。随着特朗普当选美国总统，政府奉行的"循证决策"工作方针遭到了前所未有的挑战——不利于自己的新闻便是"假新闻"，不利于自己的科学也就成了"假科学"。联邦政府更推崇产品辩护行业的专家所得出的科研结果，而不是独立的学术界科学家所做的研究，这简直不可思议。或许更可怕的是，一些曾经用科学为金钱服务、为有毒有害产品洗脱罪名的专家在政府机构内部谋得了职位，或是被聘请为政府顾问，服务于原本应该打击、约束有毒有害产品的政府职能部门。

这种倒退现象促使我开始写这本书。本书并不是我的职安局工作回忆录，但那段工作经历的确给了我新的视角，让我去思考科学对政府决策和监管的影响。科学事业正处于一个岔路口上，或者说，我们整个社会都处于一个岔路口上。在这个关键点上，我们更要让公众了解内幕真相：公共卫生行业里究竟发生了什么？这些操作已产生了怎样的后果？这个十字路口给了我们一个暂停脚步、仔细观察的机会，我们需要借此机会更深刻地了解科学的作用：科学既可以用来保护健康、维护生态，也可以用来危害健康、破坏生态。在本书中，我会详细剖析公共卫生领域中的几大突出问题，它们无一例外遭到了产品辩护行业的染指。书中提到的两个议题——阿片类药物的滥用及职业橄榄球运动员的长期脑损伤（这个问题比"放气门"要严峻得多）都引发了全国性的震动。其余的多个议题，例如糖、酒精、有毒化学物质、空气与水污染、气候变化等，则对数亿美国人民及数十亿全球人民的健康有直接影响。其中，特朗普总统及其政府极力否认、抨击的气候变化问题，在众多议题中无疑最具全球关切性。由于本书关注的是政府决策、利益集团游说及科学研究之间的相互关系，我不得不直言不讳地点出特朗普政府在这当中所扮演的角色：循证决策的政府工作方针形同虚设，怀疑论大行其道。为了更好地证明书中的观点，我把支撑这些观点的重要论据源文件都公布在了网站上，其中许多都是从未向公众公开过的信息，具体请查阅"毒文件"网站（toxicdocs.org）上《怀疑的胜利》专栏，该网站由哥伦比亚大学和纽约城市大学联合运营。

还有一些没能在书中详细探讨的议题，例如俄克拉何马州的频繁地震与油气开采之间的关系（原油脱水这道工序会把大量的地下水泵向地面，但相关行业又搬出了"不确定性"，试图撇清关系），再比如养殖行业把动物密集圈养在狭小空间并大量喂食抗生素（这会培养出耐药的超级病菌），还有杀虫剂、阻燃剂、人造香精、消毒剂等等，它们会对人体造成怎样的损伤，消费者往往都被蒙在鼓里。这些问题都非常值得挖掘，但我还需要做更多、更彻底的研究。在现阶段，我希望本书收录的有限案例可以为读者揭示这个行业的冰山一角,让更多人能够识破精心炮制的怀疑论,并认识到它对公众健康的威胁。

第二章
欺骗的科学

　　大约一个世纪前,烟草成功地渗透了美国的生活与文化,并牢牢扎根。当时正值第一次世界大战,美国步兵的口粮中配有免费的香烟。战争结束后,步兵们把吸烟的习惯从战场带回了家中,在他们的影响下,他们的家人、朋友、邻居也开始吸烟。在那个年代,还没有任何关于烟草的研究或监管。吸烟的唯一缺点还是烟民自己发现的:抽烟抽多了总咳嗽,怪烦人的。

　　从一开始,烟草行业就拉拢科学界和医学界,试图混淆视听、误导消费者,从而消解公众在健康方面的质疑与担忧。一则早年的香烟广告语这样写道:"医生最爱的香烟是骆驼牌香烟!"另一则广告宣称"并未发现吉时牌香烟会造成鼻、喉咙或鼻窦问题"。(吉时公司的这则广告采用的是典型的掉包法:香烟刺激、损害的是**肺部**。)

　　癌症有很长的潜伏期——短则二三十年,长则四五十年。诚然,在第一次世界大战之前,肺癌就已经存在了,正如一战前也有人吸烟一样,但这种疾病很少见。1919年,新奥尔良医学中心的创始人奥尔顿·奥克斯纳(Alton Ochsner,如今这座医学中心以他命名)用文字记载了他在医学院的一段经历:教授带他去观摩一位肺癌逝者的尸体解剖过程。当时这样的病例很少见,教授认为如此难得一遇的手术有必要让学生观摩一下。奥克斯纳后来成了一名外科医生,之后的17年里,他没再见过一例肺癌病例;再后来,他6个月内就遇上了8例。患者均为男性,都曾在战场上服役,并在战争期间开始吸烟。作为观察者,奥克斯纳是最早意识到这里面的逻辑关系的人之一。[1]

20世纪40年代,男性肺癌发病率持续升高(女性的肺癌发病率攀升比男性滞后了几十年,因为香烟在女性中普及得更晚一些),越来越多的医生指出空气污染和吸烟可能是肺癌的诱因。第二次世界大战后,英美两国的医生开创了流行病学这一新的学科,关注疾病在人群中的分布以及成因。肺癌是当时突出的、刻不容缓的一大议题。在一篇由英国医生理查德·多尔(Richard Doll)和数据学家奥斯汀·布拉德福德·希尔(Austin Bradford Hill)在1950年所著的知名文献中,他们比较了住院病人中肺癌患者和其他患者的吸烟情况,发现肺癌患者每天吸烟的根数更多、烟龄更长。数据分析结果显示,重度烟民患肺癌的可能性是非烟民的50倍。同年还有另外三篇类似的研究论文在学界发表。越来越多的证据不断涌现:1952年,有研究学者在小鼠的背部涂抹烟焦油,结果小鼠长出了肿瘤;一年之后,又有十余个实验结果证实了多尔和奥斯汀·希尔的研究结论。[2]

烟草行业遇到麻烦了。尽管在所有合法行业中,烟草业的产品和商业模式是利润最高的,尽管已染上烟瘾的消费者会心甘情愿为了抽烟继续花钱,但如果人们得知烟草会威胁自身健康,很难保证烟民和潜在烟民还会无所顾虑。烟草行业亟须行动起来,把负面的声音扼杀在萌芽阶段。

烟草行业采取了怎样的"动作"呢?这里不得不提约翰·W.希尔(John W. Hill),他是伟达公共关系顾问公司(Hill & Knowlton)的创始人,在很多人看来,约翰·希尔可谓是烟草行业的救星,他帮助烟草行业撇清了与每年数千名死于肺癌的烟民之间的关系(而如今,这个数字已从几千上升到数百万)。1953年12月,约翰·希尔前脚刚刚帮助化工行业应对国会关于食品中致癌物质的质询,后脚就找到烟草行业的高层,提醒他们麻烦要来了。尽管烟草行业自信满满,认为已掌握了"全面、权威的科学证据来驳斥有关健康的指控",但约翰·希尔仍不放心——他的谨慎多虑是很有道理的。他敦促烟草行业去准备更多的科学论据,他们要拿出比控诉者更强有力的科学理论。如果拿不出更强的,那就发明一套不一样的理论,再配合火力全开的正面公关宣传,力求让公众相信"没有人比烟草公司更在乎消费者的健康"。在约翰·希尔的掌舵下,烟草行业研究委员会(TIRC,后更名为烟草研究理事会)开始了他们的表演。1966年,伟达公司新成立了科技环境事务部,在其宣传册上,伟达公司得意洋洋地吹嘘"早在'地球日'及美国国家环境保护局诞生的数年之前",伟达公司就已成立了科技环境事务部。[3]

各大香烟厂商因为共同的利益,结盟成了非正式的"大烟草"集团,把烟草公司塑造成公共利益的捍卫者,就烟草的影响进行了研究,拿出了他们自己的报告。如此一来,烟草集团成功制造了对正统科学的怀疑。在烟草公司的反复强调下,诸如"一些肺癌患者从未吸过烟、大部分烟民并未患上肺癌"这样的信息深入人心。肺癌还有其他诱因——比如石棉、氡,把锅甩给它们就对了。

随着越来越多的证据揭示吸烟和肺癌(以及心脏病等诸多其他疾病)之间的关联性,除了"大烟草"集团依然拒不承认烟草的危害性,普通人都知晓烟草的危害。于是,烟草行业决定加大力度制造怀疑。在这样的背景下,产品辩护行业和相关事务所应运而生。

20世纪的大部分时间里,烟草企业在维护自家产品时最常用的论调是"个人责任论":哪怕吸烟真的会导致肺癌,那也是吸烟者的个人选择,毕竟没有人逼他们吸烟。美国是一个自由的国度,每个人都有权选择自己想要的生活方式。烟草企业把一切归结为个人选择,却绝口不提自己在生产中如何把香烟设计得更易成瘾，后来的糖、酒行业也依葫芦画瓢，用个人责任论为自己的产品开脱。烟草企业还无视了另外一点：二手烟会增加**非吸烟人群**患肺癌的风险。当时，外界对二手烟的认知非常匮乏，而早在20世纪70年代，烟草行业已经了解到了二手烟的风险。1978年，罗珀民意调研机构向烟草行业提交过一份保密的行业报告，文中提醒说，如果烟草的抵制者以二手烟的危害作为武器，将造成"烟草行业面临迄今为止最严峻的一次关乎存亡的挑战"。[4] 1981年，东京国立癌症研究中心的首席流行病学家平山雄（Takeshi Hirayama）发表了该领域第一篇重量级的流行病学报告，研究的对象是已婚女性，本人均不吸烟。研究结果显示，配偶吸烟的已婚女性与配偶不吸烟的已婚女性相比，前者患肺癌的概率更高。[5] 随后，公众开始关注二手烟问题，政府监管措施也相应出台。

到了1984年，美国已有37个州外加哥伦比亚特区在部分公共场所（如礼堂、政府大楼）执行了禁烟措施。此类监管措施起到了立竿见影的效果：与暂无禁烟规定的行政区域相比，在这些已推出禁烟措施的州，香烟的销量有明显的下降。烟草行业的内部文件显示，部分地区实施的公共场所禁烟措施导致了地区之间的香烟销量差距可高达21%。未来，此类监管只会越来越多、越来越严格。[6] 国家环境保护局把二手烟列为致癌物质，职业安全与健康管理局考虑在公共区域及工作场所限制吸烟，对于烟草企业来说，这些信号无疑给他们亮起了红灯。于是，他们开启了新一轮"怀疑科学"的行动，围绕二手烟的危害制造争议，表示最新研究提出的"二手烟有害论"其实存在巨大漏洞。

一开始，烟草企业反攻的靶子是平山雄那篇研究报告。他们尽可能地诋毁平山雄及其团队，防止那篇研究的影响进一步扩大，导致更多地区对烟草转变态度。他们采取的手段之一，就是同样以日本夫妇为研究对象，进行一次新的实验，与平山雄及其团队叫板，抨击他们先前针对不吸烟夫妇的研究"没有任何科学依据"[7]——这个结论真是太"出人意料"了。但这项新研究耍了一个花招,只字不提烟草企业是研究的出资方和始作俑者。烟企将一家华盛顿的顶级律所(科温顿与柏尔林律师事务所)作为中间方,宣称这是一项"特许保密的研究工作",以此隐藏烟企是如何深度介入研究的方方面面的。[8](此类打着保密旗号的障眼法也是产品辩护行业的常用招数,在下文的案例中我们还会反复看到。)

针对平山雄的研究,第二种回击方式就是声称平山雄团队的计算方法存在纰漏,此类抨击计算方法的招数在日后也被产品辩护专家广为利用。"大烟草"集团又暗中扶植了一家新的研究机构——室内空气研究中心。由这家第三方机构出面,烟草企业拿到了平山雄研究的原始数据。然后,烟企聘请了一家名为"环境事务所"(ENVIRON)的产品辩护公司对原始数据进行二次分析,并宣称平山雄团队的计算都是错误的。(产品辩护行业内部也存在激烈的竞争,最终,另一家公司从环境事务所手中抢走了烟草行业这一大客户,那家公司名为"事故分析公司",后更名为"毅博咨询",也就是日后为美国职业橄榄球大联盟"放气门"产出研究报告的公司。[9])

诚然,任何一项流行病学分析都可能存在纰漏,任何意义重大的研究也可能招致第三方的独立调查,用不同的研究方法在不同的人群上加以验证。但这种验证工作,既有诚实客观的再研究,也有动机不纯的故意找茬。后者恰恰是产品辩护行业的惯用手段,稍后本书将就此展开详细阐述。

最终,多个独立研究都证实了平山雄的研究结果。1985年,在美国国家癌症研究所的支持下,路易斯安那州立大学的一批研究学者在伊丽莎白·方森(Elizabeth Fontham)的带领下对二手烟做了大规模的研究,此次研究充分吸取了早期研究的经验教训,尽量避免了实验中可能出现的问题。此次研究结果中有一项爆炸性的数据:如果丈夫吸烟,不吸烟的女性患肺癌的风险会升高30%。研究的第二项发现更是对烟草行业大为不利:除了家庭环境中的二手烟,工作场所及其他场所的二手烟更是把肺癌的风险提高了40%—60%。[10]对于不抽烟的人来说,生活在一个周围有人抽烟的社会中就意味着暴露于风险之中。

方森的全方位研究报告一出,平山雄的研究结论都不算什么了。烟草企业需要动用一切资源去诋毁方森的研究,不然他们的好日子就到头了。但麻烦的是,方森已目睹了平山雄的遭遇,她不会任由烟草行业扭曲、打压她的研究。她拒绝把自己的原始数据提供给烟草公司,拒不配合他们唯利是图的二次分析。烟草企业也拿她没有办法。[11]

烟草行业的辩护工作现在遇到了前所未有的新状况。烟草企业的维护者不得不在没有原始实验数据的情况下推翻方森的研究结果,也就是说要么从研究方法中找到结构性的错误,要么拿着已公开发表的一小部分数据做文章。为此,烟草企业找到了威廉·巴特勒(William Butler),他是事故分析公司的一位资深人士。果不其然,随后在美国国家毒理学计划(NTP)的听证会上,巴特勒出庭作证,声称方森的研究存在错误,因此不应依据方森的研究结果而把二手烟界定为致癌物质。[12](由于方森不愿意出让她的原始数据,国会专门通过了《数据访问法案》,又称《谢尔比修正案》,法案规定,所有受联邦资助的研究学者必须公布他们的原始数据。国会议员在投票通过该法案的时候,谁能想到这一提案其实是一匹伪装起来的"特洛伊木马",归根到底是为了企业巨头的利益服务。谁又能想到在背后推动这一立法的其实是"大烟草"集团?很遗憾,这一法案的倡导者和起草者,恰恰对这匹"特洛伊木马"的真相心知肚明。具体情况我将在第十三章中分析阐述。)

到了20世纪90年代,产品辩护已逐步有了成熟的运作模式,并且明码标价。在美国,有多家事务所和咨询公司专门提供这一服务。1994年,职安局希望在全美的工作场所引入新的室内空气质量标准,并开始了漫长、艰难的行政立法过程。烟草行业为了阻挠新标准的出台,聘用了两位产品辩护专家:第一位是流行病学家H.丹尼尔·罗思(H. Daniel Roth),他曾帮助铍行业成功击退了更严格的监管标准;另一位是迈伦·温伯格(Myron Weinberg),他是温伯格咨询集团的总裁。温伯格牵头集结了各方力量,让职安局的新规起草团队无从招架。会议记录显示,在温伯格与烟草行业律师团队的一次电话会议上,温伯格团队被描述为"非常擅长用'演绎元分析法'找出研究中的干扰因子,判别是否存在风险,识别真正的风险因素"。按照法律规定,职安局在最终通过新标准之前,必须在政策公示期回应来自公众的**每一条**意见,温伯格团队利用这一程序上的规定,"对政策逐字逐句地提出了无数个科学上的问题,职安局则必须一一回应……应付(这一场)进攻,可能会花费(职安局)两三年的时间","大大超过了这一官僚机器可以承受的工作负荷"。[13]温伯格此举可谓是混淆视听、制造不确定性的终极操作,而菲利普·莫里斯(Philip Morris)为了进一步扰乱视听,足足召集了120余位证人在职安局的听证会上作证,更是起到了推波助澜的作用。

产品辩护行业一波又一波的操作终于奏效了。二手烟新规背后的科学依据已被排挤到边缘,无人在意。经此一役,职安局也充分意识到了烟草行业的庞大势力,最终决定让步,撤回了新规的提议。

在某种程度上,烟草行业在美国的成功势头最终还是慢慢走向低迷。烟草公司频遭起诉,被要求报销烟民在国家医疗补助计划(Medicaid)下产生的相关诊疗费用。为了达成和解,烟草公司为此类案件支付的总额超过1500亿美元,尽管如此,这个数字也仅能代表与吸烟相关疾病的医疗总成本的冰山一角。可以推测,未来需要烟草公司报销的医疗费用只会越来越多。向烟草行业提出诉讼的受害者数量不断增加,科学上的问题也不断涌现，在整个过程中不难看出，烟草行业将被载入史册的不是他们的产品，而是他们为产品辩护的能力。哪怕产品辩护行业有着不堪的历史，背负着上百万条性命，但是今天依然有一家又一家的事务所，忙不迭地为或古老、或新兴但往往很危险的行业做辩护工作，帮助这些行业逃避责任、抵制监管。为烟企辩护的初代"先驱者"所发明的战术依然沿用至今。

1999年，我正任职于能源部，负责推进更严格的工作场所铍元素暴露管控标准。铍是一种金属，哪怕暴露在微量的铍元素浓度下，都有可能患上肺癌及慢性铍病。我偶然发现了一份1989年的文件，是伟达公司的提案——伟达公司就是1953年为烟草行业出谋划策的那家公司，此次提案的目标客户则是布拉什·韦尔曼公司（Brush Wellman，如今已更名为Materion），美国最大的铍产品生产商。在这份提案中，伟达公司资深副总裁霍华德·马德（Howard Marder）如此向韦尔曼推销他们的服务：

> 显然，铍行业仍处于公关危机之中。无论是媒体报道还是平常的对话交流，常有人轻率地把铍视作严重危及工人健康的剧毒金属……我们希望与布拉什·韦尔曼公司一起扭转这种错误的普遍认知。我们规划了一整套公关项目，对各个群体的人士起到教育作用……打破对这种金属的谬论和错误认知。

在这份37页的文件中，伟达公司还主动提出要准备"一份权威的白皮书……（这份白皮书）将成为所有与铍有关的文献中最具权威性的"。此外，他们还建议邀请外部科学家对布拉什·韦尔曼公司的材料做"独立"审查，从而"培养与国家环境保护局之间的关系"，"反击媒体不公且失实的报道，纠正错误、澄清事实"。伟达公司给出了非常诱人的提案，并且摆明了态度：你要用到的素材我们都能帮你做出来。在信的附件里，伟达公司非常自豪地附上了先前的辉煌案例：曾帮助过石棉、氯乙烯、碳氟化合物、二噁英等一系列有毒物质的生产商应对不利的监管环境。奇怪的是,伟达公司倒是没有提及它曾为烟草行业鞍前马后做的那些事。[14]

像伟达公司这样的公关公司已在产品辩护行业的生态系统中为自己赢得了稳稳的一席之地,但这一行业的核心价值,还是由产品辩护科学家所创造的。如今,企业和行业协会或许有自己的公关团队来完成宣传、舆论引导的工作,但若要在研究数据上拿出不同的结论去反击指控,他们还是需要动用外部的力量。这一需求催生了一批专门制造"可靠科学"的专家。

"产品辩护"并不是我为了写书而自己发明的一个带有贬损意味的词。这个说法恰恰出自这一行业自身。温伯格集团甚至在推特上把"产品辩护"一词用作话题标签。[15]产品辩护事务所**无处不在**,服务各类行业和客户。如果留意一下相关案例,会发现有几个专家名字或是事务所名称反复出现。烟草大战中的温伯格集团(他们成功地扼杀了职安局拟议的监管新规)之后又成为杜邦公司(DuPont)的马前卒,为特氟龙生产中用到的化学物质辩护。罗思这位经历过烟草大战的"老兵"之后又撰写研究报告为酒精饮料行业正名,声称饮酒与乳腺癌之间并无关联[16](很遗憾,饮酒与乳腺癌还真有关联),他还为煤炭行业发声,表示"燃煤所释放的汞会危害健康"这种说法证据不足[17](证据其实很充足)。显然,为某些有毒产品(其实,要说**所有**有毒产品也不为过)辩护已成了一门小众但利益丰厚的生意。

科学的进步意味着我们能更好地了解有毒有害物质对健康的影响。科学每前进一步,产品辩护的工作难度也会增加一点。流行病学这一学科虽然起源于19世纪,但也只是在最近短短几十年的时间里,科学家才逐步掌握了相关的技术,可以把疾病和早逝人数归因为某一种具体的污染源,比如测算出空气污染物质中的某一种成分造成了多少人患病、多少人死亡。总体来说,科学家们了解得越多,公众越能意识到监管的必要性。

当然,"自由行业""自由市场"的拥护者会鄙视这种说法,并坚持维护原先较为宽松的监管,但之前的措施之所以宽松,是因为制定措施时期的科学较为落后、公众认知有限。拒绝更严格的监管,无异于彻底忽视有害产品和有毒物质对消费者健康的危害。如果某些产品或有毒物质的危害已非常突出、无法忽视,相关行业则会采取拖延战术,极力鼓动公众争论,质疑科学证据的可靠性。

如果某一家化工企业(或是代表多家企业的行业组织)遭到工人或周边居民起诉,声称企业的产品危害了他们的健康,那么企业去找卡德诺化学危害咨询公司(Cardno ChemRisk)或是梯度咨询公司(Gradient)可不是为了让这些第三方机构出具一份**独立的**调查报告。他们需要的是一份能帮自己脱罪的报告,而这些机构也乐意效劳。这就引出了一项新兴的热门服务——"诉讼支持服务"(这个词也不是我造出来的,是他们自己发明的),字面意思已经阐明了服务的实质。很多跨国事务所原先就为企业提供环保咨询服务,协助企业处理"环境管理问题"(即"污染问题"),如今已把"诉讼支持服务"发展为核心业务。卡德诺公司创立于澳大利亚,现在则定位为"全球化的基础设施、环境和社会发展企业",卡德诺公司于2012年收购了化学危害咨询公司(ChemRisk),两年之后,环境事务所(已从ENVIRON更名为Environ, Inc.)被安博公司(Ramboll)收购。安博公司是一家总部设于丹麦的全球工程公司,其大股东为安博基金会。安博基金会自称奉行"安博哲学":"我们奉行的价值观是诚实、正派、负责……我们在执业中避免利益冲突,绝不参与腐败。那些带着侵略性、破坏性或压迫性目的去对待人或自然环境的项目,我们绝不接手……价值观永远是第一位,坚持这一价值观比追求企业发展或短期收益更重要。"[18]宣言里所颂扬的精神与产品辩护行业的所作所为形成了讽刺的对照。

产品辩护行业的把戏之所以能迷惑大众,是因为他们坚称自己的**研**

究是科学的,甚至能刊载在科学期刊上。只有真正具有科学专业素养的人所做的工作才称得上"科研";只有经过同行评议、刊载在学术期刊上的研究结论才能叫"研究结果",不然只能叫"观点主张"。这是学界的普遍规则,产品辩护行业自然也深谙此道。为了让客户继续生产有毒有害产品,或是继续展开有危害性的生产工作,产品辩护行业依照上述框架,把他们制造的数据粉饰、包装成真正的"科研成果"。但是这类专家所做的"研究"完全不是为了推动科学进步。他们的目的是在法庭上影响陪审团的判断,让陪审员相信原告的健康问题与被告企业的产品或生产行为无关,帮助企业逃脱制裁。我们不妨称其为"诉讼科学":欺骗式的虚假研究(或对其他真实研究结果的再分析)利用了学术期刊发表体系里的漏洞,把自己包装成科学,与真正的科研唱反调,造成一种"合理怀疑"的假象。

所以问题是不是出在学术期刊上?从某种程度上来说,此话不假。学术期刊行业里大有文章:无论是资助期刊的专业学会,还是印发期刊的出版商,都把学术期刊视作一门大生意。期刊发文与一位学者的学术成就和地位有着密不可分的关联,可以说,学者的职业发展直接与其在核心期刊的论文发表挂钩。在这样一种共生关系中,如何保障科研的质量和诚信呢?同行评议机制原本承担着这一重任。

同行评议是指一篇学术论文在科学期刊上发表之前,要经过其他科学家(即"同行")的审阅。但对于这一机制,公众有着不小的误解,甚至行政和立法体系中的部分人员也是如此。事实上,哪怕最诚实正直的科学家拿出十二分的钻研态度来做同行评议,也不能保证他评议过的论文一定是准确、高质量的。科学的认知要放在一个更大的质量管控体系中持续地推敲、发展,同行评议仅仅是这个体系中的一个环节。可以说,对科学认知的检验永无尽头。尽管如此,行政和法律系统依然把同行评议看得很重。举例来说,国际癌症研究机构(即IARC,隶属于世界卫生组织)

不会参考任何未经同行评议的文献。

凡是经过同行评议的文章就是高质量的——这种想法本就是错误的。在产品辩护行业中，论文在刊发前也会经过同行评议，但进行评议的科学家往往本身也是产品辩护专家，专门研究如何让有毒有害的化学品摆脱政府监管。来自他们的评审意见没有任何参考价值。近几十年来，学术论文的发表数量大大增加，但其中绝大多数文章都发表在"装饰性期刊"上——这些刊物的编辑部被一批"向钱看"的科学家把持着，与行业之间有着密切的金钱关系。这些装饰性期刊不过是产品辩护行业用来掩人耳目的门面罢了。以这些期刊为媒介，产品辩护行业打着学术研究的幌子散布自己的主张。

《毒理学和药理学管理》就是这样一本杂志。在很长一段时间里，杂志的主编由吉奥·巴塔·戈里（Gio Batta Gori）担任。他原是美国国家癌症研究所吸烟与健康项目的负责人，后来转投烟草行业，拿着极高的薪水为二手烟辩护。杂志编辑委员会的开会地点是凯勒与赫克曼律师事务所（Keller and Heckman）——这家事务所代理着多个行业组织，塑料行业协会就是其客户之一。[19] 杂志编委会成员中有多位名声赫赫的产品辩护咨询师。除了咨询行业人士，编委会成员还包括几位政界和学界人士。杂志所刊登的论文，也并不全是产品辩护性质的。这样一来，对于不了解内情的法官或陪审团成员来说，《毒理学和药理学管理》看上去是一本可靠的杂志。

还有一本杂志名为《毒理学评论》，是《毒理学和药理学管理》的竞争对手，两者的运行模式非常相似。尽管这两本杂志既发表正规的科研论文，也发表来自产品辩护行业的文章，但1992年美国公共廉政中心的分析显示，梯度咨询公司旗下的顶级产品辩护专家发表的论文有半数都出现在上述两本杂志中。[20] 此类文章（都不能称之为研究）有一个显著的共性——它们的篇幅都非常长。难以想象除了要和相关企业打官司的律师,谁还会去读这么长的文章。这些长文可能糊弄不了监管人员,更骗不过真正的科学家,但在法官和陪审员看来,这些文章却似乎很像那么一回事——法官和陪审员恰恰是此类文章的真正目标受众。

产品辩护真的能算科学吗?毅博、梯度、特拉(TERA)、安博、卡德诺化学危害咨询等公司及相关专家在科学期刊上发表的文章或在科学大会上作的发言,真的推动了科学认知的进步吗?我觉得几乎没有。我凭什么如此断言呢?首先,这些文章的经费都来自与研究议题有利益关系的大型企业,考虑到这样的金钱关系,很难毫无保留地相信他们的研究结论。其次,在烟草、铅、石棉、苯、二氧化硅等多个案例上,产品辩护行业的主张均在事后被证伪,未受相关行业资助、无利益关联的优秀科学家用自己的研究推翻了产品辩护行业的结论。如果只谈纯粹的科学,产品辩护最终还是会败给有力的科学证据。但同时,产品辩护可以帮助相关行业拖延时间,让保护公众健康的措施迟迟无法施行,并借这个时间差赚得大把钞票。

怀疑论往往奉行这样的经典论调:依然没有足够的证据(确凿证明产品的有害性),依然需要进行更多的研究。如果职安局这样的部门希望出台政策限制工作场所中某一种化学物质的浓度,降低工人的暴露风险,该部门就有责任拿出证据,证明这一物质的确构成重大风险。公职部门必须要积累足够的科学证据,一来证明这种化学物质的有害性,二来证明它的确已导致健康问题。在这个论证过程中,公职部门可不能耍花招、钻空子——所有工作都必须透明公开,接受公众监督。但产品辩护行业却不受这一层约束。无论时间地点,无论涉及行政还是立法,产品辩护行业只消拿出他们的万能经典话术:对方的证据还是不够有力。这种质疑,不是真的"合理存疑",而是打着"质疑"的旗号,把对方变为有罪的一方。在这场争论中，职安局等部门作为有举证义务的那一方，举证总是很困难的，如果涉及的有害物质产生的实际危险较低，举证就更加困难。假设有一款家家户户都使用的产品，有万分之一的概率导致使用者患癌，要确凿地论证这当中的因果关系绝非易事；相反，要质疑此类研究中不全面、不充分的地方简直轻而易举。（甚至有人会说，万分之一的致癌率微不足道，并不构成"重大风险"。但放在美国，就意味着有2.5万成年人因这款产品患病，你能和这2.5万人说他们的健康不重要吗？）

人类的无罪推定原则并不适用于化学物质。事实上，最后的证据往往证实新型有害化学物质的危害程度比起初预计的更为严重。在这种情况下，就不应该按无罪推定原则，事先默认化学物质是"无罪"的。化学物质对健康究竟会产生怎样的危害，危害程度有多大——这些研究与验证都需要时间。在美国现行的法律体系下，制造商如果要把新的化学物质推向市场，他们有义务事先做好测试。可是，一些早年面市的化学物质（其中不乏毒害性非常强的），却因为年代原因不受新法规的约束，而是继续沿用早年的《有毒物质控制法令》。先前的法律非常宽松，直到近年对规定做了修正之后，新法规才开始要求对现有产品的毒害性做测试。此外，实验室里的检测并不能做到面面俱到，而流行病学的研究，要等到疾病出现了以后才能做，届时危害早已产生。因此在实际运作中，现有体系的确倾向于把化学物质默认为"无罪"，而不是把保障大众健康放在首位。

第三章
永生的化学物质

杜邦这个名字可谓是美国工业化与财富的代名词。杜邦起家于1802年,起初是一家火药制造商,2017年与陶氏化学(Dow Chemical)合并,如今是全球最大的化学品开发和生产商。氟利昂、尼龙、莱卡——这些名字听起来有些奇怪的化学材料如今已走进美国的千家万户,它们都诞生于杜邦的实验室中。

特氟龙也是这样一种材料,它具有不粘的特性,广泛用于厨房锅具、食品包装、电线电缆和防水衣物的涂层上。如今,这一化学产品以"特氟龙"这一专利名称为人熟知,广告里说,**哪怕壁虎也没法吸附在特氟龙涂层上**。特氟龙的诞生故事要追溯到1938年,一位杜邦的化学家当时正在研发冰箱制冷剂,碰巧合成了一种蜡状物质,它有一种有趣的特性:几乎任何东西都粘不上它。这次实验室里的巧合,可能是全氟/多氟烷基类物质(简称PFAS)首次被合成出来。在天然世界,并不存在此种结构的化合物,但在实验室里,化学家合成了数千种不同的变体。杜邦公司很快看到了这类化合物的商用潜质:它们可以做成涂层,广泛用在各类产品中。很快,杜邦公司位于西弗吉尼亚州帕克斯堡的华盛顿工厂开始大批量生产特氟龙,产品销量节节攀升。到了1948年,杜邦的特氟龙年产量达到200

万磅*。¹

在杜邦力推特氟龙的同一时期,曼哈顿工程(第二次世界大战期间美国研制原子弹的计划)的科学家正在研究从天然铀中提炼铀-235的高效方式。从天然铀中分离铀-235是核武化的第一步。此间,一位名为约瑟夫·H.西蒙斯(Joseph H. Simons)的研究学者看到了未加工的氟,突然灵光乍现:氟气是一种黄绿色的天然气体,被戏称为化学元素中最"狂野的巫婆",当氟气通过碳弧后,形成的碳氟化合物能在炸弹制造中发挥奇效。二战结束后,明尼苏达矿业和制造公司(Minnesota Mining and Manufacturing,后更名3M,也是一家知名的美国研发制造公司)购买了西蒙斯的专利,并聘请了多位原先供职于曼哈顿工程的研究人员加入3M公司的"氟化物计划"。这一科学孵化器下最著名的成果得益于1953年的一次实验意外:经混合的化学物质飞溅到了研究助理的帆布鞋上,鞋面因此变得防水、防油。3M公司因此意识到这种化合物具有防水防油的特性,这与杜邦发现特氟龙的过程非常相似。3M公司为这一新型的PFAS注册了专利,专利名为思高洁(Scotchgard),并把它作为公司的一项"伟大发明"极力推广。²

这里有必要解释一下PFAS的命名,不然这些名字很容易把人搞糊涂:PFAS(全氟/多氟烷基类物质)中最有名的两种物质一般用简称指代,其中一种是PFOS(思高洁中用到的成分),另一种为PFOA(特氟龙制造中会用到的原料,也称C8)。在本章接下来的叙述中,以上四个简称会反复出现。简单而言,这些缩写所代表的物质都同属于一个有机化合物家族,它们均具有惊人(且值钱)的特殊属性。由于PFAS类物质防水防油,耐高温及低温,还能减少摩擦,它的商用潜力可谓是无限的:从各类纺织材料、纸制品到汽车、航空航天的零部件,PFAS的属性都能发挥作用。它防水、

---

* 译者注:1磅约为0.45千克。

防油、防渗漏的特性使它成为几近完美的食物包装。PFAS还适合用于扑救易燃液体火灾（比如石油引起的火灾），因为遇到易燃液体，水并不能发挥良好的灭火功效。因此在军事基地及商用机场，PFAS类化合物被广泛用于防火灭火。

PFAS的化学键几乎是牢不可破的。这点反映在它的半衰期上。半衰期常用来表示分子的寿命，而PFAS在自然环境中的半衰期**非常**长，长到科学家都无法预测出一个有限的数字。[3] 一方面，PFAS化合物几乎不会衰变，另一方面，数百个机场、军用基地在灭火演习或实际灭火中均喷洒过富含PFAS的灭火泡沫，这些泡沫最终会渗透进水源中，流到井里或河里，进入水循环系统，进而影响周边数百个社区。PFAS就在我们身边，尤其是我们饮用的水里。如今，PFAS这种"永生的化学物质"在美国以外的多个国家也引起了公愤：澳大利亚、意大利、日本等国家都出现了饮用水遭PFAS污染的问题，未来这样的事例只会越来越多。通过食品包装（例如快餐盒、微波炉爆米花包装袋、比萨饼盒等），PFAS还渗透进了食物，从而进入我们的身体。另外，我们食用的鱼类和肉类当中也有因生物富集而留存于动物体内的PFAS。此外，很多家具、地毯会使用PFAS以达到防污渍的效果，而人（尤其是婴幼儿）在触摸了涂层之后很可能因为手-口传播摄入PFAS。

如今，PFAS已经进入了每一个人的体内，这足以构成一个重大的健康议题。PFAS可谓无孔不入，哪怕饮用水源没有被PFAS污染（但数据显示，几乎所有的饮用水都已含有PFAS），我们也会因为食物和环境接触而暴露在PFAS之下。

1998年，3M公司内部的科学家团队为了进一步了解PFAS物质而开展了一系列研究。他们检测了来自美国及海外的大量血样，这些样本的时间及地理跨度很广，例如既有1957年保存下来的来自瑞典的血样，也有

1994年采集自中国农村的血样。照理来说,有些血样所存在的时空与思高洁、特氟龙、灭火器等化工发明并无明显交集。研究结果发人深省:PFAS已迁移扩散至全球各处。来自11个不同群体的血样中,仅有1个群体的血样**不含**PFAS——那一组人是10位美国新兵,他们的血样采集于1948年至1951年间。[4]毫不夸张地说,今天每一位美国居民的血液中都能检测出PFAS。[5]

那么真正的问题来了:PFAS物质对人体和其他动物是否有影响?如果用一个词来简单回答,那就是"有"。要直接研究化学物质对人体的危害,相关实验在伦理上和经费上都存在挑战。尽管如此,我们还是可以收集到很多关于PFAS危害健康的信息。杜邦多年来打着"化学让产品更出色,让生活更美好"的口号创造出数千种产品,但没有哪一种比PFAS危害健康的讨论度更高。

随着有关PFAS危害性的认知越来越普及,希望国家采取相关措施的呼声也越来越高,例如禁止在食品包装中使用PFAS、在受PFAS污染的社区中使用更清洁的供水设施。一些联邦机构和州部门都有所动作。暴露在PFAS环境中的人逐渐出现了健康问题,他们坚信自己的疾病与PFAS有关,因而起诉相关公司、申请赔偿。相关行业当然要保护自己的利益,于是又把屡试不爽的怀疑论、混淆视听法依葫芦画瓢照抄了一遍,经典元素一个不少:金钱、有毒物质、秘密文件、被收买的科学家、官司、试图保护公众的政府部门,以及从中干涉的政治势力。各种角色悉数登场。

在PFAS这一起轰动全国的大案上,杜邦难辞其咎。美国历史上危害范围最广、程度最严重的一起饮用水污染事件就是杜邦的"杰作"。杜邦位于西弗吉尼亚州的华盛顿工厂在生产活动中约消耗并排放了250万磅PFAS,主要集中在20世纪八九十年代,大部分以气态的形式排放到了大气中,也有一些被随意地弃置在俄亥俄河畔或填埋在附近的废物填埋场。问题在于，附近的那些填埋场并不是专门用于存储有毒有害垃圾的，废弃的PFAS渗透了土壤，进入了地下水系统，污染了附近居民的饮用水水源。长此以往，华盛顿工厂周边居民血液中PFAS的浓度一路飙升。

PFAS的危害最早体现在农场动物身上。在帕克斯堡，有一位名为威尔伯·坦南特（Wilbur Tennant）的农场主，他曾把自家牧场的部分土地出售给了杜邦。杜邦购得土地后，在那里建立了废弃物处理厂。随后，坦南特发现他家的牛（牛群依然在邻近的牧场上吃草）先是精神失常，之后以一种怪异的、莫明其妙的方式死去。坦南特不由怀疑这和杜邦工厂的化学品有关。他联系了一位名为罗布·比洛特（Rob Bilott）的律师。1998年，比洛特代表坦南特起诉杜邦公司。

为了这场官司，比洛特搜寻到了数千份与杜邦有关的材料并逐一审阅。在2000年，他发现了一份材料中提到了一种PFOA（也叫C8）的化学物质，这一名字和PFOS仅一字之差，而后者原是3M公司思高洁产品的主要成分，不久前3M公司刚刚从市场上撤下了这款产品。比洛特要求杜邦提供所有涉及PFOA的内部文件。杜邦履行了义务，给这位律师寄去了11万份文件。这家发明特氟龙的企业很可能是希望用海量材料淹没对方律师，让他无从查起。但这一招并未奏效。比洛特花了几个月的时间，逐一翻阅每一份文件，有些文件可能都是50多年前的文稿，但他依然通过种种蛛丝马迹拼凑出了事情的惊天内幕，并提起诉讼：工业巨头杜邦公司早已对PFOA的毒性心知肚明，也深知这一物质已大范围地扩散，造成大面积污染，但依然决心掩盖真相。

公司内部文件显示，杜邦不但知道PFOA的危害，还动用了好些手段，试图掩盖问题。20世纪70年代，公司曾对工厂工人做过检测，发现员工血液含有高浓度的PFOA。1981年，杜邦从3M公司获悉（事实上杜邦的PFOA大多是从3M购得），PFOA引起了新生大鼠的先天异常。杜邦因此调查了华盛顿工厂特氟龙部门的员工数据,发现员工家庭里最近出生的七名婴儿中,有两名有眼部缺陷。十年之后,杜邦的科学家在公司内部出台了安全标准,饮用水中的PFOA浓度不得超过1×10^{-9}。同年稍晚时期,杜邦检测了附近社区的一处水源,发现水中PFOA的浓度是内部安全标准的三倍。类似的事例还有很多,均能证明杜邦早就明了PFOA的危害,却选择闭口不言,对员工、附近居民和公共卫生管理部门刻意隐瞒。直到比洛特提起诉讼,这一秘密终于捂不住了。[6]

比洛特不是一个"适可而止、见好就收"的人。他收集到的证据表明,C8的污染范围远远不止坦南特家的农场。因此,比洛特又开始着手为那些饮用水受到杜邦公司污染的居民代理集体诉讼。最终,他代表居住在俄亥俄州和西弗吉尼亚州六处水源区的居民发起集体诉讼。原告主张PFAS不仅仅引发了牛的健康问题,也危害了人的健康,要求杜邦出资负责居民的医学监护,作为相关经济赔偿的一部分。透过杜邦的文件,比洛特意识到这是一个影响半径极大的公共卫生问题,因此在2001年3月,他把收集到的情况整理成信函,寄送给了国家环境保护局(简称环保局)和司法部。杜邦做何反应呢?它找到了联邦法院,申请联邦法院颁布对比洛特的封口令,禁止比洛特联系环保局。联邦法官驳回了杜邦的请求。比洛特得以把他收集到的全部资料都寄给了环保局。2004年,环保局也对杜邦提起诉讼,控告杜邦违反了《有毒物质控制法令》。这一联邦法令要求企业一旦发现产品的毒害性,必须立刻向环保局汇报。显然杜邦没有做到这一点。

面对汹涌而来的指控,杜邦并没有站出来承担责任。相反,杜邦开始游说公众和负责公共卫生健康的政府部门,极力辩称PFOA对人类的危害其实没有那么大。它的做法想必你也猜到了:杜邦找到了产品辩护专家保施滕巴赫和他领导的化学危害咨询公司。保施滕巴赫对现有的PFOA

相关研究作了非常粗浅的回溯性分析之后写道:"根据测算,过去50年居住在PFOA工厂5英里*内的居民一生的预计PFOA总摄入量及估计每日摄入量还不到临界值的万分之一,而该临界值的数据来自最近一个独立科学家小组对PFOA的研究,只有摄入量超过这个临界值,才会对人体健康产生影响。"[7]

这一段话可能会把人绕得云里雾里,但保施滕巴赫想表达的核心意思就是西弗吉尼亚州和俄亥俄州的居民虽然暴露在PFOA的污染下,但按照独立专家小组的计算,这些居民的累计摄入量远不足以构成健康危害。相信本书的读者现在看到"独立专家"这几个字,心里自然已经给"独立"打了个问号。企业几乎不可能找真正的独立专家组来调查自己。在这一案例中,所谓西弗吉尼亚州"独立专家组"其实是**另一家**名为特拉(TERA)的辩护事务所代为召集的。TERA全称是Toxicology Excellence for Risk Assessment,即卓越毒理学风险评估公司。杜邦把特拉推荐给了州政府。在一封内部邮件中,杜邦表示特拉可以"制造出一套完整的说辞,并把那一套说辞兜售给环保局,或是任何我们想要说服的人"。特拉的"独立"小组甚至包括杜邦的员工,这些专家表面上假装是为州政府和公众利益服务。专家组果然给了杜邦想要的结论。2002年,西弗吉尼亚州宣布饮用水中PFOA浓度的新标准为不超$1.5×10^{-7}$,这比杜邦的科学家在公司内部拟定的安全标准高出150倍。[8]在这个不合理的标准下,杜邦为西弗吉尼亚州居民提供清洁饮用水的法律义务也形同虚设,居民继续暴露在PFOA污染下。很快,更多的证据证明了他们所接触的PFOA浓度是非常危险的。[还需一提的是,时任特拉负责人的迈克尔·杜尔松(Michael Dourson)后被特朗普提名为环保局化学安全办公室主任。在本书第十五章中我还会提及这一段故事,最终特朗普的提名没有成功。]

---

* 译者注:1英里约为1.6千米。

温伯格集团是杜邦请来的又一家产品辩护事务所。在与PFAS相关的联邦和民事诉讼上,温伯格集团为杜邦提供了进一步的支持。2003年,温伯格集团负责产品辩护的副总裁P.特伦斯·加夫尼(P. Terrence Gaffney)签署过一封信件,这封信后来被记者保罗·撒克(Paul Thacker)曝光出来。在信中,这家咨询机构完整地叙述了他们为杜邦策划的全盘辩护策略。通过这封信,公众也多多少少能窥得这一行业的"战术打法"。以下为信件原文,原文中重点强调部分此处也用粗体表示:

在杜邦的问题上,我们提出的种种建议其实都在围绕同一个主题:**杜邦必须在每一层面的辩论中主导话题的走向**。我们的策略,是打消政府机构、原告律师和没搞清楚状况的环境保护组织继续追究此事的念头,毕竟环保局已经考虑接受已有的风险评估了,西弗吉尼亚州的事应该到此为止。我们的目标是尽快结束此事。

温伯格集团的专家在期刊中植入他们的论文和文章,"澄清对PFOA误解,以免把居民健康问题错误地归咎于PFOA"。此外,他们的策略还包括:"组建PFOA问题的'一流'公知团队,以便在相关诉讼案件(尤其是可能引发医学观察的案件)中更好地引导公众对PFOA安全问题的认知;寻找并接洽在PFOA问题上有发言权的科学家,以组建高级别专家组,而这些科学家一旦与被告有过接洽,按法律规定就无法再为原告提供咨询服务;把话题节奏引向PFOA对健康的好处;发布PFOA白皮书,驳斥科学和医学上对PFOA的'误读',并论述流行病学分析的牵强之处,表明个体病例的发病原因之间未必有任何关联。"[9]

杜邦否认在PFOA问题上聘用温伯格集团为其服务,但在诉讼中被披露的文件和发票记录却显然与杜邦的说法相矛盾。

事实证明,上述几家产品辩护事务所给杜邦提供的建议和支持性工作起到的效果有限。[10]环保局对杜邦的制裁生效于2005年,对杜邦来说那是个撞大运的年份——小布什总统内阁的环保局执行力非常弱。杜邦没费多大力气就与环保局达成了和解,杜邦在不承认负有责任的前提下(这种做法并不罕见,环保局为了避免无休止的法庭斗争,通常愿意接受这样的和解条件),同意支付1650万美元的罚金。这一金额已经是当时环保局历史上最大金额的民事罚款了,但对于杜邦来说,考虑到它从特氟龙相关产品中赚到的巨额利润,这区区千万不过是个零头,简直可以忽略不计。

在民事索赔案件上,杜邦也知道由于受害者人数众多、呼声很大,化学危害咨询和特拉两家公司的分析很难与之抗衡。(民事审判的诉讼程序可能比监管部门的处罚更加严苛,涉及的罚单金额更大。)杜邦最终同意向原告支付共计1.07亿美元的补偿,其中部分赔偿将用于改善社区的水净化系统,并资助关于C8/PFOA的后续科学研究,判断此种物质是否与人体健康问题"存在可能关联"。

最后一项处罚内容对杜邦来说是一个不小的隐患,如果真的发现了"可能关联",杜邦既要承担医学观察项目的高昂开支,又要为暴露在PFOA之下的受害者提供经济补偿。受害者和杜邦公司双方的代理律师共同指定了三位真正独立的知名流行病学家,全权委托他们研究PFOA对这一指定人群健康的影响。正是因为这三位流行病学家开展的"C8研究",如今我们才会对C8物质有了这么多了解,知晓它对健康的种种影响。那是一项浩大的科研工程,共涉及6.9万名研究对象,几乎每人都提供了一份或多份血样,并填写了非常详尽的调查问卷,以便帮助研究人员分析、归类他们的健康史和化学物质暴露史。[11]这一项目的成果汇集成了数十篇期刊论文。

C8研究表明,接触PFOA物质会提高人类患睾丸癌、肾癌(这一点体现在工厂工人身上)、溃疡性结肠炎、甲状腺疾病、妊娠高血压的风险,并可能引起胆固醇升高。最后一项尤其危险,因为高胆固醇容易引发心血管疾病,而心血管疾病是美国导致死亡人数最多的疾病。同时,小组也否认了该物质和其他多种疾病之间的关联。[12]最后,杜邦和从杜邦分立出去的科慕化学公司(Chemours)向西弗吉尼亚州和俄亥俄州3550位暴露在PFOA下的居民支付了额外的6.7亿美元。[13]

2012年,哈佛公共卫生学院的流行病学家菲利普·格朗让(Philippe Grandjean)在《美国医学会杂志》上发文,指出暴露在PFAS之下的孩子在接种儿童疫苗后自身抗体应答出现异常。(这不是件好事,接种疫苗就是为了使人体通过抗体应答而获得免疫。)研究显示,儿童血液内PFAS的含量越高,抗体的浓度就越低。借此可以推断,PFAS干扰、限制了免疫系统的功能。[14]文章刊发后,3M公司的科学家致信《美国医学会杂志》,批判格朗让的论文。他们在信中引用了另外几则已发表的研究,声称3M公司提供的这些研究结果足以"消除人们对免疫系统、儿童传染病[和全氟化合物]的担忧"。[15]

数年之后,在一起针对3M公司的诉讼案件中,格朗让作为专家证人出庭作证。在为出庭做准备工作的时候,他发现了一些证据足以证明多年以来企业一直有预谋地误导大众:证据显示,早在1978年,3M公司和其他数家制造商已经在实验中发现了PFAS对人体免疫功能的影响。之后的几十年间,这些企业从来没有向任何监管机构或科研机构透露过这一发现。2018年,格朗让在揭露这一真相的采访中谈及他的发现:"如果1978年的时候我就知道这种化学物质会毒害人体免疫系统,那我就可以对已经受到危害的孩子做全面的诊断和检查。但没人告诉我这一情况,所以整整30年过去了,我才注意到这里面的问题。"[16]网络媒体The Intercept(也称"拦截者网")记者莎伦·勒纳(Sharon Lerner)随后的研究报告进一步证实并充实了格朗让的发现。[17]2016年,美国国家毒理学计划审阅了发表在各刊物上关于人类和其他动物健康问题的广泛研究证据(包括格朗让2012年发表的那篇论文),判定特氟龙中使用的PFOA和思高洁中使用的PFOS对人体免疫系统构成危害。[18]

以杜邦和3M为首的PFAS制造商原本希望通过误导性的宣传颠倒黑白,规避他们应承担的财务责任(环保局所管辖的"超级基金"会向污染企业收取治污费用,奉行"谁污染,谁出资"原则,杜邦、3M等企业随意弃置的化学垃圾给水循环系统及土壤造成的污染也应由他们出资治理),但上述裁定打乱了他们的如意算盘。在法庭上,这些企业面临诸多PFAS受害者的索赔。或大或小的PFAS生产商已经支付了数亿美元的和解金,而这一金额未来还将继续扩大。此外,PFAS如果被广泛认定为有毒有害物质,相关企业未来的生产销售业务必然会受到重创。为了扭转局势,PFAS行业再次拿起了烟草行业的宝典:质疑科学证据,攻击负责保护公众的公共卫生机构。

烟草行业已经为后来的各类污染、有毒行业做了示范:如果要误导公众,你得先买通一些科学家为你说话,之后方可把他们的观点作为原始依据。无论是PFAS还是其他化学品的制造商,他们混淆视听的第一步都是雇佣事务所按照自己的需求炮制论文,之后再在相关科学研讨会上介绍论文内容,并由其他产品辩护专家对论文做同行评议,再把论文发表在某些与产品辩护行业关系密切的期刊上。此类论文极少涉及第一手研究(第一手研究是指论文作者通过实地调查或实验室实验,收集新数据并加以分析),相反,论文大多是对现有研究数据的回顾和再分析,说白了就是玩一些数字游戏,通过操纵计算方式得出想要的结论。在PFAS这一案例上,产品辩护类研究无一例外地用最轻描淡写的方式来描述PFAS的危害:公共卫生机构那些揭示PFAS毒害性的研究都是带有偏见的,过分夸大了PFAS的危险性;现在的暴露浓度其实不会导致任何健康问题;企业

无需负责；已弃置的化学垃圾无需处理；已被PFAS渗透的土地和水源也无需清理。

这种言论明明是在维护PFAS化合物，却被冠冕堂皇地包装成"另一个角度的科学观点"，甚至还有一家名为"美国科学健康委员会"（ACSH）的组织专门负责在公开辩论中为PFAS行业摇旗呐喊。如果稍稍调查一下这个组织的背景，你就立刻能明白ACSH其实是干什么的。所谓美国科学健康委员会，其实是一家由行业出资赞助的机构，却偏偏挑选了一个看似权威、可信的名字。在诸多关于公共卫生的讨论甚至争论中，都能看到这家机构在中间搅浑水，并尽可能地弱化各种危险化学物质的毒害性。这一机构的网站上充斥着诸多相关文章，反对政府对柴油机废气排放[20]和燃煤电厂造成的汞排放[19]开展监管。网站刊载的其他文章中还否认气候变暖[21]，否认含糖饮料[22]和酒精饮料[23]带来的健康风险。至于PFAS，美国科学健康委员会的一篇文章是这么说的："目前的数据表明，大众所接触到的PFOA浓度不足以构成健康风险。"[24]这篇文章的发表日期早于C8研究，但哪怕独立专家组在C8研究中证实了PFOA与受害者健康问题之间的关联，美国科学健康委员会依然维护自己原先的研究结果。[25]对于产品辩护专家和他们的业界金主来说，披着"科学研究"外衣的产品辩护言论最大的问题在于经不起时间的考验。随着科学的不断进步，对他们不利的证据只会越来越多，他们的言论也会越来越站不住脚，"辩护"的难度也会越来越大。

PFAS的早期研究结果居然被生产厂商雪藏了数十年。这一情况曝光后，全球的流行病学家、毒理学家、暴露评估专家都纷纷对PFAS展开了更多的研究。每年，学术期刊都会刊载数百篇关于PFAS的最新研究。如今，已有充分研究证明表明这类无所不在的危险化学物质会给健康带来长期的、多样化的影响。这一类物质也会通过各种防不胜防的途径进入人体。举例来说,在2014年,负责C8研究的科学家发现母乳喂养是PFAS的一个主要暴露源。[26] 基于这一发现,格朗让的研究就更值得重视,因为他的研究显示婴儿免疫功能的缺陷与PFAS暴露存在关联。[27]

杜邦、3M等公司和产品辩护事务所大可极尽所能地想出新的说法为自己辩解,但在目前铁证如山的情况下,这些厂商很难彻底洗清嫌疑。无论PFAS行业和其麾下的科学家炮制了多少怀疑和不确定性,越来越多的科学证据表明,PFAS暴露的安全值(如果真的有所谓"安全值")远远低于业内"专家"所建议的标准。

前文提到,杜邦曾聘用特拉公司为其做产品辩护工作。在特拉的建议下,西弗吉尼亚州把饮用水中PFAS的安全浓度设为1.5×10^{-7}。那是2002年的事。自那以后,独立的科研人员和机构通过不懈努力,多次把这一数值压低。欧洲食品安全局曾发出警告,PFAS可能导致胆固醇浓度升高,进而诱发心脏病。因此,欧洲食品安全局自2018年开始出台了一系列举措,严控食品中PFAS的含量,降低从食物中摄入PFAS的风险。[28] 考虑到母乳传播这一途径(必须大大降低饮用水中PFAS的浓度,才能减少母乳中的PFAS含量),2016年,环保局出台了关于饮用水的指导意见,规定PFOA及PFOS的浓度不得超过7×10^{-11}。[29] 这个浓度听上去简直小到可以忽略不计,相当于奥林匹克竞技规格的游泳池中的70滴水,还不到特拉公司所宣称的"安全值"的两千分之一。

换言之,一旦暴露在此类化学物质下,就意味着风险,根本不存在所谓"安全值"。此外,新的研究也不断揭露这一物质会给健康带来新的危害。意大利威尼托的研究人员发现,当地的水源受到了PFAS的污染,当地暴露在PFAS污染下的青年男子的精子计数、精子活动率和阴茎长度均低于没有接触PFAS的人。[30]

更加严格的标准让PFAS生产厂商以及军队(尤其是空军,因为他们负责清理自己在全球的基地附近造成的PFAS污染)深感棘手。特朗普内阁以及他手下的环保局甚至出手阻挠疾病控制和预防中心提议的新标准,内阁某位官员甚至说疾控中心公布的新标准会给政府带去"公关上的大麻烦"。[31]内阁的出手阻挠引发了公众的愤怒,而来自PFAS污染重灾区(州内有军用基地或水源被PFAS污染)的国会议员,无论是民主党人还是共和党人,也都站出来为自己辖区民众的健康据理力争。迫于压力,当局只能允许疾控中心发布自己的最新研究报告,并授意环保局加强监管,勒令军队负责清理基地周边的有毒物质,或是在基地内及周边提供瓶装水。[32]

2002年,3M公司停止生产PFAS。[33]当然,这一让步并不代表3M公司可以免除法律责任。正如PFAS物质不会轻易在自然界消亡,相关的诉讼也不会在法庭上消失。明尼苏达州起诉3M公司在已知化学物质毒害性的情况下依然随意弃置了大量有害垃圾,并试图隐瞒化学物质的风险。[34]为了回应这一指控,3M公司的法务团队聘请了芭芭拉·贝克(Barbara Beck,来自梯度咨询公司,这果不其然又是一家产品辩护事务所),后者为法庭出具了一份报告,声称明尼苏达州过于夸大了风险,目前的暴露程度远不足以造成任何健康上的问题。[35]梯度咨询公司还与毅博公司联手反对国家毒理学计划把PFAS界定为免疫风险的决定。毅博公司的科学家在《毒理学评论》这本与产品辩护行业关系密切的期刊上发文,声称"现有证据不足以证明PFOA或PFOS等物质与人类的任何免疫问题之间存在必然因果联系"。[36]

2018年,3M公司在不承认任何责任的前提下与明尼苏达州达成庭外和解,同意支付8.5亿美元赔偿金。这样的赔偿金额在环境保护类索赔案件史上能排前三,仅次于深水地平线钻井平台爆炸事件和埃克森·瓦尔迪兹号漏油事件。达成庭外和解之后,明尼苏达州检察长对外公布了许多原本计划在法庭上公开的文件。通过这些文件,我们可以看到3M公司为了维护PFOA而做的种种努力，包括支付数百万美元买通科学家，让他们发表或多或少"能够帮助被告抵挡原告诉讼"的论文。[37]

2002年后，由于3M公司停产PFOA，杜邦公司无法再从3M公司购买材料。因此杜邦公司在北卡罗来纳州的费耶特维尔自行建厂，生产PFOA的替代品GenX以及其他PFAS类物质。从杜邦公司分立出去的科慕化学公司后来继承了这一工厂，继续为特氟龙等产品生产核心材料。杜邦公司可能自身已不再从事PFAS的生产，但由于科慕化学公司的存在，PFAS类物质依然源源不断地渗透进饮用水系统。北卡罗来纳州起诉科慕化学公司，指控对方弃置的GenX垃圾进入了当地的水源，导致25万名从开普菲尔河取水的居民暴露在污染下。[38] 2018年，科慕化学公司与北卡罗来纳州达成庭外和解，同意支付1200万美元以改善工厂的排污处理，也愿意接受常规的环境监测，并对五种毒性尚不明确的PFAS类物质开展测试。[39]这样的处理结果简直连"毛毛雨"都算不上。关于罚金，之前我也提及了杜邦公司与西弗吉尼亚州的和解条件，杜邦公司承诺的赔偿金总计高达数亿美元。

一些曾经在生产中使用PFOA和PFOS的厂商把这些原料替换成了更新、据说更安全的化合物，但其实所有PFAS化合物的安全性都要打个问号。[40] 2020年，甚至又出现了一家**新的**产品辩护事务所，为古老的PFAS产品辩护。这家公司名为"科学责任政策联盟"（Responsible Science Policy Coalition），背后由3M等几家厂商共同资助。这一机构是这样描述它的服务的："为州一级和联邦一级的公共政策制定提供科学依据；协调各相关方，共同投资科研项目，从而加速科学成果的产出、最大化科研价值。"[41] 通过这两条，就不难看出它不过是帮企业打头阵的伪科学机构。

这场战役，还远远没有结束。

第四章
美国职业橄榄球大联盟的脑科医生

如果以工作场所的死亡人数为衡量标准,那么全美最危险的"常规"工作是伐木和商业捕捞。但提到因公负伤,很多人应该会首先联想到橄榄球运动员(以及拳击运动员)。纵观各行各业,职业橄榄球给运动员造成的重大伤残是最为突出的。

在职业橄榄球运动员中,慢性创伤性脑病(chronic traumatic encephalopathy,简称CTE)是非常具有代表性的一种由职业导致的严重疾病。球员弗兰克·吉福德(Frank Gifford)、肯尼·斯特布勒(Kenny Stabler)和迈克·韦伯斯特(Mike Webster)均是进入职业橄榄球大联盟(NFL)名人堂的杰出运动员,他们无一例外在死后被诊断患有慢性创伤性脑病。近年,其他前职业选手如小索尔(Junior Seau)、戴夫·迪尔松(Dave Duerson)、特里·朗(Terry Long)和阿龙·埃尔南德斯(Aaron Hernandez)也都沦为CTE的受害者,他们的伤情和遭遇引发了不小的震动。由于承受了数千次猛烈的撞击,这些球员的大脑已无法正常运转,相反,大脑的渐进性变性会不断地杀死脑细胞。CTE给运动员带去的损伤是不可逆的:没法打石膏,没有特效药,没有任何手术或理疗可以改变他们的命运。

CTE会给患者带去严重的、甚至是难以承受的精神痛苦和折磨,最终产生各类副作用和不良后果,包括抑郁、失忆、易冲动、突发的暴力行为

（考虑到橄榄球运动员的身材和力量，这一项会非常危险）、药物滥用、无家可归以及早逝（包括自杀导致的早逝）。

以埃尔南德斯为例，在2010年至2012年间，他效力于新英格兰爱国者队，是球队的明星近端锋。在赛场之外，他卷入了一系列暴力事件，并最终于2017年离世。2013年6月，他作为谋杀案的嫌疑人遭到逮捕，后被爱国者队保释出狱。最终，埃尔南德斯在一起案件中被判一级谋杀罪，但在另外两起谋杀案件中则被判定无罪。宣判之后的第五天，即2017年4月，被关押在波士顿城外监狱的埃尔南德斯上吊自杀。事后，研究人员对埃尔南德斯的大脑做了检查，发现他已是CTE的重度患者。此前，研究学者从未在45岁以下的人的大脑中看到过这么严重的损伤，而埃尔南德斯离世时只有27岁。

在神经病理学家兼神经病学家安妮·麦基（Anne Mckee）的带领下，波士顿大学CTE研究中心检查了111位前职业橄榄球大联盟运动员的大脑，埃尔南德斯便是其中一位。CTE很难通过常规的成像来确诊。只有在尸检的时候，病理学家通过对大脑切片，才能从细胞层面检查大脑组织，从而对CTE有明确的判断。他们观察到了令人震惊的严重结果：大脑的部分区域发生了退化和萎缩，大脑质量减少。大部分前运动员的大脑切片中还存在过量的Tau蛋白质凝结。Tau这种蛋白质在正常大脑中可以稳固脑细胞的细胞结构。在CTE患者身上，此类蛋白质的过量堆积会影响大脑细胞的正常工作，甚至杀死脑细胞。小索尔、迪尔松这两位前职业橄榄球大联盟的防守悍将均选择了自杀，他们意识到了自己的异常行为和绝望心态，并坚信脑损伤是这一切的元凶。为了把大脑贡献给科研人员，两位球员在自杀时都选择对自己的胸口开枪。

波士顿大学的脑研究得到了一边倒的结果，研究结论令人担忧：受调查的111位前职业橄榄球大联盟球员中，110人的大脑存在CTE。诚然，本次研究采用了方便抽样,并不能完全代表所有球员。研究也没有设立对照人群。但毕竟CTE是一种罕见的疾病,对于这样一个特殊案例,样本的代表性和对照组都不具备太大意义。尽管研究中的99%发病率并不能代表CTE在联盟全体球员中的发病率(我当然希望全员的发病率不是99%),但实验也足以证明,起码有上百名,甚至上千名曾在联盟效力的运动员遭受了这一脑损伤。[1]有些病例症状较轻,有些症状严重,也有一些人因为CTE完全丧失了正常生活能力。(CTE并不局限于职业橄榄球运动员。同一研究表明,一些仅在高中时期打过橄榄球、并未参加大学或职业球赛的人也患有CTE。[2])

看到前球员中出现了这样一种波及广泛、持续渐进、危害严重的脑部疾病,联盟照理来说应立刻引起重视、彻查清楚,或者起码拿出解决问题的方案,但他们并不是这样做的。在联盟看来,CTE是对职业橄榄球赛这一高利润业务的重大威胁。因此,联盟的策略是采用各种手段极力否认CTE与橄榄球运动之间的联系、推翻相关的**科研结论**。借鉴烟草行业在50多年前开创并贯彻的策略,联盟选择的应对方式是否认及辩护。尽管烟草行业的谎言在多年后的今天已被彻底拆穿,职业橄榄球大联盟还是义无反顾地走上了那条老路。这一全美最受欢迎的运动联盟雇佣了多位与其素有金钱来往的科学家,借他们之笔,在报告中极力淡化橄榄球可能给大脑带来的损伤,并抨击独立科学家所做的研究。但如今,我们知道独立科学家的研究结果才最接近真相:无数橄榄球运动员由于在运动中反复受到猛烈撞击,承受了严重的、不可恢复的脑损伤。

在媒体及信息传播还不甚发达的50年前,烟草行业尚且无法利用混淆视听的诡计逃脱惩罚,何况如今每个人都可以方便地借助各种工具查证信息、传播事实真相,为什么职业橄榄球大联盟还会妄图去误导公众呢?只能说,当富得流油的大行业面对不利的科学证据时,他们下意识的反应就是"否认及辩护",简直和膝跳反射一样。从短期看,这种混淆视听的操作或许可以帮他们拖延一些时间、挽回一些损失。但是从长期看,这种操作注定会失败。职业橄榄球大联盟和其他行业还不一样,这是长期暴露在聚光灯下的一个行业,在每年长达五个月的赛季里,这项运动每周六(大学橄榄球联赛)和周日(职业橄榄球联赛)都会准时出现在电视上——如果受伤的是铸造厂的工人,可能就没有这样的关注度了。此外,很多橄榄球迷已为人父母,并把自己的孩子送去打橄榄球。在新闻界有句老话:**如果有人流血,这条新闻一定能流传**。虽然大脑的损伤并不见血,但关于脑震荡的新闻还是广泛地流传开了。

20世纪90年代初期,球员的脑损伤问题逐渐受到关注,职业橄榄球大联盟因此发起了误导式宣传。过去几十年来,防守队员的体格越来越壮,力量越来越大,速度也越来越快,他们对进攻队员的撞击也越来越猛烈。在球场上,受到冲撞的球员要花越来越长的时间才能起身,有些时候甚至无法自行起身,而需要被队友甚至担架抬下场。有记者特意关注过脑震荡的发生率,据不完全统计,脑震荡的发生率在每周日会达到高峰,而越来越多的知名橄榄球运动员(尤其是四分卫)在遭受严重撞击后无法继续比赛。随着时间的推移,他们的症状非但没有好转,反而出现了恶化。

1994年,在纽约市举办的一场公开论坛上,记者戴维·哈伯斯塔姆(David Halberstam)向时任职业橄榄球大联盟总裁的保罗·塔利亚布(Paul Tagliabue)发出质疑,指出联盟球员中脑震荡的受害者越来越多。哈伯斯塔姆可不是普通记者,他曾在《纽约时报》上发文揭露美国如何介入越南事务,并凭此报道获得1964年的普利策奖。他随后出版的关于越战的书籍《出类拔萃之辈》(The Best and the Brightest)可谓是众多探讨越战的书籍中最有分量的一本。因此,但凡被哈伯斯塔姆盯上,就休想轻易糊弄过去。但联盟总裁塔利亚布还是心存侥幸、试图狡辩。据《体育画报》报道，塔利亚布说"这不过是新闻界中人云亦云的报道"，他表示真实情况其实完全不值得担忧，"联盟每三四场比赛才出现一起脑震荡"。一番计算以后，塔利亚布表示"每2.2万名球员中平均出现2.5起脑震荡"。这一数据引发了哈伯斯塔姆的回应，这位记者表示："听到这个回答，我还以为我又回到了越南战争时期，在听麦克纳马拉（McNamara）*介绍他的数据。"[3]

讽刺的是，《体育画报》这篇报道的下一段中就提到了小索尔。在那之前的周日，这位体格强壮的中后卫把纽约喷气机队的四分卫布默·埃西亚森（Boomer Esiason）撞到"失去意识"。塔利亚布试图回避问题，打马虎眼，但面对备受瞩目的问题和报道，这种招数显然是不起作用的。关于橄榄球员脑震荡的报道很快成为联盟的一大公关危机，球员、媒体纷纷向联盟施压，而最令联盟头疼的当然还是来自球迷和家长的质疑声，有些父母甚至开始考虑是否继续让孩子打橄榄球。如果许多家长真的因此让孩子放弃橄榄球，如果许多男孩子也和他们的姐姐妹妹一样去踢足球**，联盟长久以来的球迷基础就会遭到动摇。显然，联盟必须有所行动。

在自己的发言招致公众的强烈谴责后，塔利亚布很快宣布成立轻微脑损伤委员会（MTBI），委任该委员会"对脑震荡展开科学调研，研究如何在橄榄球运动中降低发生脑震荡的风险"。至于委员会的成员任命，他完全可以去聘请独立的医生或者业内享有盛誉的脑研究专家。但他没有。相反，他在委员会中安插的全都是自己的熟人亲信，有一些人甚至与委员会的宗旨存在严重利益冲突，其中包括联盟球队队医协会的代表，联盟运

---

* 译者注：麦克纳马拉曾任美国国防部部长，在越南战争前期，他试图通过数学公式来论证美国即将在越战中取得胜利，进而主张越战升级、增派兵力，最终造成大量伤亡。

** 译者注：虽然英式足球在美国的受欢迎程度远不及橄榄球，但女足是个例外，女足是美国最火爆的女子体育项目之一。

动训练师协会(现更名为职业橄榄球运动训练师协会)的代表,以及联盟器械经理。这些委员会成员都与职业橄榄球大联盟以及某支球队之间存在利益关系,出于自身利益的考量,他们都没有理由去承认橄榄球对运动员大脑的损伤。几乎所有的委员会成员都倾向于否认橄榄球的风险。

轻微脑损伤委员会在研究报告中声明:"委员会成员与职业橄榄球运动之间不存在任何会影响成员独立研判的经济或业务关系。"[4](注:错,他们之间明明有利益关联。)委员会的组长埃利奥特·佩尔曼(Elliot Pellman)是一位风湿病学家,没有任何神经病学或颅脑创伤领域的专业知识。但他是塔利亚布的私人医生,此外,他和委员会的多位成员均在不同的橄榄球球队担任医疗顾问。作为顾问,他们的职责之一就是判断遭受脑震荡的球员是否可以返回赛场。如果事后的研究证明,让这些球员继续比赛意味着让他们承受慢性脑损伤,那么给球员开绿灯、让他们继续比赛的医疗顾问则需要为这一决定承担责任。医疗顾问们当然不想被追责。基于这样的背景,这些"独立专家"显然不独立。

其次,这一委员会的取名也大有文章,既然叫"**轻微脑损伤委员会**",其实就已经给调查定了基调——橄榄球运动中不可避免的身体冲撞至多也是带来"轻微"损伤,**不可能**有严重后果。在还没有采集任何数据的时候,脑损伤已被定性为"轻微"。因此当调查报告最终出炉时,结果也不令人意外。在委员会成立的前八年(我没有说错,是整整**八年**),他们没有任何发现。在1994年至2002年间,委员会没有对外发布任何成果。但每当联盟面对质疑,它就会搬出委员会,表明已有专项委员会在调查这一问题。再往后,在2003年至2006年间,轻微脑损伤委员会发布了13篇论文,全部刊发在《神经外科》这一本期刊上。

每一篇论文的结论都非常相似:橄榄球导致的颅外伤几乎不构成长期的影响,要有也是微乎其微。这正是联盟和球队老板希望看到的结果:

职业橄榄球全然不是一项危险的运动;队医让队员重新上场比赛的决定完全正确;极少数情况下发生的脑震荡都得到了恰当的医治;球赛不需要作出改革。轻微脑损伤委员会的两位组长埃利奥特·佩尔曼和戴维·维亚诺(David Viano,一位生物力学专家)共同发表署名文章,概述了轻微脑损伤委员会的研究和建议。以下是从文章中摘录的一些观点,后都被证明是具有误导性或错误的:

- "相当大比例的运动员都能迅速回到当场比赛的赛场,且绝大多数出现脑震荡的运动员都能在一周之内返回赛场,由此可见职业橄榄球比赛中的轻微脑损伤并不构成严重伤害。"

- "此前有学者在报告中指出:大脑如果反复经受震荡性伤害,伤害的危险程度会随次数而增高;对于有过脑震荡病史的人,再次受到震荡性伤害后,神经功能的恢复也更缓慢。本次针对职业橄榄球运动员的研究并不支持上述结论。"

- "通过六年的研究,并无证据证明职业橄榄球大联盟运动员因反复受伤而遭遇二次冲击综合征、慢性累积伤害或慢性创伤性脑病。"

- "本次研究表明,并无证据证明职业橄榄球大联盟运动员在遭受多次轻微脑损伤后会出现病情恶化或慢性累积伤害。"

- "早先的一些研究认为,遭遇轻微脑损伤的运动员如果过早返回赛场,他们遭受的脑震荡后综合征可能会持续更长时间,并为更严重的脑损伤埋下隐患……根据职业橄榄球大联盟的经验和一贯操作,如果受伤运动员的症状已消失,并在测试中表现正常,那么如果比赛仍在进行,运动员可以安全地返回当天的比赛。"[5]

在教我的学生如何审阅他人的流行病学研究时,我总是告诉他们:"研究的方式可以掩盖结果中的真相。"轻微脑损伤委员会的研究方式中就有许多明显的缺陷。通过错误的方式，自然可以得出扭曲的结果，例如让脑损伤对脑神经的影响在研究中显得比实际更小。除了一些明显的谬误，也有**许多**更难以察觉的小动作。有一种叫"选择偏倚"，是指调研所选择的样本具有偏向性，并不足以代表研究应该反映的普遍情况。例如委员会的某项研究只调查了在被诊断为轻微脑损伤后自愿接受脑神经测试的球员。但事实上，出现脑震荡、符合脑神经测试条件的球员中，只有22%的球员接受了测试。这22%的球员仅仅代表赛场上16%的脑震荡事故。在这一组只占22%的少数派球员中（143人），部分球员受伤后休息了一周以上，另一部分则在一周内返回了赛场。该研究对比了这两部分人的神经心理学测试结果。但在脑震荡发生的10天之后，没有任何人再就脑功能接受任何后续测试。

不难想象，轻微脑损伤委员会发表论文中的此类研究谬误很快被审稿专家注意到了（审稿专家是自愿在论文发表前为其做同行评议的一批学者）。尽管如此，《神经外科》还是选择把论文和审稿专家的异议一同刊发——这种操作是罕见的。在大部分情况下，如果审稿中发现了论文的研究方法有重大缺陷，期刊编辑会直接拒绝发表此文，或者最起码也会把论文退回给作者，要求作者对异议部分进行修改。为什么委员会的多篇论文均存在严重问题，《神经外科》却依然如数发表？在此我想指出，时任《神经外科》主编的是迈克尔·L. J. 阿普佐（Michael L. J. Apuzzo），他同时也是纽约巨人队的医疗顾问，后成为联盟总裁办公室的顾问。有些研究学者甚至把《神经外科》戏称为"职业橄榄球大联盟不存在脑震荡"期刊。不过，之后该杂志也发表过一篇极具争议的论文，该文首次报告了在已逝橄榄球运动员的大脑中发现的慢性创伤性脑病（CTE）。[6]

这些宣扬"无伤害、不处罚"的论文显然漏洞颇多，发表它们的期刊也默认论文存在问题。尽管如此，联盟的医疗专家依然大言不惭地表示，运

动员如果能够一路晋升至职业橄榄球赛,说明他们的大脑本身就具有异于常人的抵抗力:

> 在橄榄球运动员中可能也存在"自然选择",更容易受到脑震荡损伤的球员,可能已经在高中或大学的赛事中被这一运动淘汰。我们看到,在职业橄榄球大联盟球员遭受头部冲击时,他们的大脑展现出了更强的抵抗力,抵御脑神经可能遭遇的变形性伤害。[7]

这样的解释实在令人"拍案叫绝"。联盟的意思是,虽然大学和高中的橄榄球比赛都执行了关于脑震荡的新规定和新标准,职业比赛却没有必要采纳此类标准,因为**"自然选择"确保了进入职业大联盟的球员都拥有更能抵抗冲击的"专业"大脑**。谁能想到"适者生存"还能被这样解读?

真的会有人相信这样的说法吗?不管布雷迪自己信不信,他的一番言论已然成了这一理论的有力例证。2018年底,这位爱国者队的四分卫在一次采访中谈道:"你的身体会适应这种撞击,大脑也会去解读你的身体行为,从而做好应对撞击的准备。可以说我的大脑已经有了一层'老茧',对撞击不那么敏感了。"[8]委员会组长佩尔曼和维亚诺的总结陈词也和布雷迪的观点相似:"许多职业橄榄球大联盟选手在经历轻微脑损伤后,都可以在当天安全地返回赛场。返回赛场的选手必须符合以下条件:无症状,临床测试和神经系统测试结果正常,健康状况获得队医的认可。在他们身上并未观测到不良反应。本次研究的结果与许多大学、高中橄榄球队队医所奉行的标准和指导意见恰恰相反。"[5]

职业橄榄球大联盟一方面炮制着漏洞百出、毫无诚信的"研究结果",另一方面又大肆攻击与他们意见相左的研究结论。2009年,密歇根大学社会研究学院发表的一篇论文指出,30岁至49岁的前职业橄榄球大联盟运动员与同龄的非运动员相比,发生脑神经紊乱的概率是后者的19倍。[9]

这项研究是由联盟出资开展的，但看到研究结果后，联盟发言人立刻出言反驳，声称"有数千名退役运动员的记忆力没有任何问题"。[10]

这一职业联盟既有雄厚的经济实力，也有过硬的人脉，可以在学术期刊上发表任何文章。因此，轻微脑损伤委员会粉饰太平的工作似乎还能维持很长一段时间。但是没过多久，患有CTE的橄榄球运动员中不可避免地出现了死亡病例。

联盟或许可以质疑、否认流行病学研究结果，但若想推翻尸检报告，就没有那么容易了。研究人员解剖了死亡球员因CTE而受损的大脑，并把研究结果公之于众。在联盟球员中，第一个因CTE而引起广泛关注的病例是迈克·韦伯斯特，这位活跃于20世纪70年代的球员是匹兹堡钢人队的传奇中锋，与四分卫特里·布拉德肖（Terry Bradshaw）搭档，帮助球队在20世纪70年代末和1980年斩获4次超级碗胜利。这位被誉为"钢铁迈克"的球星为匹兹堡钢人队效力15个赛季，在退役前又为堪萨斯城酋长队效力2个赛季。他是职业橄榄球大联盟史上最杰出的中锋之一，并入选联盟75周年庆时评选出的史上最强阵容。2002年，年仅50岁的韦伯斯特死于心脏病发作。神经病理学家贝内特·奥马鲁（Bennet Omalu）对他的大脑进行了解剖。奥马鲁的介入完全是一次巧合。在韦伯斯特饱经摧残的躯体被送到阿勒格尼郡的验尸官办公室时，正值周六，轮到资历最浅的病理师奥马鲁值班。奥马鲁被委派负责韦伯斯特的尸检，而这次尸检也让奥马鲁的名字被全美所熟知。三年之后，也就是2005年，奥马鲁以韦伯斯特的尸检结果为依据，与匹兹堡大学的同事共同做了研究，并把研究论文发表在《神经外科》上。这是史上第一篇公开发表的以职业橄榄球运动员为CTE病例的研究。[11]

事后看来，韦伯斯特的大脑受损其实并不出人意料。作为中锋，韦伯斯特是球队进攻的核心。在长达17个赛季的职业生涯中，他打了无数场比赛，也接受了一次又一次的撞击。"钢铁迈克"的意志和决心可能如钢铁一般，但他的头盖骨和大脑却是由更柔软、更脆弱的材质构成的。哪怕在1990年退役之前，他就已经出现了一些令人担忧的危险行为。1997年，《匹兹堡邮报》上的一篇文章如此描述他："无家可归，没有工作，负债累累，深受多种健康问题困扰，没有医保，正在办离婚手续，正在接受心理医生治疗并服用药物，因为房地产投资而卷入了一场复杂的官司。"文章还写道："在橄榄球场上一次次横扫对手的'钢铁迈克'最终还是败给了他无法通过硬碰硬去战胜的无形力量，钢铁也有损坏的时候。"[12]

需要指明的是，奥马鲁的研究并非特别针对职业橄榄球大联盟，也没有断定橄榄球和CTE之间有必然因果关系。研究仅仅是发出了警示，并呼吁对这一问题开展更多研究。奥马鲁天真地以为，他不偏不倚的研究工作会得到大联盟的认可。相反，但凡有任何关于橄榄球运动员严重脑部疾病的警示性言论，大联盟的应对方式始终是"否认及辩护"。轻微脑损伤委员会的三位成员特意向《神经外科》写了一封长信，反驳奥马鲁的诊断。署名的三位成员除了佩尔曼和维亚诺，还有一位是艾拉·卡森（Ira Casson）。卡森后来替代佩尔曼成了大联盟的医学发言人，因为佩尔曼这个名字已招致了公众的极大反感。卡森是一位神经学家，但他和另外两位小组成员一样，都没有病理学的背景，更不具备检验脑组织的专业经验。对于韦伯斯特大脑解剖中发现的异常情况，这三位成员并不认为有必要在橄榄球运动员中引起重视、扩大调查，他们拒不承认韦伯斯特的大脑异常与橄榄球之间存在关联——因为"证据不足"，甚至不愿把韦伯斯特的情况称作CTE。这三位从联盟领工资的委员会成员联名要求奥马鲁和他的同事撤下研究报告。[13]

奥马鲁团队并没有应允。第二年，这位病理学家和他的同事在《神经外科》上发表了第二篇文章，研究的是橄榄球运动员特里·朗的大脑。特里·朗在1984年至1991年间担任匹兹堡钢人队的进攻锋线球员，其中有五年时间与韦伯斯特并肩作战。尽管特里·朗的服役年限只有韦伯斯特的一半，但这七年的职业生涯也足以给他的大脑带去不可逆转的损伤。在进攻锋线这个位置上，特里·朗也在一场接一场的比赛中承受了无数次撞击。1991年，特里·朗在一次类固醇药物药检中不合格，随后试图自杀未果。2005年，他喝下防冻剂，结束了自己的生命。[14] 2006年11月，也就是奥马鲁发表特里·朗大脑解剖结果的同一个月，曾效力于费城老鹰队的安德鲁·沃森（Andrew Watson）自杀身亡。奥马鲁也在他的大脑中观察到了CTE。之后，又有第四位、第五位前职业橄榄球运动员自杀，最后这个数字一路上升至十多位。奥马鲁在解剖中发现，这些橄榄球运动员的大脑与他见过的职业拳击手的大脑非常相似。要知道，接受尸检的职业拳击手的死亡年龄往往比自杀的橄榄球运动员大上几十岁。在显微镜下，脑组织所呈现的状态让病理学家大为吃惊。他们意识到，并不是只有脑震荡才会引起这种脑损伤，日常比赛中的每一次常规撞击，都让大脑遭受了更严重的损伤。进攻锋线这一位置的球员往往会受到最多的冲撞，因此他们的大脑损伤极为严重。

随着证据不断涌现、关注度不断升高，轻微脑损伤委员会也不断炮制出新的研究，极力淡化头部撞击的危害。在委员会的一项研究中，研究人员用大鼠作为实验对象，轻敲大鼠的脑袋以模拟职业橄榄球比赛中的撞击，就好像轻敲大鼠的脑袋和几百斤的职业运动员间发生冲撞是同一回事。[15]这简直可笑，但又让人笑不出来，因为这个问题根本就不该拿来开玩笑。

烟草行业炮制的伪科学成功地为这一行业争取到40年的喘息时间，烟草商得以在这40年里揽金无数。直到1994年，众议院议员亨利·韦克斯曼（Henry Waxman，加州民主党人）终于逼得几家烟草巨头的首席执行官出庭作证。几位高管在法庭上宣誓会如实发言，然后纷纷表示他们不认为吸烟会引发肺癌。在慢性创伤性脑病（CTE）一事上，代表联盟出面的轻微脑损伤委员会虽然名声一年不如一年，但也为联盟争取到了一些时间，在大概10年的时间里，橄榄球与CTE之间的关系似乎众说纷纭、尚无定论，但即便如此，CTE永远会是橄榄球的一大阴影。关于CTE的研究越来越多，不断地把美国最受欢迎的运动与死亡的阴影联系到一起。职业橄榄球大联盟作为全美最具影响力的机构之一，面对生死攸关的研究却展现出了令人心寒的态度，这也不由地让人怀疑他们的诚信与品行。2009年，密歇根州民主党议员约翰·科尼尔斯（John Conyers）领衔的众议院专项委员会传唤了联盟的新总裁罗杰·古德尔（Roger Goodell）——古德尔在2006年接替塔利亚布上任。在质询中，古德尔否认球员的脑损伤与橄榄球这项运动存在关联。听闻此言，加州议员、民主党人琳达·桑切斯（Linda Sánchez）直言不讳地点出，早年烟草公司也是如此否认香烟与肺癌之间的联系的。一时间，全国哗然。

  短短几周之内，古德尔就解散了已彻底失去民众信任的轻微脑损伤委员会，另起炉灶，成立了一个新的研究小组，命名为"职业橄榄球大联盟头部、颈部、脊椎委员会"（简称头颈脊委员会）。曾经像保镖一样挡在联盟身前的轻微脑损伤委员会终于退出了历史舞台。新的研究小组聘请的成员中不乏真正的脑神经学家和脑外科医生。专家组成员也不从联盟领工资（但是研究开支将由联盟报销，此外他们还会获赠免费的超级碗门票）。联盟一夜之间就推翻了自己过去十余年来的立场，把原先的黑历史匆匆地藏到看不见的地方。他们已经无法继续用那些花钱买来的研究结果自证无罪了。为什么？因为那些研究实在太站不住脚了。继续坚持那些错误的言论只会令联盟蒙羞。各路媒体都在猛烈批评联盟和它麾下的所谓专家，来自公众和球员工会的压力也越来越大。毕竟和生产石棉、杀虫剂或者纺织染料的企业相比，职业橄榄球大联盟这类直接服务消费者的商家显然更加在意舆论和口碑。

联盟面临的压力不断升级。2011年，退役球员对联盟提起了集体诉讼，指控联盟"蓄意欺骗和否认事实"以便"掩盖脑震荡和脑损伤问题的普遍性和严重性"。[16]最终，共有5000名退役球员参加了集体诉讼，经历了漫长的辩论后，联盟最终同意支付共计约10亿美元的和解金。这听上去是很大一笔钱，但10亿美元不过是联盟一年收入的零头。对于球员来说，这笔钱也远不足以给现在以及未来更多有可能受CTE影响的球员带去足够的保障。根据职业橄榄球大联盟的估算，大约有6000名退役球员（相当于全部退役球员的30%）会患上阿尔茨海默病或中度痴呆，这些人符合获取赔偿金的条件。[17]联盟球员协会也给联盟施加了不小的压力。在新当选的协会会长德莫里斯·史密斯（DeMaurice Smith）的带领下，球员协会要求联盟针对脑震荡部署一整套新的流程，包括聘请场外专家、提高诊断和治疗水平，并成立双边机制来监督协议的执行。

为了挽回形象，古德尔宣布，联盟将向美国国立卫生研究院捐赠3000万美元。国立卫生研究院下设27个研究机构和中心，涵盖了美国绝大多数政府主导的生物医药研究。这笔捐款将用于成立一个新的"体育与健康研究项目"，从而让全美顶级的医疗研究机构参与到CTE等疾病的研究中。关于此次捐赠，联盟在新闻稿中写道："职业橄榄球大联盟以无限制基金的方式向美国国立卫生研究院捐赠3000万美元用于医学研究。"[18]可以看到，这里用了"无限制"一词，也就是说联盟与国立卫生研究院之间就捐赠条件达成了一致：国立卫生研究院将全权负责3000万美元的调拨，独立地决定向哪些研究者拨款。联盟的责任是在几年的时间内分批付清这3000万美元，哪怕体育与健康研究项目的管理协议因任何原因终止，联盟依然需要继续付清捐款。

按照常规流程，国立卫生研究院在学界发起了研究课题的征集，邀请学者提交关于橄榄球运动员中CTE病例的纵向研究提案。提案将通过同行评议的方式进行评估，国立卫生研究院根据同行评议结果来决定出资赞助哪个研究课题。在众多参与提案的研究学者中，也不乏职业橄榄球大联盟的头颈脊委员会成员。但最终脱颖而出的是波士顿大学学者的课题，课题组长罗伯特·斯特恩（Robert Stern）是波士顿大学CTE研究中心的临床研究主任，也是神经系统变性疾病专家。斯特恩和橄榄球也是老熟人了。他的团队曾就橄榄球运动员的脑部疾病开展过广泛研究，他所在的研究中心已成为解剖、检查已故橄榄球运动员大脑的权威机构。在退役球员对联盟提起的集体诉讼案中，斯特恩特别出具了一份书面证言，表达他对最终和解金额的反对意见，表示这一数额最终会导致脑损伤球员拿不到足够的赔偿金。

职业橄榄球大联盟这下立刻不愿意了。来自联盟的多位高层领导，也包括医疗主任佩尔曼，向国立卫生研究院提出了三点反对意见：首先，斯特恩曾出具过书面证言，因此与该议题有利益冲突；其次，他的研究小组不具备资格——他们擅长的是神经病理学，而不是此次征集的纵向研究；其三，小组提案中的研究方案并没能达到项目的整体目标。否定了斯特恩的小组后，联盟要求国立卫生研究院把研究基金调拨给另一个小组，那一小组中有三名调查员均是联盟头颈脊委员会成员，其中一位还参与了联盟与国立卫生研究院就捐赠事宜展开的谈判。[19]

显然，联盟对"无限制"基金有自己独特的理解。联盟甚至全然不顾国立卫生研究院一贯秉持的一项宗旨：捐助人严禁参与受助者的遴选过程。因此，国立卫生研究院并没有听从联盟的意见，依然坚持要把研究基金授予斯特恩团队。作为政府机构的国立卫生研究院认定波士顿大学团队完全具备相关资历，提案中的研究方案符合项目的研究目标。关于联盟质疑斯特恩与研究项目存在"利益冲突",国立卫生研究院也有现行政策可以解答这一点:执笔一篇学术文章(或书面证言)与正式的雇佣关系是两回事。斯特恩与联盟或联盟球员之间并不存在雇佣关系,因此不涉及利益冲突。

由于国立卫生研究院与联盟之间存在不同意见,国会召开了听证会。在听证会中,证据显示国立卫生研究院曾试图通过协商的方式与联盟解决这一问题、消除联盟的部分疑虑:"在选择受助人时,国立卫生研究院管理层一直坚持流程的正当性,确保这一过程不被外界介入,以保证最优秀的候选人能够拿到资助。"但联盟早就习惯了我行我素,听到这样的解释并不罢休。由于不满意国立卫生研究院的同行评议甄选流程,联盟决定中止资助,最初承诺的3000万美元无限制基金,大概有1800万美元的缺口没有落实。虽然这样的出尔反尔可能招致非议,但联盟还是宁愿铤而走险,大概希望公众已经放下此事,转而去关注另一个热点新闻了。[20]

2015年,好莱坞从某种程度上来说帮了球员一把。好莱坞电影《震荡效应》(Concussion)取材自奥马鲁的经历,用艺术再创作的方式讲述了奥马鲁对悲剧球员迈克·韦伯斯特的研究,以及职业橄榄球大联盟如何阻挠研究结果的发表。主角奥马鲁由威尔·史密斯(Will Smith)饰演。哪怕在电影领域,联盟也丝毫没有松懈。据《纽约时报》报道:"黑客披露了数十封与该电影制作相关的邮件往来,涉及索尼影业的高层领导、导演彼得·兰德斯曼(Peter Landsman)以及威尔·史密斯的团队。在邮件中,他们讨论了如何对剧本进行修改,如何将电影营销得更像是一个吹哨人的故事,而不是对橄榄球或联盟的谴责,以确保最后的电影不会触怒职业橄榄球大联盟……2014年8月6日,索尼影业国内市场营销总裁德怀特·凯恩斯(Dwight Caines)在一封写给索尼影业三位最高级别领导的邮件中谈到了如何给电影定调,'我们将在联盟顾问的帮助下为本片定调,确保我们是在讲述一个充满戏剧冲突的故事,而不是在捅马蜂窝。'"[21]

次年,《纽约时报》发表的一篇新报道进一步揭露了轻微脑损伤委员会如何在研究中弄虚作假:委员会使用的脑震荡数据库理应包括1996年至2001年间联盟医疗人员诊断出的所有脑震荡病例(联盟关于这一时期球员脑震荡的种种声明也都是基于这一核心数据源而来的),但记者艾伦·施瓦茨(Alan Schwartz)发现,委员会使用的数据库信息并不完整。施瓦茨得到了一份数据库的拷贝,之后把数据库里的信息和联盟每周例行对外公布的伤病报告做了比对。尽管数据库采用匿名的方式,但由于包含其他信息,例如脑震荡发生的具体日期,还是可以据此识别出病例的真实身份。通过对比,《纽约时报》的记者发现,每周例行公布的脑损伤病例中起码有10%(也就是100例)没有纳入研究数据库,这些病例都是经队医诊断后上报给联盟的,其中包括达拉斯牛仔队这支联盟标志性(也是最富有的)球队中所有符合条件的病例。还有其他记者从其他的角度质疑了联盟的研究,揭露了更多的问题。若要一一道来,我可能要花很长的篇幅。在这场拉锯战中,记者发挥了很大的作用,普及了奥马鲁及其他学者的重要研究结果,并揭露了那些发表在同一本期刊上、同样经过同行评议但实则漏洞百出的虚假研究。

"职业橄榄球几乎是美国最危险的工种,你怎么不出来管一管呢?"在我供职于美国职业安全与健康管理局的七年多时间里,我无数次地被问到这个问题。如果有人认为职安局可以成为橄榄球运动员的救星,那我的回答可能要让他们失望了:如果为了减少橄榄球运动员遭受某种特定损伤的风险,职安局强行下令对美国人民最喜爱的运动作出改革,那么只会使职安局这一联邦政府机构沦为全民公敌。此外,职安局还有许多更迫切的事务要优先处理,比如保护那些每天吸入有毒颗粒或者被机器砍掉手指但又无处发声的工人。

职安局可能无法解决橄榄球运动员面临的困境，但随着公众关注度的提升，局势也在扭转。至少在CTE的问题上，球迷的确在呼吁真相。至于真相大白以后，这项运动是不是要进行相应的改变，这可能就是球迷不愿意去想象的了。

当然，橄榄球并不是唯一一项存在争议的运动。在橄榄球的危险性引发关注后，北美洲另外一项深受喜爱却凶猛暴力的运动也很快被放到聚光灯下，这项运动就是冰球。美国冰球联盟（NHL）代表了价值高达数十亿美元的一项运动赛事。在面临审查时，冰球联盟的表现与它的"兄弟"橄榄球联盟并无二致，依然给出了标准的膝跳反射式回应：问题不大，证据不足，独立科学家得出的研究结果不可信。当退役的冰球运动员向冰球联盟发起集体诉讼时，冰球联盟要求（根本没有参与此案的）波士顿大学CTE中心提交所有的记录和材料，以便冰球联盟"了解、摸排现有研究的科学基础"并"核实已发表的研究结果的准确性"。[22]

2016年，参议员理查德·布卢门撒尔（Richard Blumenthal，康涅狄格州民主党人）向美国冰球联盟总裁加里·贝特曼（Gary Bettman）发问："你认为CTE与冰球之间存在关联吗？"贝特曼的回复是一份长达24页的书信，信中罗列了迄今为止的各种科研成果，并表明了冰球联盟对这些研究的态度："脑震荡以及所谓CTE的临床症状之间是否存在关联，这个问题的答案依然是未知的。"[23]

第五章
断然的否认

在美国,任何酒类广告都会用极小的字印上标准的那句"请适度饮酒"。酒商是否真心希望我们"适度饮酒",这就不可考证了。但仅从字面上来说,"适度饮酒"是非常中肯的建议:全球5%的死亡都与酒精存在因果联系,这5%代表的是每年300万条生命。酒精对年轻人造成的伤害是最大的:在全球20至39岁的人群中发生的死亡事件里,有13.5%与酒精有关。[1]

看到这样的数据,可能有人不禁会好奇,酒一开始到底是怎么流行起来的。在这样的数据面前,禁酒的呼声也不再显得不可理喻了。但酒当然有它的特别之处。对很多人而言,小酌一两杯可以纾解压力,并帮助我们更轻松地融入社交场合。用一两杯葡萄酒佐餐也是极好的。我们认为,这些有碍健康的不良影响只与酗酒者过度饮酒有关。我们相信,只要饮酒适量,肝硬化之类的疾病是不会找上我们的,而且我们都自恃是有自制力的人,绝对不会从事酒驾这种危险的行为。

"请适度饮酒"真的是一条非常好的广告语,传递的信息也的确有警醒作用,但同时,它也是一条虚伪的广告语。很抱歉我又要充当这个打破幻想、公布坏消息的人:酒精饮料——无论是葡萄酒、啤酒还是高浓度的蒸馏烈酒,哪怕是适度饮用,也会缩短生命,而不是延年益寿。当然,我不是要把大家吓得一杯啤酒、葡萄酒或白兰地都不敢喝了。我本人深入地调查了与酒精有关的诸多研究，也在此过程中收获了更多科学知识，更加了解酒精及其危害，尽管如此，我下班后依然愿意来一杯啤酒。少量饮酒对健康的危害与其他一些习惯相比是小巫见大巫的。就拿抽烟来说，平均而言，抽烟会缩短烟民10年的寿命。[2] 虽然涉及酒精及适度饮酒的科学研究非常中肯，酒类行业还是花了很多钱去抹黑此类研究，煽动对科学研究的质疑。讲到如何扭曲基本科学和流行病学来维护自家的产品，酒类行业和烟草、制药、制糖行业就不分伯仲了，几大行业可谓一丘之貉。在随后的章节中我会详细展开去讲后两个行业。

酒类行业依照的也是烟草行业所创立的产品辩护模板，他们把绝大部分的经费都注入了一个贸易组织，借由该组织之口为酒精辩护。这个组织的名字充满误导性：酒精饮料医学研究基金会（ABMRF）。有一说一，这家基金会资助过一些严肃的医学研究。但与此同时，该基金会也常常用产品辩护行业的惯用方式和说辞去攻击**另外的**医学和流行病学研究。

这一基金会成立于1982年，背后的出资方是美国和加拿大的几家啤酒和麦芽生产商。基金会的首任会长托马斯·B.特纳（Thomas B. Turner）曾是约翰斯·霍普金斯大学医学院的院长。他的个人背景大大提升了这一新成立的基金会的权威性和可信度。这位会长所领导的首届理事会掺杂着两类人：一类是知名的科学家，另一类则是酒类行业巨头，其中不乏如雷贯耳的名字：奥古斯特·A.布施第三（August A. Busch III）、威廉·K.库尔斯（William K. Coors），以及彼得·斯特罗（Peter Stroh）*。

特纳本人曾在1993年写下过关于那段历史的回忆："在20世纪中期，新一轮的禁酒政策正在孕育当中。"如果去考证一下史实，特纳的这段话

---

* 译者注：三位所在的家族分别创立了百威啤酒、康胜啤酒和斯特罗啤酒。

就非常可疑。在1933年《禁酒令》废除后,美国再也没有尝试过重新推行《禁酒令》。再度禁酒是不可能的,但政策可能会考虑提高对酒类的税收、加强对标签和广告的监管。特纳还提到,美国国家酒精滥用与酒精中毒研究所(NIAAA)非常关注"饮酒带来的一些恶劣后果背后的临床和生物化学依据",换句话说,这一政府机构正在着力研究过度饮酒的影响,对此特纳表达了他的担忧。当然,酒类行业并不会笨到直接去维护"酗酒"这种不良恶习。酒类行业表示,他们也很乐意去研究"为什么一小部分人会逾越适度饮酒的界限"。NIAAA的研究只关注"过度饮酒和酗酒",新成立的酒精饮料医学研究基金会却很乐意多做一些工作,把研究的覆盖面扩大到**各种程度的酒精摄入**。最终基金会的研究将证实特纳和酒厂所坚持的观点:只要保证适量饮酒,就"不会观测到对健康有害的影响"。[3]

特纳和酒精饮料医学研究基金会表示,适度饮酒不仅仅是无害的,甚至对健康是有益的,这一益处尤其体现在寿命上。数十年来,直到今日,酒类行业所扶植的学者依然在大肆宣传适度饮酒可以延年益寿,他们的论点集中体现在图5.1所示的J字曲线上。

图5.1的横轴为每天饮酒的杯数,越往右代表杯数越多,纵轴则代表

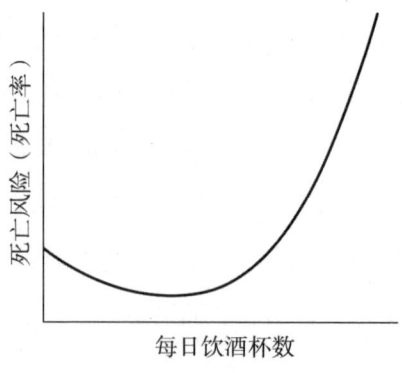

图5.1 J字曲线

了死亡率，越高代表死亡的风险越大。J字曲线的核心思想是：不喝酒的人（也就是曲线最左侧的人）死亡的风险反而要略**高**于一天小酌几杯的人（曲线的底部）。因此为了长寿，为了让自己处于曲线的底部，所有人都应该一天小酌几杯！

如果这一曲线是正确的，那么酒类行业所宣传的"适度饮酒有益健康"可谓找到了最有力的佐证。乍一看，这条曲线好像还真像那么回事。的确有不少研究显示，完全不饮酒的人（曲线最左）和过度饮酒的人（曲线最右）死亡率会高于适度饮酒的人（曲线中段），这里面有一些研究甚至可以追溯到20世纪20年代（禁酒令时代之前）。

虽然第一眼看上去颇有道理，但这条曲线却经不起仔细推敲。这里面的问题就是流行病学家常说的**选择偏倚**。曲线上不同的点可能代表了截然不同的人，他们之间的差异远远不只是每日的饮酒量。

曲线的最右侧所代表的是饮酒过量的酗酒者，但除了酗酒之外，这群人身上往往还有其他常与酗酒伴随出现的习惯，例如抽烟、不健康的饮食习惯。因此，陡然攀升的早逝风险是很多因素的**共同**作用。真正严谨负责的研究应该把其他因素也考虑在内。

再来看曲线的左侧，这里面的流行病学谬误可能就更突出了。在不饮酒的人中，有一些人可能是主动选择不喝酒的，比如出于宗教原因（例如基督复临安息日会*的教徒）。许多禁酒主义者可能也不吸烟，甚至坚持吃素。这一群人除了不饮酒之外，还有其他匹配的健康生活习惯，因此在评估他们的健康状况时，应该把其他因素也一并计算进去。但除了个人自愿选择，不饮酒的人中也包括其他类型的人，比如因为疾病而不能喝酒的人。在很多研究中，一些曾经喝酒但后来戒酒的人也被计算进了"每

---

* 译者注：该教会严格依《圣经》约束个人生活，包括把身体视作"圣灵的殿堂"，戒酒、戒烟、健康饮食。该教会教众的人均寿命很长。

天零杯酒"的人群中,但事实上,影响这群人健康的因素就更加复杂了。严谨的研究应当充分考虑上述各种情况,但现有的很多研究都忽略了那些复杂因素。

但如果非常仔细地对影响健康的复杂因素抽丝剥茧,最后的结果必然不利于酒类行业。酒类行业可是投了几百万美元,捧红了"J字曲线"等理论,借此证明适度饮酒有利健康。大部分资金都进了乐于为酒业金主效劳的某些科学家的口袋。以特纳为例,在正式成为酒精饮料医学研究基金会首任会长的一年之前,特纳已经以第一作者的身份发表过一篇重要的论文,这篇论文为未来数十年酒类行业的公关宣传搭建了框架。论文标题为《适度饮酒的好处》,相关研究由啤酒商出资资助,论文刊载在约翰斯·霍普金斯大学自家的《约翰斯·霍普金斯医学期刊》上。文章不加掩饰地为酒精辩护:"累积的数据表明,成人适度饮用酒精饮料有助于降低心肌梗死的风险,提升老年人的生活质量,减轻压力,并增强营养。"[4]

那么问题来了,多少才算是"适度"?特纳和他的团队汇总了当时和酒精相关的健康研究,并总结出如下结论:对于常规身材的男性而言,摄入的酒精量不宜超过80克,也就是说一天不超过六杯,如果连续饮酒,那就是连续不超过三天、每天不超过五杯。只要控制在这个量以内,"几乎没有观察到这一水平线以下的饮酒量对健康产生任何负面影响"。(特纳最终确定,适用于女性的数值应更低一些。)但这个五六杯的量,却没有考虑到其他的危险情况,例如酒驾和酒精中毒:哪怕饮酒量小于六杯,依然可能引发致命的酒驾事故或是酒精中毒。特纳表示,关于以上两类情况并无足够证据,因此,除去尚无定论的特殊情况外,适度饮酒不会造成任何疾病或事故。[5]

酒精饮料医学研究基金会充分利用了他们和约翰斯·霍普金斯大学的这层关系,资助并大肆宣扬对酒类行业有利的研究。一旦期刊上发表了符合酒类行业利益的文章，约翰斯·霍普金斯大学的新闻宣发团队会立刻发布新闻稿宣传这篇论文，名校站台立刻提升了研究的可信度，而这种互动也进一步巩固了基金会和大学之间的关系。长此以往，约翰斯·霍普金斯大学这所历来享有盛誉的名校与酒精行业及其宣传的"适度饮酒"越走越近。终于，事情到了不可收拾的地步：一位长期与该基金会有往来的加拿大学者发表了一篇新的文章，其核心思想被《纽约时报》概括为"喝啤酒的人更不容易得病"，并用作新闻报道的标题。[6]

如果事实果真如此，那么对各地酒商、酒保来说这无疑是个可喜可贺的重大利好，可惜，这一结论根本站不住脚。在看到这个"喜人"的结果后，一些与酒类行业无关联的外部专家决定仔细推敲一下研究所用的方法，但显然，研究经不起推敲。外部专家注意到，论文作者使用的数据来自挨家挨户的口头调研，但受访者给出的答案显然不是完全可靠的：想象一下，有一位完全陌生的人突然来敲你家的门，问你一些和饮酒有关的问题，或是询问你的健康状况，问你多久生一次病，或是既问了喝酒也问了健康，或是都没问。谁知道他们到底问了些什么呢？从科学的角度来看，这简直是个笑话。数千位受访者打开家门，看到一位煞有其事的调研人员，拿着笔记本写写画画，问了一堆问题，这些受访者到底是怎么和调研人员描述自己的个人状况的，真话到底占到几分，这都是无从考证的。

前文所述的那篇论文标题是《加拿大健康普查中关于饮酒和发病率的研究：不同酒类的差异性》，听上去非常权威。[7]与此同时，约翰斯·霍普金斯大学还为这篇研究发布了新闻稿，进一步提高了研究的权威性，但在新闻稿中，约翰斯·霍普金斯大学完全没有提到论文所使用的研究方法。在看到知名院校发布的新闻稿后，《纽约时报》的一位资深科学作者在大学新闻稿的基础上稍作总结，就把研究结果发布在了《纽约时报》上。这一传播链也演示了一场成功的公关宣传是如何起作用的。

一项站不住脚的研究，得出的结论恰好有利于研究的出资方所在的行业，而约翰斯·霍普金斯大学还对这样一则研究大加宣传，这一切仅仅只是个巧合吗？这一事件无疑成了一个大丑闻（至少是业内的大新闻），约翰斯·霍普金斯大学也终于觉得脸上挂不住了。学校以此次事件为理由，切断了与酒精饮料医学研究基金会之间的关系。尽管如此，基金会的会长依然由该校医学院原院长担任。[3]

基金会的使命当然没有结束。如今，酒类行业的经费主要流往三个机构（这仅仅是已知公开的信息，肯定还有更多我们不知道的）：美国酒精饮料医学研究基金会、欧洲酒精研究基金会，以及酒类科学研究学会*。流向以上机构的资金进而用于资助对行业有利的研究，这一模式也被烟草等行业广泛运用。此类机构的理事会成员与行业存在明显的利益关联，他们都是由行业一手挑选的，并从行业领取薪水。此类学者之所以会被行业相中，往往是因为他们之前发表过有利于行业的研究结果。此类机构基本不可能资助立场与行业相左的研究。

酒类行业所扶植的基金会在选择资助哪些科学家时，自然会考量其研究成果是否倾向于得出有利于酒类行业的结论。大部分情况下，此类研究拨款的金额都不会太大，与美国和欧美的相关政府机构投入在酒精研究上的资金相比，此类基金会的资金规模非常有限。尽管如此，基金会提供的资助依然能起到很大的作用。通过提供一笔金额不高的研究津贴（以酒精饮料医学研究基金会为例，他们每年的拨款上限为5万美元，实际的拨款一般不会达到这个数额），一些资源不足的青年研究学者可能会因为这笔钱而选择这一研究方向，而这份研究会进而影响他们未来的职业走向。可能他们往后的研究重点和研究方法都会受到行业潜移默化的影

---

* 译者注：原名称为法语 Institut de Recherches Scientifiques sur Les Boissons。

响,行业会不遗余力地把他们发展为自己网络下的成员。[8]

当然,为产品辩护光有研究是不够的,还需要公关的助推。酒类行业先是资助相关研究,再通过新闻宣发来宣传研究结果,但这还远远不是他们的全部手段。为了让"适度饮酒有益健康"这一观点更加深入人心,酒类行业的手法已经越来越聪明、隐晦。酒商们成立了数十个国内和跨国的"社会和公共关系类组织"(以下简称"社会公共组织"),并包装成为公共卫生与健康推广组织。组织的设立都顶着冠冕堂皇的宗旨:帮助公众更好地认识到过度饮酒的危害,提升公共福祉。此类组织都打着服务社会的旗号,似乎很好地彰显了企业社会责任。一方面,这类组织会强调酒驾的危险性,并劝导公众在酒后选择代驾。但与此同时,他们也悄悄地暗示(甚至是明示)饮酒也有益处。[9]

在2006年的一次会议上,酒类行业的"良苦用心"得到了淋漓尽致的展现。此次"适度饮酒的危害与益处研讨会"由两家机构联合主办,主办方之一是国际酒精政策中心(现已更名为适度饮酒国际联盟)——该组织的性质就属于上文提到的社会公共组织,另一家则是从酒类行业接受捐赠的波士顿大学生活方式与健康研究所。这一会议在马萨诸塞州的剑桥举行,参会的学者对"J字曲线"各有见解,其中不乏这一理论的质疑者。尽管如此,大会的官方会议总结摘要(很多医生和记者可能只会读个摘要)完美概括了会议真正想要传达的信息:

> 经观察,适度饮酒,也就是饮酒时避免过度豪饮,对健康的影响是利远远大于弊……本次会议的与会者一致认为,各方科学证据均显示了适度饮酒和心血管疾病、糖尿病、认知衰退和总体的死亡风险之间存在负相关。[10]

大会发布的官方报告会让人觉得是一份非常权威的文件,哪怕这篇报告其实并没有经过同行评议,只不过是一份总结会议主办方意见的文件，主办方背后的赞助方是酒类行业，大会相关论文也由酒类行业出资发表在《流行病学年鉴》的特刊上。为了充分发挥这篇支持J字曲线的会议总结的利用价值，酒类行业出资制作了数千份复印件，并向《美国医学杂志》和《美国心脏病学期刊》的6.6万名订阅读者免费发放。[9]这样的迂回战术激怒了多名参会者，他们抗议酒类行业假借学术研讨之名为酒精饮料打广告，并谴责大会的总结报告"没有如实反映大会上不同观点间的激烈辩论，对于酒精是否能降低冠心病的风险，与会者的立场是两极分化的，但会议总结中丝毫没有体现"。[11]

十多年之后，越来越多的证据指向大会立场的反面，但酒类行业依然不遗余力地把这份会议总结发扬光大，尤其是它堪称完美的摘要部分。[12]

在教学当中，我需要提醒学生注意识别并避免流行病学家常犯的一些错误，酒类行业主导的J字曲线相关研究就是一个很好的案例，集中体现了多种"错误示范"。为了更好地帮学生了解这类研究谬误，我常用的一个教学案例与另一种深受喜爱的饮料有关。很巧的是，这则研究的负责人布赖恩·麦克马洪(Brian MacMahon)曾经担任过酒精饮料医学研究基金会理事，同时也在哈佛公共卫生学院下设的流行病学系常年担任系主任。

1981年，麦克马洪以第一作者的身份发布过一篇论文，宣称胰腺癌与咖啡之间存在关联。[13]可能你还记得当时这一研究引发的头条报道，当时各大媒体都纷纷在醒目版面转载了这一研究发现，在美国可谓无人不晓。在《今日秀》这档热播的电视节目上，麦克马洪在接受主持人访谈时说道，"这么和你说吧，我本人反正已经不喝咖啡了"，此话一出，全美数百万习惯了每天早晨用一杯咖啡叫醒自己的人都担心了起来。[14]麦克马洪的研究存在很大的疏漏。首先，他的对照组选择就有问题。作为实验的对照组，他选择的不喝咖啡的研究对象是患有非癌症类消化道疾病的人，这些人当中有很多是**因为消化道疾病而选择不喝**咖啡的。因此，研究最多也只能证明消化道疾病会让患者戒掉咖啡,而不是咖啡导致了胰腺癌。(后来有多项研究帮咖啡洗脱了罪名。)

与其类似,在关于饮酒和寿命的研究中,一旦严格限制对照组,把非饮酒人群限定为纯粹自主选择不喝酒的人(而不是因为疾病等原因而不能喝酒),再把这一人群与偶尔喝酒的人做对比,就几乎观察不到饮酒对寿命的额外延长作用,J字曲线也不再成立。[15]

1991年,《60分钟》*节目中提到了"法国悖论"这一现象,得益于节目的宣传,这一词条立刻成了美国最热门的讨论话题之一。"法国悖论"说的是,尽管法国的饮食结构中富含脂肪和胆固醇,但法国人冠心病的发病率却比美国人低40%,这是为什么呢?最后给出的解释是,这得益于葡萄酒,确切地说是红葡萄酒,更确切一点,是**法国**的红葡萄酒。[16]但就和前面那个咖啡与胰腺癌的例子一样,"法国悖论"背后的真正原因肯定要复杂得多。尽管如此,的确有证据表明,酒精(并非仅仅是红葡萄酒)或许可以略微增强对心脏病的抵御能力。近期有一项关于心血管疾病的大规模研究,汇总了83项共涉及60万饮酒人士的研究,发现每周饮酒达到七杯或平均每日饮酒一杯的人患心脏病的风险略低(低6%)。[17]

对于酒类行业所宣扬的"适度饮酒",通过广泛考证相关的研究论文,我个人的看法是:**非常**有节制地饮酒可能的确会对健康有微小的益处,但也仅仅体现在略微降低心血管疾病发病率上。但与此同时,酒精会增加其他原因导致的死亡,从而大大抵消那一点点好处。总而言之,J字曲线只是一个美好的幻想。事实上,哪怕每天只喝一杯酒,也会略微增加整体的死亡率。而如果超过一杯,虽然仍在"适度"的范围内,却会提升患心血管疾病及癌症的风险。而大量饮酒,哪怕只是偶尔为之,也会提升其他方

---

* 译者注:美国哥伦比亚广播公司(CBS)的一档老牌新闻时事类节目。

面的关联风险。[18]把各种情况相加以后,酒精成了全球死亡和后天疾病性残疾的第三大成因。(在暴力导致的死亡中,有18%要归咎于酒精,这里面也包括酒驾。)[1]我并不是要倡导大家彻底戒酒,但我们也需要了解饮酒(哪怕是少量饮酒)的风险和代价。

上述各项研究都体现了"观察性流行病学"中难以避免的局限性(诚然,所有的科研都有其局限性),但如今大众关于饮食(包括饮酒)与疾病的认知,也都源于这样的流行病学研究。在最理想的情况下,好的研究会考虑研究对象身上的每一项风险因素(包括所暴露的环境、食物、饮用品、所从事的工作等),尽可能地通过控制其他变量,来分析每一项因素与健康或疾病的相关性。要做这样的研究是非常不容易的,而且哪怕再严谨,研究总会遇上不确定因素。

考虑到这样的局限性,唯一能有效论证"适度饮酒有益健康"的研究方法,是找一批志愿者,分成不同的组别,再给不同的组别安排不同的生活方式。换句话说,也就是设计一场随机临床实验,像测试一款新药对特定疾病的有效性和副作用一样来测试酒精对人体的影响。随机临床实验可谓是研究中的黄金标准,酒类行业长期以来也非常希望进行这样一场实验,但这当然是有前置条件的:行业要保证实验能产出他们期望的结果,证实适度饮酒的确有利健康。

可是这要怎么操作呢?行业如何确保一项研究既有足够的广度和代表性,又恰好产出他们希望的结果?

酒类行业选择借助政府公共部门和私营领域之间的"旋转门"机制*。最引人关注的旋转门案例,就是大企业的高管放弃高薪工作,进入政府部门,转而成为原先所在行业的监管者。而在监管者的位置上坐了

---

* 译者注:这一机制指的是一些人在企业家和政府官员之间来回切换身份,为自己所代表的利益集团谋取利益。

短短几年之后，他们又会回到原先的行业，拿更高的薪水，做职位更高的高管，并充分利用他们在政府内部获得的信息来指导企业规避监管。

除此之外，也有一些更加隐蔽却也可能更为普遍的做法，其一就是联邦政府的公职人员"下海"。这些公职人员可能已在体制内工作20年甚至更久，这一工作年限能确保他们退休后从政府拿到全额养老金。有了这份保障后，不少人就会选择从公职上退下来，转而进入自己原先所共事或监管的民营行业。立场一经转换，他们自然也能收获更高的工资。在这一点上，美国国立卫生研究院（NIH）的机构队伍也都不能免俗。其下设的27个专项研究中心里就包括美国国家酒精滥用与酒精中毒研究所（NIAAA），专门负责研究饮酒的影响。NIAAA的现任所长乔治·科布（George Koob）原先是一位学者，在他从事学术研究的时候，他曾获得过酒精饮料医学研究基金会提供的研究资助，该基金会即上文提到的由酒类行业扶植成立的组织ABMRF。同时，他也曾担任该基金会的医疗顾问委员会成员。[19]2012年，曾任NIAAA新陈代谢与健康处处长的萨米尔·扎哈里（Samir Zakhari）离任没多久（他已在NIAAA供职25年），就加入了美国蒸馏酒委员会，担任科学事务资深副总裁。

2013年，一个由NIAAA专员组成的小团队——这群人刚从研究员晋升到了管理岗位，认为有必要开展一场随机临床实验。他们与酒类行业的各方高层广泛接洽，希望募集资金来支持这次终极研究，一锤定音地证明适度饮酒有益健康。要让研究取得理想的效果，研究的规模必须足够大，这也意味着研究需要高昂的经费，可能会达到数亿美元级别。NIAAA不可能花这么多纳税人的钱来支持这项研究，唯一可能为研究提供经费的就只有酒类行业本身。但联邦机构的公职人员心里也非常清楚，如果要让酒类行业出资，行业必然会对研究的方式方法提出一些要求。也就是说，只要确保研究的方法符合行业的要求，那么最终出来的结果也不会有太大偏差。

早在1993年,酒精饮料医学研究基金会曾批判NIAAA长期以来过于强调酒精的负面作用。酒类行业认为,所谓负面作用只在酗酒时才会体现。看到NIAAA突然对"适度饮酒"有了兴趣,各家酒类企业的高管当然喜出望外。在这样的背景下,适度饮酒与心血管健康实验(MACH)诞生了。在2013至2014年间,NIAAA的公职人员秘密地与酒类行业代表多次会面,接洽了酒精饮料医学研究基金会提前挑选的科研人员,内定了实验团队的人选。这些联邦公职人员向他们的上级隐瞒了这些行为(当时NIAAA正在经历领导人的变更,新一任所长科布刚刚接到任命)。连部门上级都不知情,那更别提公众和媒体了。[20]

这些地下活动的主要策划人之一是哈佛的肯尼思·穆卡默(Kenneth Mukamal),他曾专门撰文提议开展关于适度饮酒的随机临床实验,最后也得偿所愿。《纽约时报》收集到的资料显示,在2013至2014年间,穆卡默曾出差前往各处,与酒类行业的多方代表讨论实验设计。与会的还有曾任NIAAA代理所长的肯·沃伦(Ken Warren)——他离任后由科布接任,当时已卸去公职的沃伦担任了百威英博(Anheuser-Busch InBev)公司的顾问——百威英博是世界上最大的啤酒公司,也是百威的母公司。[21](旋转门就是这么转起来的。)

在这一时期内,各方共同设计了实验的方案,实验将召集8000名50岁或以上的志愿者,这一年龄段意味着他们患心血管疾病或糖尿病的风险更高。这8000名志愿者将被随机分为两组:一组人将承诺每天喝一杯酒(他们可以选择葡萄酒、啤酒或蒸馏酒);另一组人则完全不喝酒。需要特别注意的是,实验允许第一组受试者自行选择酒的种类,如果最终结果的确证明第一组人的健康状况更好,那么实验并不会宣扬这是特定的某一种酒的功效。实验的跨度设定为六年——足够观测新增的心脏病或糖尿病案例，却不足以发现新增的癌症病例。

在选择实验对象时，他们会剔除大量饮酒的人、有过酒精或药物滥用史的人、肝脏或肾脏疾病患者，以及几类癌症患者。近亲有过乳腺癌病史的女性也不具备受试资格——因为这类女性更容易患由酒精诱发的乳腺癌。[22]美国及欧洲、南美洲和非洲共计16处医学中心的研究人员将追踪观察受试者，记录死亡人数以及心脏病、卒中等情况的发生次数。被分到饮酒组的受试者将获得一定的补贴，用于报销买酒的费用。[20]

在穆卡默向酒精滥用与酒精中毒研究所和酒业高层展示的幻灯片演示文稿上，他宣传此次实验是"一次难得的机会，可以展示适度饮酒不但是安全的，还能降低一些常见疾病的风险"。[23]根据一位业内人士透露，研究所的某位公职人员还向他发送邮件，宣称"此次实验的结论将证明'适度饮酒是安全的'"。通过立下这样的承诺，适度饮酒与心血管健康实验团队的政府人员以及科研人员才能确保实验能从酒类行业募得经费。也就是说，在实验伊始，实验团队就认定了实验可以得出酒类行业乐于看到的结论。在这点上，酒类行业也持相同的看法。欧洲烈酒协会（Spirits EUROPE，即欧洲最大型的几家烈酒公司组成的联合会）的一位高管在邮件中不无自豪地提到，"有机会通过临床试验证实伟大的J字曲线。"[20]

如果由联邦权威部门牵头的一次随机临床实验能得出无懈可击的结论，那对酒类行业来说，这无疑是一次公关宣传的大好机会。因此，百威英博、喜力（Heineken）、帝亚吉欧（Diageo）、保乐力加（Pernod Ricard）、嘉士伯（Carlsberg）这五家公司一共承诺向实验捐资6770万美元，最终实验的预算达到约1亿美元。酒业的捐款会首先进入美国国立卫生研究院基金会，该基金会是国立卫生研究院为研究项目筹募私营领域捐款的渠道（因为按照法律规定，政府部门不能直接就特定事务收受来自私营领域的自愿捐款）。

鉴于2018年《纽约时报》报道揭露的实验内幕，酒精滥用与酒精中毒研究所现任所长科布公开否认研究中涉及任何公私利益冲突，他表示适度饮酒与心血管健康实验会是一次公正无私的研究，验证"适度"饮酒是否真的能够提升对心血管疾病的抵御能力。在接受《纽约时报》采访时，科布声称"来自国立卫生研究院基金会的捐款不存在任何附加条件"，记者罗尼·卡林·雷宾（Roni Caryn Rabin）还留意到，科布讲这句话时提高了嗓音，"任何向基金会捐款的人都无权干涉研究，无权提供任何的想法、建议，他们的任何意见都不会被采纳。"[19]

无权提供任何建议？酒类行业可是从实验诞生的第一天起就参与了实验的策划和设计。由于《纽约时报》和记者雷宾根据《信息自由法案》提请信息公开，更多的关于私下勾结的细节被揭露了出来（在使用"私下勾结"一词前我已经过慎重考虑）。随着媒体的曝光，全国上下一片哗然。国立卫生研究院院长弗朗西斯·科林斯（Francis Collins）指派资深科学家组成了咨询委员会，审查适度饮酒与心血管健康实验的立项与发展过程。咨询委员会得出的结论是，此项实验中存在舞弊行为，实验结论只允许体现酒精的好处，而不是坏处。委员会的报告中写道："酒精滥用与酒精中毒研究所的多位资深官员与酒类行业人员之间有过接洽，对此类接洽做了考察和了解后，我们有理由认为他们有意操控实验的科学前提，确保实验结果可以体现适度饮酒对健康的积极作用。"[20]

适度饮酒与心血管健康实验在研究方法的设计上有两个特别值得注意的地方。可以说，正因为在设计上耍了这样的花招，再加上酒类行业宣传团队的有意误导，实验结果才非常容易被误读，让人觉得适度饮酒只有好处，不会引发癌症、肝硬化、车祸、家庭暴力或其他与酒精相关的负面事件：

- 受试者全部隶属于单一的群体——年满50周岁，患心血管疾病和糖尿病的风险因年龄原因高于平均，但除此之外无其他显著健康问题。这一人群恰恰最容易体现一天一杯酒的好处（类似于《60分钟》节目中报道的法国人）。由于实验排除了更年轻的人群，酒精引发暴力行为的风险大大降低。

- 实验的时间跨度为六年，对于很多实验来说，这已经是足够长的一段时间了，但很遗憾，如果要观察患癌症的概率，六年的时间远远不够。事实上，酒精虽然会略微降低心血管疾病的风险，但也会更大概率地提升癌症的风险，这是非常得不偿失的。

咨询委员会在调查中发现，适度饮酒与心血管健康实验的花招不仅仅体现在实验方法上，其首席研究员的选拔过程也大有猫腻。在一项研究实验中，首席研究员可不仅仅是挂个名，他或她可谓是总指挥。来自哈佛的医师兼科学家穆卡默显然看中了首席研究员这个位置。早在实验项目官宣之前，穆卡默就向行业放出了风声，与多家酒厂代表探讨了实验设计。酒精滥用与酒精中毒研究所的团队也为他前后奔走，做了很多准备工作，协助他申请这一职位。但对于有意成为首席研究员的其他候选人，研究所非但没有帮忙，可能还使了不少绊子。最后，首席研究员的甄选过程非常简单——因为穆卡默是唯一一位申请人。

当然，谁来担任首席研究员现在已经不重要了，这一实验最终胎死腹中，也算因果有报。国立卫生研究院院长科林斯成立的咨询委员会提交的报告起到了关键性的作用，揭露了实验的种种疑点。但哪怕在科林斯下令撤项之前，许多既有事实已经奠定了实验的败局。不难理解，曾承诺为实验捐资1540万美元的百威英博为了不继续受此事牵连，也宣布撤回捐资。

所以在这一串事件当中，酒类行业是不是占据主导权的那一方？答案是肯定的，酒业在华盛顿有亲密的盟友，政界商界串通一气。联邦机构原本的职能是管辖特定行业，但事实上，有些机构却反过来被行业所把持,或者哪怕够不上"把持",机构中的相当一部分职员也被行业买通,上文的适度饮酒与心血管健康实验就是一个突出例证。调查中搜集到的邮件和文件充分显示,酒精滥用与酒精中毒研究所的部分公职人员与酒类行业是同一立场的,双方都坚信J字曲线的科学性,且这些公职人员非常热切地向酒业索要研究基金。

大部分人都知道大量饮酒容易导致肝硬化,而肝硬化又容易演变为肝癌。但很多人不了解的是,酒精与其他癌症之间也存在已证实的关联。可能讲到酒精的危害,大家容易联想到酒驾、车祸,或是酗酒导致的家庭暴力倾向,而不太容易联想到癌症。但酒精与癌症之间的关联不应该被忽视。1987年,国际癌症研究机构(IARC,隶属于世界卫生组织)在综合审阅了各方面的文献与研究之后,把酒精列为对人类致癌的物质(1类致癌物),指出酒精会增加患口腔癌、喉癌、咽癌、食管癌和肝癌的风险。[24]此外,更多新的研究数据也不断证实酒精的危害。2000年,美国国家毒理学计划也对各方研究做了深入的审阅,得出了与国际癌症研究机构相同的结论。[25]2007年,国际癌症研究机构又召集了另外一批专家,组成新的专家组,审阅了近年来新涌现的研究。2009年,他们再次重复了这一步骤。专家组每一轮的审阅都从人类及动物身上观察到显著证据,证实酒精不但与1987年研究中提到的口腔癌、喉癌、咽癌、食管癌和肝癌存在因果关联,还会提高结肠癌和乳腺癌的风险,后两者恰恰是癌症中最为普遍的。[26](对女性而言,饮酒量越大,患乳腺癌的风险就越高,这一点在本身就属于乳腺癌高风险的人群中体现得尤为明显。哪怕一天只喝一杯酒,患乳腺癌的风险也会有微小但在统计学上非常明确的增加。)[27]

世界卫生组织的报告中指出,2016年(已是现有的最新数据年份)全球的癌症死亡病例中,有4.2%是酒精所导致的。[1]酒精与癌症之间的因果关系是非常确凿的,但如此重要的事实却鲜有人知。拥有4万名注册学者的美国临床肿瘤学会曾在全美范围内做过一场民意调查,结果只有30%的美国人认为饮酒可能增加患癌的风险。[28]在英格兰,知情民众的比例甚至更低。一项调查显示,英格兰成年人中仅有13%知道酒精的致癌风险。[29]酒类行业显然希望知情民众的比例不要再增加了,有可能的话,他们甚至还希望把这一比例进一步降低。因此,他们极力混淆视听,散布对科学事实的质疑。他们重点强调两点:酒精致癌的风险本来就非常低,而如果能把酒精的摄入控制在适量,那风险就更低了。酒业的宣传机器诚然也承认酗酒会增加癌症及心脏病的风险,但他们也会不遗余力地安抚消费者:适度饮酒其实还是很安全的。

这里,我也要普及一下医学当中关于致癌物质的普遍共识:如果某一物质被认定为致癌物质,那么是不存在所谓的"安全剂量"的,再微小的摄入也会增加患癌风险。作为个体,你的小剂量摄入会轻微地增加你个人的风险。但如果数百万人的风险都有小幅增加,那么这数百万人当中的癌症病例数量还是会有相应的增长,且在所有的癌症病例中,也无从判断哪些病例是因为酒精而增加的。理论上,每一次暴露于致癌物质之下都会增加癌症风险。由于每一口酒所增加的风险非常非常小,这一口酒的影响几乎可以忽略不计,但如果20年里每天都喝一杯酒,这累计起来的风险就很难忽略不计了。流行病学证据也证实了这一点。此外,基于现有的证据,不同种类的酒之间似乎并无"好坏"之分。红酒、啤酒、烈酒,无论哪种酒,只要喝了,就会略微地提高一个人患癌的风险。

酒精引发癌症这一基本事实完全颠覆了酒类行业所宣称的"适度饮酒有益健康"。早在20世纪早期,一位法国病理学家发表的论文首次把苦艾酒和食管癌联系了起来,自那以后,酒精与癌症的关联一直是酒业想要解决的麻烦。1989年,距国际癌症研究机构把酒精列为人类致癌物不过两年时间,托马斯·特纳(上文提到过的那位原约翰斯·霍普金斯大学医学院院长,后在酒类行业所扶植的酒精饮料医学研究基金会担任第一届会长)联同数位与酒精饮料医学研究基金会有关联的科学家(包括来自哈佛大学、曾担任基金会理事的布赖恩·麦克马洪)也自行进行了一轮"文献评议",对于国际癌症研究机构所提到的几种癌症,特纳的专家组得出结论:"没有足够、一致的科学证据证明适度饮酒与患此类癌症的风险升高存在关联。"数十年以来,该基金会一直孜孜不倦地批判、质疑任何把酒精与癌症联系起来的科研结果。特纳与他的同事坚信"酒精的致癌作用是极为微小的",因此,但凡某项研究可能证明酒精的致癌作用,这项研究绝不可能从酒精饮料医学研究基金会申请到研究经费。[3]

20世纪80年代,越来越多的研究开始关注饮酒与乳腺癌之间的关联。在这样的环境下,美国蒸馏酒委员会聘用了H.丹尼尔·罗思(H. Daniel Roth),他是产品辩护行业的元老级人物,丰功伟绩可以追溯到20世纪70年代的烟草之役。在职业安全与健康管理局拟对工作场所的香烟烟雾暴露出台管理标准时,罗思为烟草行业提供了很多他们需要的"证据"。这一次,他希望在酒类行业上复制烟草行业的胜利:审阅现有的科研成果,反驳一切的因果关联。[30]无论是二手烟还是饮酒,罗思宣扬的核心论点一直是:社会上太多的偏见和杂音阻碍了公正、科学的研判。为了打击对烟酒不利的科学事实,他早早地开始散布怀疑,并反复炒作、混淆视听。

时到今日,酒类行业大概认定他们在维护适度饮酒这件事上只能硬着头皮往下走,没有回头路了。他们在全球各地的宣发机器依然一刻不停地运作着,产出的信息大多数都具有误导性,一些则直接是错误的。萨米尔·扎哈里(前文介绍旋转门机制时就提到过这个名字,他从联邦政府离任后进入私营领域,通过这样的角色切换获益颇多)致力于淡化酒精和癌症之间的联系,每一次都用自己在酒精滥用与酒精中毒研究所的工作经历为自己的言论背书。在新西兰惠灵顿的一场颇受关注的酒精与癌症研讨会后,扎哈里在惠灵顿的日报专栏中写道:"把癌症成因归结为日常社交中的适量饮酒是错误的,也有悖于绝大部分的科研结论。"[31]2017年的一轮文献审阅再次印证了国际癌症研究机构专家组的结论[32],对此,美国蒸馏酒委员会搬出了扎哈里的原话,反驳这一结论:"凭我40年的生物医学工作经验,包括其中26年在美国国家酒精滥用与酒精中毒研究所的任职经验,关于酒精和癌症之间是否存在联系,我只能说现在的科研还远远无法得出确切结论。事实上,目前的流行病学研究并不能证明这两者之间的因果关联,也不能解释众多的混杂因素……关于适度饮酒的问题更是如此。举例而言,有一些研究宣称适量饮酒会导致乳腺癌风险增高,但与此同时,也有无数的研究宣称这两者之间并无关联。"[33]

此番言论刺痛了公共卫生界的不少人士,他们也行动起来,发出自己的声音与之抗衡。2018年1月,美国临床肿瘤学会首次发布了关于"酒精和癌症"的声明,指出"酒精进一步加剧了癌症的风险,这一点常被人忽略","哪怕是非常有节制地饮酒,依然可能增加患癌风险"。这份声明发出呼吁,应加强对公众的教育,让大众更明确饮酒的危害。2018年,《药物与酒精评论》的一篇文章细致地研究了最受酒类行业青睐的27家所谓"社会公共组织"的言论,剖析了他们在酒精与癌症问题上的立场与论述。这篇论文的组长是伦敦卫生与热带医学院的马克·佩蒂克鲁(Mark Petticrew),作者之一的伊丽莎白·魏德帕斯(Elisabete Weiderpass)后于2019年成为国际癌症研究机构的新任负责人。通过广泛分析,论文总结出了三种经典的产品辩护招数,揭露了所谓社会公共组织如何有意曲解酒精与癌症之间的关系,并给每一种招数都配上了例子:[34]

- 否认/避重就轻:通过公关手段打击异见,或者直接对证据视而不见。例如,适度饮酒国际联盟曾表示:"最近的研究表明,轻度至适度饮酒对男性及女性的患癌风险都没有明显的影响。"

这是赤裸裸的谎言。

- 扭曲：对风险做错误的解读。例如，葡萄酒信息协会曾宣称："所有研究均显示，并无足够证据来解释乳腺癌的成因。美国国家酒精滥用与酒精中毒研究所（NIAAA）的科学家近期指出，关于酒精引发乳腺癌的研究可能忽略了其他影响因素（比如混杂因素）。"什么时候乳腺癌与酒精的关联变成"无足够证据"了？即便是真的"无足够证据"，NIAAA 也发布了警示信息："与滴酒不沾的女性相比，每天喝一杯酒的女性患乳腺癌的概率更高。"[35]

- 转移话题：对酒精本身的致癌风险避而不谈，转而重点探讨癌症的其他诱因。这一招常常用于乳腺癌和结肠直肠癌上。英国理性饮酒协会的言论就提供了一个典型范例："身为女性，你的性别本身就是乳腺癌的一项致癌风险因素。此外，乳腺癌也与年龄有关，所以当你年龄渐长的时候，你患乳腺癌的风险也会增加。如果有家族病史，风险也会增加。这些都是我们无法掌控的因素。此外，风险也与激素有关，女性在孕早期、产期和哺乳期的'激素环境'能起到保护作用。"这些话都没说错，但与酒精诱发癌症这一话题毫无关系，酒精是独立于其他风险因素之外的一个致癌因素。

这样的情况无疑令人心忧。上述组织可能的确能够提供一些有价值的信息，但却也会在其中夹杂错误的论断和误导性的解读，所以他们到底有何目的？他们的宣传、呼吁及政策立场反映的是酒类行业的需求，而不是公共卫生的需求。如果政府希望在酒瓶上强制增加警示性标识，或是提高酒类的税收，以此来降低酒类消费，上述组织就会出来积极反对。而他们大力支持的政策，往往听上去很像那么一回事，但本质上丝毫不会影响酒类消费。

　　酒类行业如果真要承担社会责任，那就应该支持有助于普及公众教育、提高政策成效的研究，而不是以牺牲公众健康为代价来增加销售。关于酒精与癌症之间的关系，的确还存在很多需要解答的问题，但我们不能等着那些被行业收买的科学家来提出或解答这些问题。酒精也好，其他有害产品也好，生产商有义务承担相应的研究成本，但无权干涉研究本身——研究的结构、议题、人员选择都应完全独立，一旦被行业介入，研究就会陷入公私利益冲突，也就不再具有任何可信度。

第六章
与柴油的交易

柴油发动机永不罢工。一辆老卡车,哪怕不加保养,发动的时候要挣扎好一阵子,开起来后一路喷着黑烟,但这辆破车依然可以再坚持几十万英里。与汽油发动机相比,柴油的能效更高、价格更划算,且不易燃。因此,出于经济上的考虑,大多数需要长途跋涉的交通工具——比如卡车、大巴、火车,以及矿业、农业、挖掘和建设中用到的大型器械,大多会使用历史悠久、分贝响亮的柴油机。

既然柴油性价比这么高,为什么美国的街道上柴油车不多呢?如果你和我一样已经超过40岁了,那你应该还记得柴油发动机的"特色":排气管永远喷着黑烟,单凭这一点,你就能理解为什么现在美国的大街小巷不太看得到柴油车了。如果你年纪比我小,那你比我幸运一些,没有见过古老的柴油机,现在的技术有所进步,柴油燃烧得更为清洁(也更为安静),但柴油机的本质,依然是以制造空气污染和雾霾为代价,换来无比经久耐用的发动机。

从数十年前起,柴油机废气*所导致的健康问题就已经得到了有关部门的重视,并体现在与汽车相关的行政立法上,但柴油行业的产品辩护团

---

* 译者注:原文 exhaust 应理解为"排放物",不仅限于"气"。本文依然按中文语言习惯翻译为"废气",但实际上包括了气体及固体的排放物。

队却依然没有放弃抵抗，仍孜孜不倦地为柴油辩护。他们无视数十年来不断进步的科学证据，试图让公众相信黑烟其实对健康没有危害：**不要被眼睛所看到的表象所迷惑，你应该相信我们。**

俗话说，眼见为实。有关柴油机废气，危害也可能藏在你看不见的地方。柴油燃烧的排放物成分非常复杂，混合了多种气体和颗粒，含有数千种化学物质，其中任何一种都对健康无益。如果长时间地吸入柴油机废气，会增加卒中、缺血性心脏病、慢性阻塞性肺疾病和肺癌的风险。柴油发动机的排放物中含有一氧化碳、二氧化硫以及统称为NOx的多种氮氧化物。氮分子本身就是空气污染的一大元凶，会导致肺部和心血管疾病。氮分子在大气中发生化学反应后，会形成臭氧、悬浮微粒、雾霾和酸雨。此类物质会导致农作物减产，大大加剧全球变暖（单从直接的碳排放而言，柴油发动机每公里的二氧化碳排放量**低于**汽油——二氧化碳是一种主要的温室气体，但柴油机废气中该还有其他会加剧气候变化的物质）。根据乔治·华盛顿大学的科学家苏珊·阿内贝格（Susan Anenberg）的测算，在2015年，柴油机排放物与全球约17.5万例早逝有关，其中4万例发生在欧洲，3.9万例在中国，3.6万例在印度，还有1.1万例在美国。[1]

数十年来，美国国家环境保护局一直与多个"雾霾之都"所在国家的政府部门合作，敦促发动机行业设计更新的、氮氧化物排放量更低的柴油机，使用低硫的燃料（硫也是导致雾霾的一大因素），并过滤掉固体微粒。这项工作取得了显著的成效，但依然不够。由于老旧柴油机的耐用性，老一代的柴油引擎依然在公路和铁轨上奔驰着，一路喷吐着黑烟，因此柴油依然是一大危害显著的污染源。

还值得一提的是，柴油机在全球的分布极不平均。与欧洲大部分地区相比，美国对柴油的监管要严格很多，因此，美国人的肺部也比欧洲人要健康。而在发展中国家，老式的柴油机依然使用广泛，柴油的监管也宽松很多，因此空气污染的危险系数非常高，甚至威胁生命。

从柴油机排气管里出来的废气之所以是黑色的，是因为柴油机废气颗粒（DEP，它们是悬浮在气雾或液体中的颗粒，会随气雾或液体的流动而转移）的存在。长期吸入柴油机废气颗粒会增加肺癌风险。由于使用大鼠进行了实验，我们才知道致病因子在于颗粒，而不是气体。在实验中，大鼠被分为两组，一组直接接触柴油机废气，这一组的大鼠患了癌症；另一组则是接触过滤掉颗粒的废气，这一组的大鼠没有患癌。

许多颗粒都非常微小，直径甚至可以小于1微米，因而能够进入肺部组织的深处。大部分颗粒为碳物质，但不全是，且目前我们还无从判断这一锅颗粒大杂烩中到底哪一种或几种物质才是致癌的元凶。在我们找出答案以前，在发动机技术能对不同的物质分别加以控制之前，监管者作出了正确的判断，选择按照颗粒大小来设立管理标准，重点控制那些小到可以吸入的颗粒，只论半径，不论化学构成，并尽可能把排放量控制到最低。小尺寸的颗粒之所以可怕，一个重要的原因是多种有毒化学物质会附着其上，之后随着这些可吸入的微粒到达肺部深处。

关于柴油机废气的健康危害，大部分疾病研究重点针对其中的颗粒物质。因此想也不用想，柴油行业对这方面的研究进行了猛烈的反击：攻击、操纵、二次计算分析、拖延、再次拖延，再把以上招数循环反复，从头再来一遍。自2000年代中期以来，大众汽车和其他几家德国汽车制造商联起手来，希望向消费者推广新一代的柴油车。后经曝光才知，他们宣传的所谓清洁减排是一套谎言，数据也是捏造的。（第十章将详细介绍这一案例。）本章会重点关注柴油机废气中致癌的颗粒，在这一问题上，行业依然以夸张、惊人的姿态继续着他们的表演，抨击一切科学证据。

要研究柴油颗粒对健康的危害性，在科学上是具有相当难度的。柴油机排放的废气已混入大气，因此地球上每一个人的每一次呼吸都暴露在柴油颗粒下。与此同时，我们也会吸入许多其他的东西。要确切地把患癌风险所增长的特定百分比归因为特定的颗粒物质，是非常困难的，这当中有多重原因。对于城市居民而言，这方面的研究就更困难了，因为科学家要分析一个人30年来或更长时间内的环境接触，并剔除其他可能导致肺癌的影响因素，例如香烟和石棉。有一种实验方法是追踪因职业而长期接触柴油机废气的人群，例如卡车司机、铁道员工、大巴车机修工、矿工等，再把他们的肺癌风险数据与日常暴露较少的普通人群做对比。之后再纳入其他的一些影响变量，例如把住在高速公路附近（被大型运输工具的尾气环绕）的居民和住处附近没有污染源的居民做对比。通过复杂的交叉比对，可以估算出柴油机废气与肺癌之间的关联程度，从而量化柴油机废气对公众健康的危害。

自20世纪早期起，科学家就怀疑柴油机废气颗粒会诱发癌症[2]，但由于缺乏确切数据，怀疑也只能停留在怀疑层面。到了20世纪80年代和90年代，几项研究相继出炉，显示暴露在柴油机废气环境下的职工患肺癌的风险增长了30%—50%，这一比例可能听上去并不高，但如果从公共卫生的角度来解读，这是一个爆炸性的数字。30%—50%的增长意味着每年会新增数千例病例，且不乏死亡病例。

1988年，隶属于世界卫生组织的国际癌症研究机构（IARC）在观察到越来越多的证据之后，把柴油机废气列为"对人类很可能致癌"的物质。同年，美国国家职业安全卫生研究所（NIOSH，该机构与职业安全与健康管理局一样，均因尼克松总统所签署的一项法案而在1970年组建）也建议把柴油机废气颗粒视作潜在的职业性致癌因素。不久之后，美国矿山安全与健康管理局（MSHA，成立于1977年，简称矿安局）正式向美国国家职业安全卫生研究所提出请求，希望就柴油机废气颗粒的暴露环境做风险评估，并以此为基准出台标准。

几乎在同一时期,美国国家职业安全卫生研究所和美国国家癌症研究所(NCI)不约而同地决定调查柴油颗粒对地下矿工的影响。地下矿工在工作中会接触到大量的柴油机废弃物,他们所遭遇的环境暴露量在所有职业中首当其冲。但研究该如何设计,这里面涉及非常多的复杂因素和困难情况。由于研究关注的是柴油机废气里的颗粒,煤矿和金属矿的矿工不适合作为研究对象,因为煤和金属可能成为干扰因子。同理,其他涉及石棉、二氧化硅、氡等致癌物质的矿井矿工也不适合作为研究对象。在地下煤矿中,柴油机燃烧产生的颗粒和采矿产生的煤尘均会对呼吸道造成影响,因而很难区分。此外,煤矿矿井也都需要强制通风,不然煤尘中的甲烷如果积累到一定程度,可能会引起爆炸。新闻中关于矿难死伤人数的报道时不时地提醒我们甲烷爆炸的可怕威力。

因此,在这件事上,受到重点关注的并**不是**煤矿矿工,而是成千上万在石灰岩矿、盐矿或其他矿井的矿工,他们每天暴露在有害的柴油机废气污染下,而他们承受的风险却很少引起重视——"既然做了这份工作,就意味着要承受这样的工作环境"。剔除煤矿和金属矿,其余种类的矿工数量并不少(超过一万人),他们接触到的柴油颗粒排放量是非常大的:地下采矿的大型器械都由柴油机驱动。借助数十年来的环境测量数据,研究人员能更精确地测算暴露浓度。此外,研究人员也可以从矿工本人处获悉他们的吸烟史(如果矿工已过世,则会通过他们的家人),因此可以通过控制条件来排除烟草(同为肺癌的致癌因子)对研究结果的干扰。总体来说,非煤矿、非金属矿的矿工构成了一个合适的研究群体。为了尽可能地实现细致、准确的研究,研究人员精心挑选了八处矿井:一处石灰岩矿、一处盐矿、三处钾盐矿(一种富含钾的盐矿,可用来生产钾肥),以及三处天然碱矿(陆相蒸发岩矿产,美国主要的碳酸钙来源)。

哪怕是在最理想的情况下,设计、实施这样一项研究也需要数年的时间：先要细致地规划每一个步骤，然后采集所需数据，最后得出结果、进行解读分析。在对暴露于柴油机废气污染中的矿工（简称柴油矿工）进行调研时，职业安全卫生研究所和癌症研究所光是出台研究方案就花了几年的时间。在1995年，两家机构非常负责地发布了方案草案，对外征集意见。采矿和柴油机械行业一直都在密切关注这一研究项目的进展，最终的研究方案一经发布，就激起了行业的强烈反对和攻击。尽管研究结果都还没出来，甚至连数据都还没开始收集，但由政府监管部门正式发布的研究方案也具有重大的意义，其传递的信息是：监管部门下决心要重视柴油颗粒的潜在危害。

为了对抗这一研究，业内多家公司团结起来，共同借由"柴油行业甲烷安全研究组织"这一外壳来发声。这一组织后更名为"柴油行业采矿安全研究组织"（英文缩写依然是MARG*，大概是想省点钱，不用改商标、不用重新印抬头纸）。柴油行业采矿安全研究组织（简称柴油采矿研究组织）设计了一场跨越数年的宣传战，尽力阻拦柴油矿工调研，如果无法阻拦，那就拖延。当人类健康和企业盈利之间存在冲突时，总有企业会选择捍卫后者，甚至不惜为此去抹黑严谨的科学证据。这一回，柴油采矿研究组织又把战争推到了新的高度，在法律和政治领域同时全面开火，狙击关于地下矿工的调研。阻挠行动的领军人物是亨利·查耶特（Henry Chajet），他是一名律师，供职于当时华盛顿以游说而闻名的巴顿·博格斯（Patton Boggs）律所。之后发生的故事漫长而又丑陋。我的学生（后来成为我在乔治·华盛顿大学的同事）塞莱斯特·蒙福尔东（Celeste Monforton）认真研究、记录了那一段历史，撰写了《莫让权重分析成为拖延借口，保护地下矿

---

* 译者注：原机构名为Methane Awareness Research Group Diesel Coalition（MARG），后更名为Mining Awareness Research Group Diesel Coalition，"甲烷"变"采矿"，依然都是M开头，因此缩写不变。

工免受柴油颗粒的危害刻不容缓》一文，发表在《美国公共卫生杂志》上。[3]

在为柴油辩护的时候，柴油采矿研究组织有一项值得一提的"创新做法"：该组织所代表的大型矿业公司［以及著名重型机械和卡车制造商航星公司（Navistar International）］渗透了国会，利用国会的委员会机制，借政客之手做企业自己做不到的事。在柴油行业走出这条路以后，其他行业也纷纷效仿，通过这一渠道打击对自己产品不利的科研结果。当共和党占据众议院大多数席位时，众议院的科学委员会（此处的科学应打上引号，因为委员会的大部分共和党人对科学显然毫不关心）往往站在行业这一边，但凡有研究项目、科研人员或科学组织拿出对行业不利的证据，都会遭到科学委员会的反驳和打压。

1998年，柴油矿工调研还远称不上万事俱备。但由于最新研究显示接触柴油颗粒的工人患癌的风险更高，美国矿工联合会向矿山安全与健康管理局请愿，希望用更严格的标准管理矿井。作为政府监管部门，矿山安全与健康管理局需要对国民的健康负责，因此矿安局中富有责任心的官员决定先行一步，着手提高矿工的保护标准。看到联邦机构的行动，采矿行业和航星公司也着手反制，召集了一大批产品辩护专家，对所有不利于他们的科学研究进行逐条批驳。这是行业对抗、拖延联邦出台监管措施的第一步，也起到了效果。针对先前的研究，他们或许的确发现了一些方法上的瑕疵——但这不代表研究的结果或结论就是错误的。矿安局所引述的几项研究无疑已是当时最先进的研究了，基于最新的研究结果制定政策，也符合这一机构所立足的法规：矿安局是依据1977年的《联邦矿山安全与健康法案》（简称《矿山法案》）而设立的，该法规要求该部门保护矿工的健康和安全，并"基于现有的最佳证据"设立相关监管标准。[4]矿安局一共找到了47项相关研究，其中有41项都显示，肺癌与职业性柴油颗粒暴露之间存在一定的关联。这些研究都称得上完美吗？当然不。但正如法国启蒙运动时期的作者伏尔泰（Voltaire）所说，"强求完美只会使好事难成。"

产品辩护行业显然不把伏尔泰的话当回事。他们的一大基本策略，就是用最完美的标准去要求每一项研究（或者说每一项他们不喜欢的研究），他们的词典里没有"瑕不掩瑜"这个词——但这个世界上本就不存在所谓"完美的研究"。1998年，也就是矿安局着手加强对矿工保护的那一年，已有大量科学证据显示，柴油发动机排放的颗粒会增加周围人群患肺癌的风险。可是，被利益所驱使的相关行业则认为，当下最重要的不是采取行动保护矿工的健康，而是在学术科研上精益求精、确保完美。

与此同时，柴油行业的产品辩护团队还使出了另外一招：他们以筹划中的柴油矿工调研为托词，主张地下矿井新标准的制定与出台应等到调研出结果后再进行。行业为了拖延时间，不惜把调研奉为权威，但事实上，他们早就恨不得把这项调研扼杀在襁褓中。这种自相矛盾的做法无疑是一着险棋。但铤而走险、以身试法向来是产品辩护行业的惯常操作。这一次，行业表示柴油矿工调研"有望弥补现有知识上的空缺……提供现有矿工群体的实际数据……而不是像其他研究一样充满偏见"。神通广大的产品辩护行业甚至在1999年的《众议院拨款法案》所附的报告中加入了这样一段话："（国会）委员会认为，拟出台的柴油排放标准在制定时应参照职业安全卫生研究所/癌症研究所正在进行的'非金属矿工肺癌与柴油机排放研究'。"行业先是假意推崇一项数年之后才能完成的研究（且在接下来的每一年，行业会继续尝试扼杀这项研究），然后矿业和柴油机械行业再通过游说，让国会变成他们的学舌鹦鹉，也主张先维持现状，等到有了新的研究结果之后，再依据最新研究来制定矿工保护标准。（柴油采矿研究组织在国会的胜利并不叫人意外。虽然我没有该组织在20世纪90年代的支出数据，但参考2011年的数据，仅那一年这一组织就花费了12万美元用于游说联邦议员。"）

除此之外，柴油采矿研究组织甚至在听证会及书面文件上声称，他们正**积极配合**职业安全卫生研究所和癌症研究所的柴油矿工调研，并和全国人民一样迫切期待着研究结果的出炉。正如蒙福尔东在她的详尽报道中所写的："公关宣传中只字不提他们为了扼杀调研而做的种种努力。"[3]

这厢，柴油采矿研究组织在国会的多个委员会中游说议员，极力阻拦柴油矿工调研；那厢，他们又以等候调研结果为托词，拖延新标准的出台。此外，他们还把监管部门拖上联邦法庭，锱铢必较地纠缠技术细节。最终，美国上诉法院只认定了一项错误：职业安全卫生研究所没有按规定流程把《科学顾问委员会章程》报备给分管这一领域的国会委员会。这一过失与科研本身毫无关联，但也足以从侧面反映出行业的无所不用其极。上诉法庭委托地方法院针对这一文件报备上的过失"规定适合的整改方案"——这是非常**标准化**的裁定，但时任众议院教育与劳动力委员会组长的威廉·古德林（William Goodling，弗吉尼亚州共和党人）从这一裁决中看到了可乘之机，借此干涉柴油矿工调研，虽然行业在口头上非常支持这一调研。由于职业安全卫生研究所在国会立法体系下归古德林所领衔的教育与劳动力委员会管辖，古德林向法官提出请求，要求职业安全卫生研究所把柴油矿工调研的所有数据和草案都提交给委员会审核。

2000年，距柴油矿工调研对外公布研究方案草案已过去了四年，离最初提出要做调研已经过去了十年。柴油采矿研究组织为了提高法庭上的胜率，四处寻找可能会站在他们这一边的法官和地方法庭。最终，他们成功找到了一位对柴油行业较为友好的法官，该法官要求国家职业安全卫生研究所向国会的教育与劳动力委员会提供"柴油调研中起草的所有报告、撰写的发表物、研究结果或风险警示文件，此类文件在最终定稿和/或对外发布之前，都需要交给教育与劳动力委员会审核批准"。也就是说，政府科研机构的科研人员需要把他们的学术研究成果提交给一群民选的、非科学家出身的政客,这样政客们就能确保这些成果可为他们所用。说到这里,我也要提一下我与这一国会委员会打交道的经历。几年前,我曾在罗伯特·伍德·约翰逊(Robert Wood Johnson)* 基金会担任过一年的卫生政策研究员,我能够以我个人经历打包票,国会教育与劳动力委员会的成员没有任何专业能力去理解(更别说是评估)古德林通过法官而索要到的研究材料。但委员会提出要审核研究结果,从来都不是出于善意、审慎的目的,他们只是想把材料转交到矿业公司手上,而矿业公司又可以从材料中揪出把柄,继续拖延研究结果的发布和政策的出台。

2001年1月19日,离矿工调研的最后完成还有好几年的时间,而第二天,小布什总统就要宣誓就职了。赶在这一天,克林顿时期的矿山安全与健康管理局班底出台了新的联邦规章,为所有的地下矿井(无论金属、非金属还是煤矿)制定了循序渐进式的控制标准,在未来逐步降低柴油颗粒的允许浓度。据估算,要执行这一新标准,平均每座矿井每年会增加12.8万美元的合规成本。对于任何正常盈利的矿井来说,这绝对算不上一笔大开支。对于大部分矿井而言,他们不过是在制订预算时要把这一项成本考虑进去而已。但是,但凡政府要出台新的健康卫生管理标准,受影响的行业的反应总是出奇一致:他们会利用新政策正式实施前的"公开征求意见期"提出各种反对意见。而一旦政策出台,行业就会把监管部门告上法庭,力图推翻政策。这一次,小布什的当选让矿业松了一口气。第一份请愿书的字迹都还没干透,矿安局就宣布,新的关于柴油颗粒的规章将延迟一年执行。[6]

说好的一年时间过去了,到了2002年,联邦监管部门再一次推迟了新

---

* 译者注:即强生(Johnson & Johnson)创始人约翰逊兄弟中的一位。

标准的执行。又过了一年，他们在原规章的基础上增加了一系列豁免条款，并放宽了标准。2003年11月，职业安全卫生研究所和癌症研究所召开了公开会议，讨论酝酿已久的地下矿工调研究竟进行到哪一步了。这场会议而引发的后续事件又给了矿业更长的喘息时间。

在会上，面对众多来自柴油采矿研究组织以及行业的与会代表，职业安全卫生研究所和癌症研究所宣布，他们的矿工调研已基本完成了数据采集，分析工作已经开始。矿业的代表向这两家政府机构索要了他们在大会上播放的演示文稿。出于礼貌，大会把文稿提供给了行业代表，而这一好意之举却为日后埋下了隐患。

尽管在这份演示文稿上，政府科研人员非常明确地标注了所示数据及分析并不是最终的完整内容，尚未包含暴露年限、暴露浓度等关键因素，但这依然给了柴油采矿研究组织一个断章取义的大好机会。该组织聘请了一位名叫杰拉尔德·蔡斯（Gerald Chase）的流行病学家，他所做的正是选出对行业有利的数据。蔡斯对大会演示文稿的数据做了分析解读并宣称："根据初步分析，国家职业安全卫生研究所的研究数据……并没有显示出地下矿工比普通大众更容易患肺癌。"

彼时研究尚未完成，这份幻灯片演示文稿仅仅是对部分研究的一个概括总结，远非原始的研究数据，从演示文稿的内容中也无法得出蔡斯所宣称的结论。但柴油采矿研究组织却拿着蔡斯的话，要求重新评估矿安局先前发布的柴油颗粒新标准。不出意外，小布什总统所任命的新一任矿安局领导班子同意了这一请求，针对柴油采矿研究组织所赞助的蔡斯报告发起了为期45天的意见征集。然而，对这一问题最有发言权的美国国家职业安全卫生研究所却被封住了口，无法在这一期限内提交他们的意见——因为按照先前国会的要求，职业安全卫生研究所在柴油颗粒上的任何书面文件都要先提交给国会委员会审核。准确来说，联邦法官下达了长期命令,要求职业安全卫生研究所把任何拟公开发表的内容提前90天上交国会众议院审阅。蒙福尔东在她的记录文章中写道:"柴油采矿研究组织花钱买来了这份报告,而最有权对这份报告发表意见的政府科研人员被排除在外,无法发声。"³

哪怕只是粗略地了解一下这段故事,也不难注意到矿业动用各种宣传手段来扼杀对自己不利的监管标准。尽管最初他们假意支持矿工调研,但通过聘请华盛顿的资深说客,他们早就摸清了国会和联邦政府机构的行事做派,并制订了复杂、完备的作战策略。在20世纪90年代,他们的一系列做法成功地让这项对他们有致命性打击的调研迟迟无法完成。随后,行业又渗透了美国劳工部,拉拢了部里的某些官员。矿山安全与健康管理局(矿安局)、职业安全与健康管理局(职安局)这两家政府监管部门均是劳工部的下属单位。与此不同的是,职业安全卫生研究所、癌症研究所的性质均为学术机构,因此可以少受一些来自官员的干涉。因此我有理由相信,矿安局也知道职业安全卫生研究所没有办法在法律上维护自己的研究结果。借助说客大肆宣传的"可靠科学",配合顶级律师的上下打点和游说,再加上总统选举结果带来的运气,矿业公司团结在柴油采矿研究组织下,通过玩转法庭和国会的流程和体系,成功地把于己不利的监管标准拖延了十年之久。可能还有其他更高明的行业能拖延更久,但柴油采矿研究组织的成功也值得载入本书。

但他们的成功也不是永久的,哪怕他们不停地阻拦新规的实施,修改后的新标准最终还是于几年之后在小布什总统的任内生效。对于一项已颁布的规定,其执行不可能无限期拖延下去。如果要彻底废除这一规定,那么小布什内阁的矿安局必须像他们的上一届班子出台规定时一样,把漫长的立法流程再走一遍。一番拉锯之后,经修改的柴油颗粒法定标准已没有那么严格,不足以完全排除肺癌的风险,但也能够把暴露浓度减少约80%。迈克尔·赖特（Michael Wright）是美国钢铁工人联合会的安全与健康负责人，这一工会组织代表了许多金属矿井的矿工。对于柴油颗粒新标准的事实，赖特做了非常形象的描述："原先我们可能是直接在一辆大巴车的尾气排气管底下工作，现在变成了在大巴后方一两米开外的地方工作。"

最终，柴油采矿研究组织没能彻底逼停矿安局的新标准，也没能阻拦柴油矿工调研的展开。到了2010年，距离最初提议调研柴油颗粒对地下矿工的影响已经过去了整整20年，在这样一段漫长到不可思议的等待过后，我们终于等来了第一份研究结果，随后也有多篇论文相应发表。[7]（一位参与调研的首席科学家做过估算，矿业的拖延政策让调研的进程放慢了五年。）调研结果一出，相关行业和他们的产品辩护顾问团队立刻发起了反击。由于起初发表的几篇论文的意图仅仅是汇报调研所使用的研究方法，柴油采矿研究组织的专家立刻找到了攻击的靶子，指责这几篇论文全都是错误的、不全面的。[8] 矿业的说客在法庭上发起了申诉，路易斯安那的一位地区联邦法官给出了有利于矿业的裁决：调研在公开发表任何结果之前，需要提前90天把内容提交给柴油采矿研究组织（以及众议院教育与劳动力委员）审核。不服于这样的判定，司法部提出了上诉，第五巡回法庭的上诉法院维持原判。但等到上诉宣判后，90天的审核期已过，柴油采矿研究组织也无法再次请求法庭给予更多的时间。更值得一提的是，彼时民主党已在众议院获得多数席位，他们迫切地希望尽快发表研究结果。

面对这样的形势，矿业依然没有放弃抵抗。他们所聘请的律师——也就是前文提到的巴顿·伯格斯律所的查耶特，再次尝试给未来的研究结论发表设置障碍。他显然不知道未来的论文究竟会发表在哪一本期刊上，于是他起码给四本期刊的编辑写了"恐吓信"，要求他们不得"刊发或

以其他方式传播"矿工调研的数据和文件,如果不配合,杂志将承担"后果"。⁹

这种在文章发表前试图封锁消息的做法,让人联想到尼克松曾试图雪藏五角大楼文件*,这在当时成了严重损害总统信誉的丑闻。律师查耶特的恐吓信被曝光后引发了媒体的广泛报道,学界一片哗然。《科学》杂志引用了《职业卫生健康年刊》的编辑特雷弗·奥格登(Trevor Ogden)所说的话:"尽管面对争议话题时本刊一直极力保持中立,但本刊总是被指责偏袒雇主那一方。尽管如此,我不得不说,(柴油矿工调研)研究结果公开发表所遭遇的重重阻挠真的令我反胃。"¹⁰

不难推测,发表的研究结果证实了柴油颗粒和肺癌之间的关联。总体而言,调研所覆盖的矿工群体在调研期间内,患肺癌的概率比居住在同一个州的非矿工要高25%,且暴露程度最严重、在地下矿井工作时间更长的那一批矿工患肺癌的概率是暴露程度最低的矿工的3倍。⁷我相信矿产行业和他们的律师顾问团队看到这一研究结果也一定丝毫不惊讶。此前,早期的研究结果已经显示柴油颗粒与肺癌的关联,虽然研究方法上可能并没有后来的柴油矿工调研那么严谨,但早期的研究也绝不是儿戏。

在阻挠柴油矿工调研上,采矿业无疑是冲在最前面的,但除了他们,调研结果也有可能影响其他多个行业的利益。柴油发动机的生产商就一直在密切关注调研进展。在研究结果公布之前,以航星公司为首的柴油发动机行业已先行雇佣了产品辩护专家,炮制了一系列文献综述性质的"证据权重分析"。¹¹如你所想,这些所谓"专家研究"没有任何的原创内容或新增证据,他们所做的就是批判其他研究,每一篇东西都大同小异,最后得出相同的结论:**目前还没有足够的证据证明柴油颗粒与人类的肺癌**

---

* 译者注:五角大楼文件是指美国国防部关于越南战争的机密文件。

存在关联。如果有研究显示频繁接触柴油的工人有更高的风险患肺癌，那一定是研究出了错。如果在实验室环境下，暴露在柴油颗粒下的动物也得了肺癌呢？那是因为大鼠的肺里灰尘太多，与柴油颗粒无关，因为这些颗粒不致癌。总之，别再纠结这个问题了。因为真的没什么。

柴油矿工调研代表了当下最先进的科学研究，其结果一经发表，必然会重创"证据不足、因果关系不明"这种托辞。早期的研究可能还存在这样那样的问题，但这一份更为权威的研究无疑可以扭转局势。与此同时，在美国国立卫生研究院的经费支持下，另一项研究也在同步展开，这项研究关注的是暴露在柴油燃烧排放物下的另一类职业：卡车司机和机修工。常与卡车打交道的人群也会在工作中接触到柴油颗粒，虽然暴露的严重程度不及地下矿工，但也是因职业原因深受影响的一个群体。此外，这一行业的从业人员数量也更大，该研究重点关注了3万名工人。设计并开展研究的科研人员均为哈佛、塔夫茨或加州伯克利大学的公共卫生专家。这项调研亦发现，长年累月暴露在柴油颗粒下会增加患肺癌的风险。[12]

两项研究报告均引发了大量的媒体关注，至少与其他流行病学研究相比，这两项报告算是受到了史无前例的外界关注。鉴于两项研究相互印证的研究结果，世界卫生组织专门负责癌症研究的国际癌症研究机构（IARC）重新界定了柴油微粒的致癌等级，把它从"对人很可能致癌"（2A类致癌物）提升到"对人为确定致癌物"（1类致癌物）。[13]这一评级的变化将引发相应的政策变化，柴油发动机的生产商很可能因此成为被告，被受害者追究责任。IARC宣布的新评级在行业引发了震动，许多行业主体立刻投入经费，开展其他研究，希望得出相反的结果与之抗衡。（闻风而动的企业之一就是大众汽车公司，他们的"排放门"事件将在第十章中详述。）

除了上述对柴油相关行业不利的消息，美国职业安全与健康管理局也有话要说(当时我是奥巴马政府职安局的负责人)。柴油矿工调研完成之后，接力棒就传到了职安局手里，下一步就是由职安局来依据研究结果制定相关标准，限制工作场所的危害物暴露浓度。而在柴油颗粒上，之前甚至都没有强制性的标准，雇主原先不受任何约束。对职安局而言，我们关注的不仅仅是肺癌的风险。如前文所述，柴油排放物还与其他一系列疾病及状况存在关联。因此，职安局与矿安局两家兄弟单位共同向工人及雇主发布了危险预警，指出长期暴露在柴油机废气下会增加患心血管、心肺、呼吸道疾病以及肺癌的风险。[14]

这一回，汽车和发动机制造商也都被卷入其中，联邦政府的新规将影响他们现有的运营方式。因此，这些行业从矿业手中接过了大旗，成了反对科研的先锋。针对国际癌症研究机构宣布的"1类致癌物"评级，制造商提出了两条反驳意见。有一条本身是有一定道理的，但与本案无关；另一条在我看来则完全是错误的。

有一定道理的那一条可见诸发表在行业期刊上的一篇文章。该文章的标题为"评估柴油发动机的致癌风险时应充分考虑柴油技术的革新"。[15]十多年来，除了淡化健康问题，柴油发动机行业也的确在柴油技术上突飞猛进，降低了废气的污染力，因而也减轻了颗粒和氮氧化物造成的危害。每一代新的发动机，尤其是用在卡车、火车和大型机械上的大型发动机，都会比之前的一代更为清洁。30年间，由于发动机技术的进步，柴油颗粒的暴露量减少了98%，因此也降低了暴露环境下的致癌风险。美国国家环境保护局、加利福尼亚州州政府(加州在这一问题上非常强势，在州内出台并**执行**了自己的污染防治法规)和欧洲的监管机构都要求企业进一步改进柴油发动机。行业给出的理由是，国际癌症研究机构的新评级和矿安局的新标准都是依据柴油矿工调研的最新研究结果，但这一调研(以及早先的所有调研)都只研究了在老式柴油发动机环境下工作的工人。这点没错,但要反驳这种说法也很简单:那些老式的、污染严重的柴油机械并没有就此被淘汰。这些排放出大量颗粒的老式发动机依然无处不在,一边卖力工作一边吐着黑烟,而黑烟的致癌性已得到了目前最先进研究的证实。在下文中我还会提到一则大鼠实验,该实验原本希望得出相反的结论,以此抗议国际癌症研究机构的新评级,但实验结果却不如行业所愿。

发动机行业的第二条反对理由则是我们司空见惯的论调:科研的科学性不足,不够严谨的调研导致了错误的结论。代表柴油排污主体的行业联盟要求卡车司机和地下矿工两项调研提供全部的原始数据。他们的意思是,尽管科学家做了从实验设计到数据收集、结果分析的全部工作,行业依然觉得自己比亲自参与调研的研究人员更有发言权、更能得出正确的研究结论。行业不仅仅在质疑、评判政府科研团队的调研,他们甚至想推翻关于空气污染的其他观察性研究,从而动摇相关监管政策的立法依据。多么完美的计划。如果真的把原始数据交到他们手上,行业一定会申请由外部机构对数据进行二次分析,二次不行就三次,直到得出他们想要的结果。而所谓的"外部机构",不过是行业买通的产品辩护专家和顾问,善于用"可靠科学"的幌子来挑起怀疑。

最终,柴油行业还是召集起了他们自己的研究团队,对上述调研进行二次分析。但在那之前,两项调研的科研人员已同意把材料共享给健康影响研究所(HEI)。健康影响研究所是一个独特的机构,1980年由国会按章程成立,一半的经费由环保局提供,另一半来自行业(也包括发动机生产商)。研究会专注于科研,并不介入政策制定。该机构的科研工作风格严谨、透明。

虽然成立的时间不长,健康影响研究所对于如何区别公众利益与行业利益并不陌生,尤其是在大气污染这一问题上。哈佛大学公共卫生学院曾做过著名的"六城调研",调研发现,六城当中大气污染最严重的俄亥俄州的斯托本维尔的居民全因死亡率(即各种原因的总死亡率)比大气污染最轻微的威斯康星州的波蒂奇高出25%。同时,在污染严重的城市,居民死于肺癌和心肺疾病的风险也更高。[16] 2000年,健康影响研究所证实了哈佛科研人员的研究结果,随后环保局以六城调研为基础,出台了《清洁空气法案》下的新规定,旨在减少因大气污染而引发的健康问题。根据早期的估算,新规定每年可以减少1.5万例早逝、25万起哮喘病发、6万例支气管炎,以及9000次住院。[17]

与六城调研相仿,在柴油矿工调研上,健康影响研究所严谨、独立的重新分析也证实了柴油矿工调研的结论。健康影响研究所表示,柴油矿工调研"为进一步的定量分析提供了有用的结论和数据,尤其是针对较老型号的柴油发动机所排放的废气"。[18]

照理来说,这么多的证据足以消除一切争议了,但不出意外,行业并没有打算就此认命。他们依然不依不饶地索要调研的原始数据,而参议员理查德·谢尔比(Richard Shelby,亚拉巴马州共和党人)则帮了他们大忙。这是一段不光彩的历史:在1999财年的综合拨款法案中,谢尔比参议员在这份长达920页的文件中巧妙地加入了一则仅有四行文字的附件,而这四行文字就成了所谓的《数据访问法案》,也被戏称为《谢尔比修正案》(他的确值得"名垂青史")。这一修正案借助《信息自由法案》的框架,规定非营利组织的科研人员但凡接受了联邦政府的经费支持,则必须允许公众访问"其研究产生的所有数据"。也就是说,通过《谢尔比修正案》,任何人都能以《信息自由法案》的名目,恣意骚扰科研人员,质疑他们的工作、搅浑水、拖延科研进程,甚至盗取知识产权。通过这类修正案,相关利益集团希望把他们的惯用策略彻底制度化,从此之后,企业可以冠冕堂皇地阻挠任何联邦机构的科研工作,甚至是任何的"信息"传播。这将是怀疑论的大胜利。

更险恶的是，《数据访问法案》对企业出资支持的私营领域研究并**无**约束效力。因此，法案的逻辑总结下来就是，行业可以自由地对政府资助的研究工作指手画脚、操纵数据，但反过来，如果行业出资赞助了研究工作，并在政府政策制定的过程中提出了"异见"，政府机构和外界团队却无法自由地对这类研究进行数据再分析。在政策制定阶段，政府机构有义务听取各种声音，考量各种反对意见。而《谢尔比修正案》显然把天平偏向了某一类研究。看到这里，《谢尔比修正案》的真实目的已昭然若揭。

根据当时的报道，谢尔比之所以着手酝酿修正案，是因为几家在大气污染上难辞其咎的大型公司对六城调研的结果相当不满，他们主要是石油公司和火力发电公司。由于六城调研的结果无懈可击，还获得了健康影响研究所的盖章认证，这些公司希望染指研究的原始数据。以上是当时的报道中关于《谢尔比修正案》的普遍认知。但在近些年，因为一场备受瞩目的官司，不少文件通过法庭公之于众。这些最近解密的资料揭露了《数据访问法案》的真实起源。提示：这一法案背后的行业并不是典型的"大气污染企业"。《谢尔比修正案》的真正推手是一个臭名昭著的行业，因此他们必须以其他行业为幌子，藏匿在暗处，方可达到自己的目的。他们就是烟草行业，通过炒作大气污染的争议问题来掩盖真实目的。烟草行业敏锐地意识到，面对于己不利的科学研究，获取其原始数据后可以发动精准、高效的打击，扭曲、篡改其研究结果。[19] 得知烟草行业才是《谢尔比修正案》的始作俑者，我可一点也不惊讶。毕竟躲在暗处的烟草商们一直都在寻找机会，挑起对科学的质疑。

关于《谢尔比修正案》，还有最后一点需要提一下：这一法案最终还是没能让行业大获全胜。修正案一出，立刻激起了科学家、科研单位和公共政策专家的数千条反对意见。克林顿总统的管理与预算办公室对谢尔的四行文字采取了狭义的解读方式:"可公开获取的数据仅限于联邦政府在出台具有法律效应的政策时所发表或引述的科研数据。"这样一来,得到政府资金资助的科学家们(例如美国国家癌症研究所和美国国家职业安全卫生研究所的科学家)起码可以把数据的公开限定在一定范围内,公开的那部分数据依然可以提供给外部机构做二次分析,原研究的保密性也不至于被彻底破坏。[20]但对于造成污染的企业来说,克林顿内阁的条文解读不过是他们面临的一时挫折,他们还有更远大的目标,也一直没有停下他们的脚步(我会在第十三章中详述)。

尽管当初他们均对研究流程表示支持,柴油排放行业(柴油发动机制造商、卡车运输公司、汽车和卡车生产厂商、石油行业)拒不认可健康影响研究所对柴油矿工调研的评估结果。罗杰·麦克莱伦(Roger McClellan)常年为柴油排放行业担任顾问,也执笔过多篇文章来反驳相关科研结果。由于健康影响研究所认证了柴油矿工研究的结果,麦克莱伦又撰写了一篇反驳的文章。麦克莱伦的背后自然是柴油排放行业,他们通过一家名为"北美工业矿产协会"的机构,经由其聘用的克威莫宁律师事务所(Crowell & Moring)向麦克莱伦支付经费。[21](这种支付途径也是在法律上玩了一个花招,如果通过律所来支付资金,那么无论是支付方还是收款方的信息都受保密特权的保护,无需在法庭上公开相关信息。这一"聪明"的支付方式,也是由烟草行业首创的。)

得益于《谢尔比修正案》,柴油排放行业与美国国家癌症研究所、美国国家职业安全卫生研究所达成了一定范围内的数据共享协议。行业能够从这两家机构获得原始的实验数据,但同时承诺遵守保密协议,保护具体实验对象的个人信息不受泄露。获得数据之后,行业聘请了毅博咨询公司及多位科学家来做数据再分析工作,毅博在产品辩护上的经验已无需赘言了,而另外几位科学家也都为其他行业的有害产品做过类似的辩护工作。果不其然，柴油排放行业得到了他们想要的结果：新的几篇论文通过对矿工调研原始数据的二次分析（他们当然没有采集任何新增数据），得出了新的结论——柴油颗粒不会对人类健康造成任何危害。[22]

读到这里，相信读者也都非常明白我的立场，我是非常反对此类因果颠倒的二次分析的，研究者往往是先知道了研究结果，再返回数据中去倒推。在第一次进行研究的时候，研究团队需要提前规划好数据的分析方法。但当研究有了结果之后，则非常容易通过反向的推导和调整，让结果发生变化，尤其是让不利的结果消失。修改一下参数，调整一下不同组别的划分界限，实验组和对照组之间的结果差异可能就消失了，化学物质的危害性也从数据中看不出来了。这种"炼金术"（数据分析行业的行话，指人为地给数据安上某种规律）对于本领过硬（但职业道德低下）的数据统计大师来说不算难事。但如果反过来，原先的研究结论是"实验组和对照组之间无明显差异"，却要通过数据再分析人为地创造出差异，就要困难得多。

在我于2019年底写下这些文字的时候，距离柴油矿工调研的结果最终发表已过去了七年，行业依然孜孜不倦地进行着他们的数据再分析。目前，已有五篇论文是基于柴油矿工调研原始数据的重新分析，未来还会有更多。此类分析工作并不便宜。我并不知晓具体的经费数字，但一篇这样的论文，所需的资金肯定不会低于几十万美元。但如果论文背后的赞助方是全世界最具规模、最具权势的企业，资金又怎么会是个问题呢？在五篇已发布表的论文中，我这里只选其一，来看看论文致谢中提到的资助方：

通过卡车和发动机制造商协会向本研究提供支持的多个行业组织：

美国石油学会（API）

欧洲汽车制造商协会（ACEA）

美国卡车运输协会（ATA）

汽车制造商国际组织（OICA）

汽车制造商联盟（Alliance）

欧洲交通领域环保与健康研究组织（EUGT）

设备制造商协会（AEM）

美国铁路协会（AAR）

欧洲内燃机制造商协会（EUROMOT）[23]

这一轮又一轮打着"可靠科学"名目的再研究、再分析，究竟得出了怎样的结果呢？我不用想都能猜得到，因为类似的戏码早已在其他行业中频频上演，只不过每一次的演员不一样而已。首先，产品辩护顾问会继续炮制那些看上去很权威、很厉害的研究（虽然不能蒙蔽内行人，至少在外界看来像那么回事），用这些研究来为柴油机废气脱罪。有些论文的内容实在叫人啼笑皆非，比如2012年的一篇论文在结论中写道："经评估，现有证据并不足以证实'柴油致肺癌'这一假设。"这篇论文的第一作者是约翰·F.甘布尔（John F. Gamble），据他本人披露，本次研究得到了"欧洲清洁空气与水保护协会"的经费支持，该协会的成员是石油企业，旨在"解决石油的炼制与销售中的环保、健康和安全问题"。[24]早在1998年，彼时的甘布尔还任职于埃克森石油公司，他曾针对六城调研发表过类似的评议文章，断言"根据已有的证据，尚不足以确切地证实环境中长期存在的$PM_{2.5}$（极微小的颗粒）与死亡率的升高之间存在因果关系。"[25]事实上，迄今为止的数百项研究都揭示了$PM_{2.5}$的致命危害性，证伪了甘布尔的说辞，即便如此，甘布尔依然在为石油行业辩护。

所以，行业的第一步棋是买通专家，由他们制造并发表对行业有利的研究结果。但在雇佣兵们拿着柴油矿工调研的数据做再分析时，科学界也有新的一批学者在开展新的研究，他们所发表的最新研究成果涉及全球各地的多个不同人群，论文无一例外地揭示了柴油机废气和肺癌之间的关联。在国际癌症研究机构把柴油机废气划分为1类致癌物质的四年之后,两家欧洲的机构(北欧化学物质健康风险分类归档专家组及荷兰职业安全专家委员会)审阅了数百篇与柴油暴露相关的研究,共同发布了报告。得益于这四年的时间,这两家机构又收集了更多新鲜出炉的研究材料,也采集了业界专家对这一问题的顾虑与看法。他们的结论是:"已有广泛的流行病学证据证明,工作场所中接触的柴油机废气与肺癌之间存在关联。"[26]

行业的下一步行动,据我猜测,应该是放弃目前的立场,承认老旧柴油发动机的排放物确实会导致肺癌,甚至膀胱癌。[27]我相信这一口径上的改变应该也就是未来几年内的事了。这一套路,也是烟草行业走过的老路。几年之后,柴油行业曾花费重金买来的那些研究也会露出本来面目,它们不过是重污染企业为了逃脱责任、混淆视听而制造的虚言。前文所罗列的那一大串行业组织,他们在打一场注定会失败的战争。我的猜想是,这些企业和组织会尽全力抵抗到最后一刻,从而尽可能地减少相关企业的法律责任,毕竟马路上、矿井里仍有老式的柴油发动机在工作,而数千人已因此患病。

好消息是,柴油发动机越来越清洁了。新的发动机排出的废气更少,这对所有人的肺来说都是件好事。有一些发动机制造商,例如康明斯发动机(Cummins Engine),不仅仅致力于开发更清洁的发动机,也主动采纳了环保局等机构颁布的公共卫生标准和条例,按照这些规章把排放量降到允许范围内。对于企业而言,这才是明智的做法——我说这话绝对不是讽刺。企业应该意识到,社会的福祉与企业的成功可以是相辅相成的。此类企业在推动空气净化上发挥了很大的作用。

尽管我们非常希望发动机的新技术能够尽可能地降低有害成分的排放,我们还无法百分百肯定,现在新的发动机排放的废气就不致癌了。对于新款的柴油发动机，我们依然需要数年的时间来做流行病学调研，了解长期暴露是否会对健康有影响。环境暴露所导致的癌症往往需要数十年的时间才会显露出症状，而新发动机的面市也不过是近年的事，因此，目前发现的癌症病例都不太可能是由新发动机的排放物引起的。

因此，目前阶段我们能做到的极限是动物实验，虽然现阶段的研究结果令人振奋，但并不代表新的发动机就真的和生产商宣传的一样绝对安全。在国际癌症研究机构把柴油颗粒划为1类致癌物质后，健康影响研究所和相关行业共同委托洛夫莱斯呼吸道研究所（第十章还会提及这一研究所）就此开展研究。该研究所是位于新墨西哥州的一家私营实验室，曾在早期做过柴油机废气颗粒物质的研究，并发现暴露在大量颗粒物质下的大鼠患上了肺癌。这一次，洛夫莱斯呼吸道研究所的科学家搭建了实验舱，舱内的大鼠会暴露在新型大功率柴油发动机的废气下。实验显示，呼吸了废气的大鼠与呼吸过滤空气的大鼠相比，其患肺癌的概率并无增长。这诚然是个好消息，但也远非行业所宣称的"绝对无害"。为什么我会这么说，不妨通过下文来了解一下此类研究的设计思路。

动物癌症研究的原理往往是，如果某一化学物质会对动物致癌，那么它也极有可能对人类致癌。在毒理学家设计动物研究时，他们往往尽可能地使用高剂量的化学物质，前提是这一剂量不会立即致死或立刻引发反应。原因在于，如果使用较低的剂量，那么引发危害的概率也更小，实验就需要更多的样本才能观测出影响，而受实验条件限制，在巨大数量的动物身上做实验是不实际的。比如说，空气中存在某种大气污染物质，暴露在这种空气下的居民每千人当中会有一人因此患癌。从公共卫生的角度而言，这样的概率无疑已经是巨大的健康隐患了，禁绝这种物质将会拯救无数人的性命。但如果要在实验室环境下通过动物来验证此类大气污染的危害，假设还是使用大气污染中的常规剂量，你就需要在1000只动物上做实验。毒理学家往往不会真的用1000只动物来做实验,他们会把数量相对较少的样本暴露在剂量更大的化学物质下,再把实验结果与未接触该物质的另一组动物做对比,看两组当中患癌的动物分别有几例。如果两组之间的差异具有统计学上的显著性(要能观测出明显的差异,受试动物的数量也不能太少),那么可以判定这一物质会对动物致癌。

洛夫莱斯呼吸道研究所针对新型柴油发动机废气的研究存在一块致命短板:大鼠的暴露程度非常低。新型发动机的废气排放量是老式发动机的百分之一,因此实验中的大鼠只接触到了极微量的废气。幸运的是,这些大鼠并没有患上癌症。但从公共卫生的角度来看,洛夫莱斯的实验找错了问题的关键点,最起码他们在实验中选定的暴露程度是错的。我们关心的,并不是单单一台发动机给公众健康带去的影响,因为没有人一辈子只接触到唯一一台发动机所排放的废气。我们希望通过研究了解,周围环境中如果有数千台柴油发动机在工作,那么长年累月接触到的颗粒是否会增加患癌的概率。换言之,研究真正应该关注的重点,是新型发动机所排放的颗粒累积到一定程度后是否会致癌。哪怕目前城市环境中柴油颗粒的浓度已比过去低,这也一定程度上得益于新的发动机技术,还是有必要把大鼠暴露在更大剂量的新型发动机废气下,或者在实验中使用数量更多的大鼠,这样才能观测出大鼠的患癌概率是否有哪怕是微小的变化,略微的增长也具有重大意义。因此尽管洛夫莱斯研究显示新发动机比老旧款更为安全,他们的研究结论并不能证明"更清洁"的新型发动机是绝对安全的。

尽管柴油发动机的技术一直在进步,环保局、矿安局、职安局等联邦机构和监管部门并没有因此松懈,依然致力于让大气更为清洁。举例而言,矿安局还在为地下矿工争取权利,谋求更严格的保护措施。至少在奥巴马总统的任期内,那一届的矿安局是维持这一立场的。2016年7月,矿安局重新启动了法规制定流程，旨在革新15年前定下的标准，并针对一系列相关问题召集利益攸关方提供必要信息。矿产行业是怎么回应的呢？如我们所料，他们急得跳脚，大声疾呼"标准不能改！"前文提到过的克威莫宁律师事务所中的律师代表穆雷能源（就是造成克兰德尔峡谷矿灾的那家公司，该事故导致六名矿工和三名救援人员丧生[28]）和烟煤运营商协会写道："公司充分相信，现行的矿安局柴油机废气管理标准已完全可以充分地保护矿工的健康。没有必要再为这个问题制定新的地下矿井标准。"[29]

煤矿主们可以松一口气了。特朗普内阁任命了戴维·扎泰扎洛（David Zatezalo）担任矿安局的新局长，而扎泰扎洛曾在煤矿企业担任首席执行官。他上台后就暂停了新标准的制定流程，把修订标准前的信息收集阶段延长到了2019年3月26日（别忘了，信息收集从2016年7月就正式启动了）。通过这样近乎荒谬的拖延，他们可以确保至少在2020年总统大选之前不会有新标准被提出来。

而在美国国家环境保护局，2018年的一起事件差点就葬送了美国在洁净空气上的努力进程。事情还要从2010年讲起，当时，环保局最新出台的柴油排放标准终于全面生效。为了规避新的规定，几家柴油卡车销售商想到了这样一个点子：从各家生产商那里收购没有发动机的"空壳"卡车，再把老式的发动机改装一下、装入车体，然后宣称这些被戏称为"滑翔机"的车辆在新规定生效以前就已存在，因此可以免受法律追溯（改装卡车并不是什么新鲜事——如果车体因事故损毁或报废，但发动机还能用，那么就会回收发动机，改装后再装入其他车体，但2010年后，这一操作变成了规避新的减排标准的好方法）。改装卡车的生意因此火爆了起来，在2010年，一年售出的"滑翔机"尚不到1000台，但五年之后，这个数字飙升到1万台以上。这一陡然增长的曲线引发了环保局调查人员的注意，如果按这个趋势发展,国家的空气质量会受到严重的破坏。基于这一考量,环保局规定每一家生产商每年制造的滑翔机型改装卡车的数量不得超过300台。如果这一限制令真的能执行下去,那么在美国每年卖出的约25万台卡车中,只有极少的一部分使用的是旧发动机,而且在这一限制令下,改装车的生意可能都未必能继续存活。

2015年,众议院议员黛安娜·布莱克(Diane Black,田纳西州共和党人)提交了提案,希望推翻奥巴马政府规定的"300台"限额,进一步扩大法律上的漏洞,让尽可能多的滑翔机型改装卡车流向市场。她的提案并没能通过,但在2017年,紧随着特朗普的当选,布莱克又找到了特朗普新任命的环保局局长斯科特·普鲁伊特(Scott Pruitt),请求普鲁伊特放宽对滑翔机型改装卡车的限制,允许厂商无限度地生产改装卡车,这显然与环保局专业团队的意见背道而驰。

故事最精彩的部分来了。布莱克为了劝说普鲁伊特,她还附上了一份2016年田纳西技术大学的研究报告,宣称改装过后的老旧发动机与最新型的柴油发动机一样清洁。不久之后,这份研究背后的出资方就被曝光了,田纳西州的菲茨杰拉德(Fitzgerald)家族企业不但为研究提供了经费,还承诺为田纳西技术大学建造一所新的研究中心。诸多与菲茨杰拉德家族有利益关联的机构还为布莱克的州长竞选活动捐资22.5万美元,但布莱克未能胜选。(在特朗普本人为他的总统大选拉选票时,他曾到访菲茨杰拉德的一间卡车车行,车行里还卖着写有"让卡车再次伟大"*的棒球帽。)

2017年11月,环保局局长普鲁伊特宣布,他计划免除三家卡车制造商的"一年300辆滑翔机型改装卡车"的限制,这三家厂商分别位于印第安

---

* 译者注:化用自特朗普的竞选口号"让美国再次伟大"。

纳州、艾奥瓦州和田纳西州（田纳西这家自然是最大的滑翔机型改装卡车制造商——菲茨杰拉德）。[30] 普鲁伊特也坦言，这一决策是由菲茨杰拉德建议的，后者向他提供了田纳西技术大学校长的来信，信里大大宣扬了田纳西技术大学的研究报告（但唯独没提这项研究是菲茨杰拉德赞助的）。[31] 不过数日之后，环保局的专员做了分析，质疑了所谓"滑翔机型改装卡车的污染程度不会高于新型车"。《纽约时报》记者埃里克·利普顿（Eric Lipton）在他的报道中揭露了详情："环保局分析发现，在高速公路的行驶状况下对比菲茨杰拉德改装车和安装了新型排放控制系统的卡车，前者氮氧化物的排放量是后者的43倍。滑翔机型改装卡车的废气会造成严重的大气污染，换算一下，一年所卖出的改装卡车所排放的氮氧化物，相当于大众汽车公司那些在排放上弄虚作假的柴油车总排放量的13倍，而大众汽车因为在减排上作假，已被起诉至刑事法庭，并支付了40亿美元的罚款。"[32] 环保局的报告特别提到，在城市道路环境下的行驶时，他们的测试器材因超负荷工作而损坏。报告中写道："过滤器被柴油颗粒塞满，不堪重负。"在报告的对比图当中，原先白色的、全新的过滤器变成了炭黑色。曾在环保局交通和空气质量部门负责评估测算和标准制定的切特·弗朗斯（Chet France）指出，废品回收站中有许多老旧但坚挺的柴油发动机，光靠这些资源，卡车改装的生意就能继续红火几十年。

事情还不算完。2018年，《美国医学会杂志》[33]上发表的一篇文章指出，如果废除对滑翔机型改装卡车的数量限制，十年间将会造成4.1万例的早逝以及90万例的呼吸道疾病。田纳西技术大学的一部分教职人员非常担心原先那篇以该校之名发表的臭名昭著的论文会损害学校的声誉，也损害教职人员的名声。田纳西技术大学工程学院的代理院长在一封信中写道，那篇论文的大部分内容出自一位硕士研究生之手，"工程学院具有资质的教职人员中，无一人参与过以下行为：(1)测试的监督，(2)核对、确认该研究生的数据或计算，(3)撰写或审阅最终提交给菲茨杰拉德的报告，(4)撰写或审阅送交给黛安娜·布莱克的信件。论文中所宣称的改装卡车在减排上可以匹敌新式的、安装了排污控制系统的卡车的论断是离谱的，在科学上完全站不住脚。"

此信发出后的短短几天之内，田纳西技术大学的校长也提醒环保局，"本校专家对研究的方法和准确度提出了疑问"，并建议环保局不要以那篇报告作为决策的依据。环保局回复到，他们在滑翔机型改装卡车上作出决策时"知晓该研究的存在"但并不以其为决策基础。普鲁伊特宣称，环保局并无权管辖滑翔机型改装卡车的生产数量。这纯粹是一派虚言。普鲁伊特的继任者就亲自证明了环保局在改装卡车问题上到底能不能说上话：新任局长上任后，选择略过公开意见征询，直接推翻了普鲁伊特给改装卡车开绿灯的决策。[32]

如果放任滑翔机型改装卡车不管，人类健康和环境都将承受巨大伤害。哪怕不谈健康影响，上述事件还有一个令人惊骇的地方：普鲁伊特在特朗普内阁的支持下甚至不惜得罪美国经济的几股中坚力量。美国的卡车公司和发动机生产商也是滑翔机型改装卡车的受害者，因为这些企业花了大价钱研发、安装造价昂贵的新型发动机，而改装车用的是废品回收站里找出来的破烂。与特朗普政府打交道的时候，极力抵制监管的狂热分子似乎比驱动国民经济的大公司更有话语权，例如自称"垃圾达人"的史蒂文·米洛伊(Steven Milloy)就在白宫如鱼得水［米洛伊是"垃圾科学"junkscience.com网站的创始人，著有《绿色地狱：环保主义者操纵了你的人生》(*Green Hell: How Environmentalists Plan to Control Your Life*)一书，且一直为烟草行业摇旗呐喊］。对于这种现象，我的理解是特朗普政府执着于在所有问题上和奥巴马政府对着干，如果奥巴马以前支持某一立场，特朗普就要不计一切代价地反对。

后来，普鲁伊特本人因多起职业操守丑闻而不得不离开环保局。随着他的下台，他为滑翔机型改装卡车开的绿灯也难以为继了。田纳西技术大学再次致信环保局，表示经过另一轮内部研究，他们发现早先提交的论文中有一些关键结论并不准确。接替普鲁伊特环保局局长职位的人是安德鲁·惠勒（Andrew Wheeler），他原是一位代表大型企业游说的说客，是一位更为传统的共和党人。此前，普鲁伊特曾下令对改装卡车放宽管制，惠勒一上台就废除了普鲁伊特的决策。普鲁伊特当时凭借一份菲茨杰拉德家族赞助的研究结果，出台了一项最利于菲茨杰拉德家族的政策。惠勒是因为对此事感到羞耻，才废止了普鲁伊特的政策吗？我不觉得。毕竟他的这届环保局对于其他类似的虚假研究也是来者不拒、照单全收的。我的猜测是，那些制造新型清洁柴油发动机的大公司找到了惠勒并点拨了他：新流向市场的滑翔机型改装卡车首先会污染空气、夺走美国人民的性命；其次，它们还会损害大公司的效益。尽管惠勒本应更关心前一条理由，但我相信，真正说服他的是"其次"后面的那半句话。无论究竟出于何种原因，惠勒终于还是作出了正确的决定，叫停了给滑翔机型改装卡车开的绿灯。

第七章
阿片类药物

面对难以承受的生理疼痛,不同的社会和国家有不同的应对方法。而针对癌症、镰状细胞贫血等疾病所引发的剧烈疼痛,世界各国几乎毫无例外地诉诸大剂量的止痛药。在美国,这一情况尤其突出:无论是慢性疼痛,还是肌肉骨骼伤病、牙科治疗或术后恢复,病人都会被开具同一类止痛药。

在美国,为什么医生会给这么多患者开具如此大剂量、药力猛的阿片类止痛药?不得不说,如今阿片类药物之所以泛滥成灾,相关的医学运作难辞其咎。遗憾的是,阿片大泛滥造成的惨痛后果还会继续影响未来。如今,阿片类药物的滥用出现了新趋势,海洛因和黑市上流通的芬太尼成了绝大多数用药过量事故的元凶。但很多深陷药物泥潭的人,当初走错的第一步,是因为接触到了美国某些顶级医药公司**合法**生产的各式阿片类药物。这些成功药企的财务营收一路高歌猛进,而撑起这片繁华的,是他们拉拢医生共同编织的一套别有用心的科学宣传。

诚然,我不是说这些药企一手导致了当前的阿片类药物危机。这一场错综复杂的阿片流行病,背后是不容小觑的社会和经济因素。自20世纪90年代起,阿片类药物被愈加广泛地用于止痛,帮助很多患者纾解了疼痛和压力。但与此同时,阿片处方药几乎可以无限量地获取——既可通过医生合法开具,也可从非法市场采购。要不是因为这种毫无节制的供应,阿片类药物未必会泛滥成灾,而丧生于过量用药的人,或许原可以活下来。本章会把焦点锁定在药物制造商上,他们滥用科学这把利刃,从根本上导致了阿片类药物的大流行。

对于疼痛,人类大脑有一套非凡的控制机制。在我们遭受伤痛时,身体会自动产生阿片类物质,这些化学物质会附着于大脑及神经系统的感受器上,降低(甚至在理想情况下彻底阻断)痛觉。但在很多情形下,这种天然的机制不足以完全消解疼痛,于是数个世纪以来,先是出现了鸦片,后来又有了化学手段提取的吗啡,此类制品被用于止痛,也在许多患者身上取得了效果。但凡事总有代价:此类药物的成瘾性已多有例证,也一直是用药的一大困扰。

一个世纪前,人工合成的阿片类药物以及从天然成分中提取的半合成阿片制剂诞生于实验室中。20世纪60年代起,此类合成品偶尔被用于医疗中。到了90年代,阿片类药物已获得广泛使用。如今,最常见的两种合成品为羟考酮和芬太尼。羟考酮是奥施康定(OxyContin)这一品牌药品的主要有效成分。芬太尼为人工合成的阿片类药物,药性极强,威力比海洛因强50倍。"阿片类药物"是一个广义概念,涵盖了从天然到人工合成的一系列产品,它们进入体内后会附着于大脑的特定感受器上,阻断痛觉,但与此同时,不同产品均多多少少会产生快感,有些人会对这种快感产生依赖性。他们开始纯粹为了追逐快感而使用阿片类药物,哪怕生活因此天翻地覆,却戒不了阿片的瘾,药物上瘾就是这么形成的。

如今这场阿片大流行始于1995年,普渡制药(Purdue Pharma)是一家位于康涅狄格州斯坦福德的私有企业,当年他们推出了名为"奥施康定"的一款新药,含有新型羟考酮。与先前使用羟考酮的止痛剂扑热息痛(Percocet)、复方羟可酮(Percodan)等相比,奥施康定的羟考酮含量更高,并宣称可以长时间持续止痛(药效可达12小时,而不是4小时)。为了说服美国食品药品监督管理局(FDA,简称食药监局)批准这一新型制剂,普渡制药极力主张奥施康定比过去的羟考酮制剂更为有效,且"长效"特性使其不易成瘾。他们宣扬的逻辑是,如果该药品有控制地释放羟考酮成分,那与短效的药品相比,前者不容易造成兴奋感,也不容易上瘾。在新药临近上市时,美国食药监局终于认可了普渡制药的说辞,允许普渡制药在标签上写明该药"成瘾性低"。但事实很快击碎了这句声明。成瘾的病人发现可以将奥施康定研磨成粉末后用鼻子吸入,甚至直接注射。与此同时,负责审理奥施康定的美国食药监局卫生官员获得了普渡制药的聘用。[1]

整个制药行业,尤其是刚刚拿到美国食药监局批复的普渡制药,费心费力地给医师们灌输这样一个观念:如今的社会不够重视对疼痛的治疗(此言不假),新型止痛药能安全地解决疼痛问题,因为它们几乎不会成瘾(此言大大失实),新型止痛剂也不容易引起滥用(纯属睁眼说瞎话)。

医药行业是如何攻克目标的呢?第一步,是从已有的医学文献中搜寻资料,用"既有事实"装点门面,掩饰他们所杜撰的一套新说辞,淡化所推广的药物本质上的成瘾性。在20世纪90年代早期,关于阿片类处方药成瘾性的正反两方研究证据都非常少。相关药企挖出了几个名不见经传的研究(姑且称之为"研究"),他们声称阿片类药物是安全的、不致瘾的,这一有利结论被药企大肆宣扬。但如今回头去审视这些所谓"研究",我们可以看他们在设计和范围上的局限性。在阿片类药物获得普遍应用的起初几年,或者把时间拉回到阿片大泛滥的十年以前,虽然具体数字无法考证,但显然有数万患者在那期间对阿片类药物产生依赖。由于当时的认知缺乏,药企所鼓吹的假象轻易地迷惑了用户,或者说,部分用户也心甘情愿地假装糊涂。

以下是药企频繁援引的一则行业论据,这是一封五句话的致编者信,于1980年刊载于《新英格兰医学期刊》上。文章标题为《使用麻醉剂治疗患者极少发生药物上瘾》,全文如下:

> 最近,基于39 946名住院患者的持续观察记录,我们调查了麻醉剂成瘾性问题。在上述患者中,有11 882名患者至少接受过一次麻醉剂,在他们当中,原先无毒品史、用药后出现较为明确的药物上瘾问题的患者仅有4例。在这4例中,仅有1例为严重上瘾。在用药上,2位上瘾患者使用的麻醉剂是哌替啶,1位为复方羟可酮,1位为氢化吗啡酮。我们的结论是:尽管医院的诊疗常会使用到麻醉剂,无毒品史的患者极少因此产生药物上瘾。[2]

这是一封致编者信(并不是正式的论文),从未经过同行评议——同行评议是正式学术研究的必经流程,由该领域的其他专家审议论文的观点和方法,并得出"支持"或"否决"的结论,学界很多论文也往往因为过不了同行评议而无法发表。换句话说,药企在20世纪90年代引用这么一段话,类似于今天从网上的评论区摘录一段某位网友认真撰写的留言。尽管如此,这封信成了撑起之后一系列宣传的金口玉言,作为核心证据证实了"用阿片类药物治疗慢性疼痛不容易成瘾"。当然这也不是一封简单的信。其标题仿佛在陈述不争的事实,作者栏中赫谢尔·吉克(Hershel Jick)的大名赫然在列——他是波士顿药物监督合作小组的组长,无疑是业界权威,刊发文章的《新英格兰医学期刊》也是美国顶级的医学刊物之一。15年后,当普渡制药推出新药奥施康定,这段文字一下子被诸多文章引用。[3]往后的四分之一个世纪,这段文献被各类医学文章引用高达数百次,大众传媒更是彻底歪曲了书信的原意。这背后不得不说有来自大型药企的公关助推。2001年,《时代》杂志甚至称其为"里程碑式的研究",劝诫读者大可不必担心病人会对阿片类药物上瘾,因为这种疑虑"可以说是毫无根据的"⁴。直到2017年，期刊编辑才破例地发表警告，表示"书信文字被'频繁地、不加甄别地引用'，用于证明阿片类药物极少引发上瘾"。赫歇尔·吉克本人也发表了声明，尽管他拒绝对这封信后续引发的错误解读和引用承担责任，但他也承认书信所述内容存在诸多局限性，例如只研究了一家医院这一特定环境下阿片类药物的使用，并且没有对已出院病人进行追踪观察。⁵

《新英格兰医学期刊》上这封五句话的书信引发了轩然大波，这一事件可能是行业误导医生和监管机构的最明目张胆的例子。除了这个案例，还有许多类似的事例，均是鼓吹某个短期实验的结果来为阿片类处方药背书，推广阿片类止痛药在手术、烫伤或其他应急情况下的使用。此类研究往往由行业出资，医生从药企收钱、帮他们撰写论文，甚至论文直接由医药行业人士作为枪手代写，再挂名发表。⁶此类研究几乎不会对患者进行后续跟踪观察。如果出发点就是证明"阿片类药物不会上瘾"，那么只需对样本精挑细选，再对结果包装粉饰，得出想要的研究成果是件很容易的事。

更令人大跌眼镜的是，他们甚至一举创造发明了一种全新的医学诊断结论：**假性成瘾**。在常规的理解下，如果一个人渴望摄入阿片类药物，并试图诉诸具体行动获取药物，这就是**药物成瘾**，但他们的说法是，如果病人其实是因为身体的疼痛尚未消除，希望获得阿片类药物，这则是假性成瘾。"假性成瘾"这个词及其定义最早出现在某项实验中对一位病人（只有一位！）的描述里。尽管没有任何真凭实据（或者哪怕一星半点的证据）支撑"假性成瘾"这一概念，它依然迅速流传起来。在制药厂的赞助下，诸多文章应运而生，例如有一类文章主题是"负责任地开具阿片类药物"，告知医生如何辨别"假性成瘾"和"成瘾"，"假性成瘾"的表征可能包括：明确地要求医生开具某一品名的药物、行为上咄咄逼人、为了获取阿片类药物求见多位医生、囤药。⁷那么如何治疗假性成瘾呢？当然是给他们开具更多的阿片类药物。2015年，有人专门调查了"假性成瘾"的相关医学文献，调查发现，质疑"假性成瘾"这一概念的文章有且仅有6篇，作者均**没有**受到药厂的资助。⁸而除去这6篇良心文章，是数百篇讨论假性成瘾的论文，他们的声音盖过了小众的质疑，却无一人试图用实践来检验"假性成瘾"这一概念。这是一场不公平的对决，结果也不言而喻：弄虚作假、收钱办事的"研究"赢了真正的科学。

现在，我们再来回顾一下奥施康定所宣传的核心产品属性：12小时持续止痛——与竞争对手的4小时止痛产品相比，这种小剂量缓释型的药物不但续航更持久，也不会像旧药那样产生即时的、立竿见影的快感，因此哪怕有些患者在药物面前缺乏自制力，新药依然不容易成瘾。根据《洛杉矶时报》的调查（调查取证了诉讼案件中公布的文件，以及提交给美国食品药品监督管理局的研究报告），普渡制药的内部研究显示，奥施康定片剂在服用时会立即释放40%的有效成分，之后才会减缓释放速度。正因如此，大部分患者用药时药效根本无法持续12小时，药效一过，患者自然会渴望再次服药。在部分患者身上，药效甚至只能持续不到6个小时。这样的结果是对患者的双重打击：困扰他们的疼痛卷土重来，此外还产生了药物的戒断反应。在双重夹击下，患者不得不选择再次服药，且往往会加大剂量。普渡制药对这一切心知肚明，却依然着力宣扬该药12小时持续有效，如此一来，奥施康定的用量不断走高，上瘾的人越来越多，而公司的利润也不断攀升。⁹

一些药厂研制出了新的制剂，声称新药更不容易被滥用。举例而言，远藤制药（Endo Pharmaceutical）在2012年推出了一款羟吗啡酮缓释剂（Opana ER），宣称比旧版的Opana制剂更具"抗粉碎性"。（抗粉碎性强意味着这种药不容易被碾碎之后从鼻子吸入。）药企的管理层当然可以拿着这一点向药房推广新药，并从中获益。但他们从未向外界发布他们在药物测试中的另一项发现：新药可以用咖啡豆研磨机研磨成粉末，或者光靠咀嚼也可以释放药性。

对于药物成瘾者来说，他们总能找到办法绕过障碍，达到目的。而远藤制药所宣传的可以"抗粉碎"的新药片也在市场上造成了变革：原先对 Opana 上瘾的人是通过鼻吸的方式来摄入药剂的，现在则改为了注射。2015 年，灾难终于爆发：印第安纳州郊区的一个县，之前每年的艾滋病病例从未超过 5 例，但这次在三个月内就上报了超过 100 例的新病例，传播途径就是 Opana ER 上瘾者共用注射器。[10] 艾滋病的爆发引发了公共卫生部门的关注，在他们的一再恳请下，时任州长的迈克·彭斯（Mike Pence）终于批准了短期的针具交换项目*，但实施范围仅限于艾滋病大爆发的那个县。[11] 久等了两年之后，美国食药监局终于下了禁令，要求远藤制药停止出售这一新型的阿片类药物，这也是这一官方机构史上首次也是唯一一次由于担心药物滥用和上瘾，从市场上撤下了一款阿片类止痛药。[12]

证据已经非常明确，阿片类药物的生产商会尽力雪藏某些研究，同时歪曲并鼓吹另外一些研究，最后得出结论：他们的药物既不会导致上瘾，也不容易滥用，而患者如果想更有效地缓解疼痛，最好的方法就是接连不断地服药，并增大剂量。千万不用担心！这些药物并不容易成瘾。你如果不相信的话，可以听听我们的公关宣传团队是怎么介绍的。就和烟草等行业在维护自身利益时一样，如果公司或行业想要打消外界对某款有害产品的质疑，他们往往会把伪科学和多方位公关的力量结合起来，多管齐下。阿片类药物生产商的公关宣传针对监管者、医师和普罗大众三个群体，制定了三方面的策略，并参考了由烟草行业首创、在近几十年来不

---

* 译者注：针具交换是指瘾者可以通过"以一换一"的方式，凭借用过的针头换取干净的针头，此项目是为了防止艾滋病的传播。

断精进的配方：临时炮制"可靠科学"（即花钱购买有利的科研结果）；别有用心地曲解现有的科学证据；雇佣所谓"关键意见领袖"声援他们的产品；扶植培养协会或机构，由他们出面帮行业说话。

在阿片类药物上，制造商先是瞄准了专门负责疼痛治疗的医师，因为这部分人最有可能支持他们所宣扬的立场：目前的医保体系对疼痛治疗重视不足，阿片类药物理应更广泛地运用于疼痛管理。之后，厂商再把这部分医师聘请为"意见领袖"，由他们来影响其他医生（尤其是那些真正负责开处方的医生），通过这样的方式，药厂用他们所宣传的那一套说法渗透了医生圈子。被药厂渗透的"意见领袖"型医师会得到丰厚的佣金。

前文也提到了那篇提出"假性成瘾"这一概念的论文，就是那篇只研究了一位患者就得出轰动结论的论文，论文作者中有一位名叫J. 戴维·哈多克斯（J. David Haddox）的医师兼牙医，他先是被普渡制药出资聘请为发言人，最后晋升为该公司的卫生政策副总裁。还有一位明星级的意见领袖是罗素·波特诺伊（Russell Portenoy），他是位于纽约的贝斯·以色列医疗中心的止痛药剂专家。波特诺伊在业内非常活跃，他同时担任着《疼痛和症状管理期刊》的主编及《疼痛》刊物的编辑。他和他的研究项目从阿片类药物生产商获得了数百万美元的经费。哈多克斯的核心主张是为阿片类药物的使用正名，去污名化。他不仅仅希望用他布道式的宣传影响其他医师，也希望影响公众的认知。2010年，波特诺伊在《早安美国》这档节目中坚定地宣称："因止痛而药物上瘾的情况非常罕见。如果患者本人并没有药物滥用史，没有家族药物滥用史，也没有严重的精神疾病，绝大部分医生都会放心地让这类患者使用止痛药解决疼痛问题，而无需担心药物成瘾。"到了2012年，波特诺伊终于改口，向《华尔街日报》坦言，他在"20世纪80年代末以及90年代授课时，的确多次在成瘾性问题上传达了不实信息。"他补充说道："我在普及疼痛治理和阿片类药物治疗相关知识的时候,是否受到了错误信息的影响？我想是的。"[13]

制药公司不惜向这类医师支付上百万美元,让他们在医生圈子内为阿片类药物说话。药企既会直接向医师转账,也会邀请他们去奢华的度假村开会,用豪华的宴会招待他们,并在此类场合推广制药公司的药品。[14]收到过六位数以上佣金的医师多达数百位,还有数千位医师每人都收到了2.5万美元以上的报酬。[15]这部分只是单独投资在"意见领袖"上的钱,除此之外药企还雇佣了一大批靠销售业绩拿奖金的销售人员(光是普渡制药的销售代表就多达600人),这些销售人员会直接找上医师的办公室。这一体系起到了效果。医师开始开具越来越多的止痛药片。药企、销售人员以及开具处方的医师都因此暴富。

阿片行业在推广其药品时还有很重要的一招,就是成立、扶植一批看似独立的组织机构,这些打着专业协会或是患者帮助组织的团体往往都有一个听上去非常客观、中立的名号。而实际上,他们都从行业拿了大笔的钱,核心任务就是帮助药企散布谎言。2017年,时任俄亥俄州检察长的迈克·德万(Mike DeWine)提起了公诉,指控此类组织建议的治疗方针和疗法均意在引导患者长期使用阿片类药物。此外,此类组织还帮助药企做了他们不好自己出面做的"脏活"——"回击不利于药企的文章;抵制监管上的革新,反对监管者依据最新科学证据限制阿片类药物的处方开具;主动接触脆弱的、自控能力差的患者群体"。举例来说,"美国疼痛治疗基金会"是一家名字听上去非常像那么一回事的机构,该机构向患者、记者和政策制定者提供的科普类材料中大大宣传阿片类药物对于缓解慢性疼痛的好处,并称此类药物不易上瘾。该机构重点向退役老兵推介阿片类止痛药,并通过一系列的市场宣传,强调患者"有权利"通过治疗手段缓解疼痛。美国疼痛治疗基金会完全依赖药企的资助而存活,因此在2012年,当参议院财务委员会着手调查该基金会与药企之间关系的时候,基金会的理事会成员(其理事会成员中不乏知名的医师,如前文提到过的波特诺伊)迅速地解散了该组织。[7]

美国食药监局要求药企在广告中做到实事求是,且药品的包装文字必须通过食药监局批准。但是,如果广告中不提及**特定**的产品名称或品牌,只提及疾病;或者广告中只提及药品,但不提及这一药品是用于何种疾病的,那么此类广告无需包含警示说明信息,甚至可以只宣传药物的优点,而不同时公正地指出用药的潜在风险。阿片行业充分地利用了这一漏洞,在遵照食药监局要求的前提下,一方面竭力推广他们的产品,另一方面则在广告中使用含糊的、不提及品牌的文案。举个例子,远藤制药在宣传 Opana ER 这一特定产品的时候,用上了美国食药监局批准的警示文案:"所有患者在使用阿片类药物时需要特别警惕是否有滥用或上瘾的迹象。因为阿片类镇痛剂哪怕仅适度地用于医学治疗,也存在药物上瘾的风险。"但与此同时,远藤制药在整体宣传阿片类药物这一大项时,他们的宣传语是:"严格按处方所规定的用量服用阿片类药物的患者通常不会上瘾。"[7]

要说守法,那还真是他们厉害。

医药行业如今驾轻就熟的误导性宣传依然是由烟草行业首创的,20世纪50年代,烟草的致癌性浮出水面,为了帮助烟草辩护,伟达这家全球性的公关公司一手缔造了误导性宣传策略的黄金标准。

普渡制药归萨克勒(Sackler)家族所有,早在他们涉足阿片类药物之前,他们从事的就是药品的公关、广告和市场营销。他们可谓是广告上的天才,也正依靠广告业务的成功,才赚到了足够的资金买下普渡制药。奥施康定这一款药物的公关宣传预算是2亿美元,从最后撬动的收益来看,这无疑是现代社会最为成功的宣传活动之一。在萨克勒家族买下普渡制药之时,他们已经凭借之前的广告和营销业务收入成了千万富翁,而后又凭借一款药品，他们成了亿万富翁。奥施康定上市之后的短短几年内，它的年销售额就突破了10亿美元大关。到了2010年，其价值已达30亿美元。而奥施康定不过是诸多阿片类处方药中的一款，其销售额只不过是整个大类里的一个零头。[16]在福布斯财富榜上，萨克勒家族是全美财富排名第19名的家族，甚至比洛克菲勒家族更为富有（2015年后，限制阿片类药物使用、避免成瘾的运动受到越来越多的关注，也获得了一定的成功，萨克勒家族的排名有所下滑。[17]）享受阿片类药物红利的当然远非普渡一家。最大的几家制药公司，例如强生（其附属公司杨森制药出售阿片类药物）、梯瓦（Teva）、艾尔建（Allergan）都通过阿片类药物大大获益。[7]

如果算一笔账的话，一边是巨额的利润，另一边则是悲惨的后果。阿片类药物导致了巨大悲剧，光从实打实的数字来说，此类药物已经导致数万人丧生，此外还有许多人因药物前程尽毁、家庭破裂，社区也因此蒙上阴影。此外，美国的期望寿命在20年来首次出现了缩短的趋势，这也要"归功于"阿片类药物。合法生产的阿片类药物触发了这场阿片大流行，之后则一发不可收拾，非法生产的芬太尼和海洛因在此趋势下一跃成为最致命的杀手。在美国，光是2016年，阿片类药物的过量服用共导致4.2万人丧生（这一数字包括了合法及非法的阿片类药物导致的死亡）。2017年，这一数字攀升到了4.8万，已不亚于艾滋病最严重时期的年死亡数量。[18]

在我负责领导美国职业安全与健康管理局的七年多时间里，我近距离地接触到了这场阿片大泛滥的冰山一角：工伤、疼痛及药物上瘾之间的关系。这是一个个令人心碎的故事。矿工、建筑工人在工作中因事故受伤，为了尽快返回工作岗位、为了继续领到工资，他们选择服用止痛药。在西弗吉尼亚州和肯塔基州的矿区附近，过量服药事故的发生率尤其高，这样的数据令人难过，却不令人意外。我完全可以想象，矿工为了不停工、不离岗，不惜尝试一切办法，包括自行服药。加里·富兰克林（Gary

Franklin)率先撰文记载了阿片滥用与工伤之间的关联,他是华盛顿州劳动和产业部的医疗主任,劳动和产业部是州一级的政府机构,负责在华盛顿州推进职安局的项目。受伤的工人迫切地希望返回工作岗位,而负责医治受伤工人的医师往往是由企业指派的,他们建议的诊疗方案自然不会是让工人一边拿工人抚恤金一边休息。富兰克林对比了多位背部受伤的工人,其中被开具阿片类止痛药的工人更有可能因药物上瘾而失去工作能力、**更长时间**无法返回工作岗位,没有被开具阿片类药物的工人反而能更快复工。他的文章还记载了受伤工人因过量用药而死亡的人数,发现20世纪90年代的就医指南放宽了阿片类药物的使用,自那以后,华盛顿州因过量用药而死亡的受伤工人数量很快出现了激增。[19]此类治疗指南深受波特诺伊这类医师和美国止痛药协会这类由药企扶植的组织的渗透与影响。以上种种看似微小的因素组合到一起,就会形成一起危险的风暴:企业注重短期利益,希望让受伤工人尽快复工;药厂对产品虚假宣传,否认阿片类药物的成瘾性。最后导致的结果就是,许多受了工伤的工人染上了药瘾,过量用药,进而走向残疾甚至死亡。

在阿片类药物的使用和滥用这一问题上,有一点常常被忽视:无数儿童因阿片类药物成为孤儿,他们的父母在阿片类药物的作用下丧失了抚养孩童的能力,甚至丢掉了性命。[20]在2012年之前,全国每一年被收归至寄养体系下的儿童人数呈逐年下降趋势,但在那年之后,这个数字又开始上升,药物滥用情况越是严重的州,寄养儿童的人数也上升得越快。[21] 在西弗吉尼亚州,寄养儿童的比例在2014至2018年间上升了42%。[22]在艾滋病大爆发时期,我设计了一个数学模型,用于估算因艾滋病丧母的儿童数量(以及需要多少资金来帮助这位孤儿),但在阿片类药物上,尚无此类数学模型。[23]但考虑到有那么多青年人死于过量服药,我几乎可以确信,阿片类药物致孤儿童的数量已超过了艾滋病。

记者巴里·迈耶(Barry Meier)在2003出版的《止痛药》(Pain Killer)一书记载了美国政府起诉普渡制药一案,其中政府收集到的资料显示,普渡的高管及萨克勒家族成员早在1997年(也就是奥施康定面市短短两年后)就收到了许多关于药物滥用的报告。到了2003年,奥施康定已上市七年,有数千名患者声称因用药而产生药物上瘾,并对制药企业发起了诉讼。纽约的一起诉讼案以7500万美元的赔偿金达成了庭外和解。三年之后,司法部首次向普渡制药提起了刑事诉讼,也是得益于此案的审理,许多文件和报告浮出水面,通过法庭对外公开。当时的总统是小布什,普渡制药也聘用了一支颇有人脉的律师团队,其中就有原纽约市市长、日后作为共和党候选人参与总统竞选的鲁迪·朱利亚尼(Rudy Giuliani),他们希望通过斡旋达成辩诉交易。根据迈耶的《止痛药》一书所述,甚至在检察官出具刑事公诉书之前,就有司法部的高层介入,要求他们网开一面,与被告达成认罪协商。普渡制药被控非法宣传奥施康定,借虚假广告来误导医师及消费者,让他们误以为该药品不易上瘾,也不易引发药物滥用,对于这一重罪指控,普渡制药承认有罪。[1]

虽然不可能把一家企业关进监狱,但企业高管却有服刑的风险。通过与政府达成认罪协商,普渡制药三位认罪的高管(其中没有一位是萨克勒家族成员)避免了牢狱之苦。企业和高管还同意支付6.34亿美元的罚金。虽然这听上去是很大一笔钱,但考虑到奥施康定依然在源源不断地为普渡创造利润,这个数字不过是九牛一毛。此案过后,奥施康定的确修改了产品包装上的一些文字,也调整了一些营销手法,但医师开处方的习惯早已定型,许多患者也已经对药物产生了依赖性,因此无论是在遏制阿片类药物的销售上,还是在抗击阿片大泛滥上,这样的改革只能起到极为有限的作用。

另外一些州也对普渡制药提起了公诉,但基本都以较小的金额达成了和解。更重要的是,这些案件的卷宗都处于封锁状态,外界也无法知晓案件所涉的秘密文件中到底藏着怎样的信息。因此,新的诉讼案件也无法以过去的卷宗为参考,无法一步一个脚印继续向前推动政策上的改革。由于无法从源头上管控住阿片类药物的制造商,法律开始从其他角度策略性地约束药厂的行为(在与烟草行业的战役中也有类似的参照,各州起诉烟厂,要求他们为患上癌症或肺部疾病的烟民承担医药费)。对于阿片类药物制造商,越来越多的州、郡、市、原住民部落和工会向普渡、强生、梯瓦、远藤、艾尔建以及药品销售商发起了诉讼,指控他们拉高了各地的医疗和社会服务开支。各州检察长组成了两党合作团体,通过调查性传票和文件请求采集了更多的资料,后联手发起了诉讼。随着在案件中牵扯出更多罪证,普渡难辞其咎,萨克勒家族成员和其他多位普渡董事会成员也成了被告。[24]

各州在诉状中强烈控诉普渡等制药企业在市场营销上严重违法。其中,肯塔基州、田纳西州和俄亥俄州深受阿片大泛滥之苦,在他们发起的诉状中,三州详细地揭露了各大药企如何通过营销手段牟取私利、追逐利润,而不顾随之而来的惨痛代价。药企摸透了美国食药监局的批准原则,知道如何玩转政策,此外,他们还不断对医师施加影响,让医师开具更多的阿片类药物。

药企的行为激起了强烈的抗议声,而法律体系也渐渐有所动作。2019年秋季,俄克拉何马州的一位法官作出了划时代的判决,判定强生公司蓄意助长了该州的阿片泛滥,并向强生开具了4.56亿美元的罚单。普渡制药及其他药厂终于意识到,他们所出售的产品在全国造成了灾难性的后果,而他们需要为此付出些金钱的代价。之后,各药厂开始积极斡旋,希望以庭外和解的方式平息他们所面临的官司。

2012年后,阿片类药物的销售和处方开具都呈下降的趋势。即便如此，如今药厂所售出的阿片类药物依然超出实际需求。此前，在工人遭遇工伤、承受疼痛之时，医师几乎是约定俗成、不假思索地开具阿片类药物，而得益于华盛顿州的加里·富兰克林等人的努力，这种行为得到了纠正。但总体而言，阿片类企业已经成功地在医务人员的脑海中植入了他们的产品和教条，要扭转医疗界已经形成的思维习惯并不容易。举例而言，一般人如果扭伤了脚踝，其实并没有必要上麻醉剂，但在2011年到2015年间，在全国参加了医保的居民当中，有25%从未使用过阿片类药物的病人（无用药史的病人不太可能借机主动索要阿片）在急诊室诊治扭伤的脚踝时被开具了阿片类止痛药。[25]

针对阿片类药物，立法上也有所动作。2014年10月，美国缉毒局（DEA）收紧了对氢可酮处方药的管制，对医师开药实行了更严格的管理，且不允许病人拿着原处方继续抓药。对比12个月以前，新政策出台后，含氢可酮成分的复合处方药的售出量下降了22%。[26]但在政策收紧之前，阿片成瘾的种子早已播下。如果通过合法渠道获取药物变得更加困难，那么非法渠道的药品就会火爆起来。由于合法生产的药品流入黑市之后售价非常昂贵，上瘾者可能会转而选择相对低价的海洛因或非法芬太尼。

回顾阿片大泛滥的起源，也不难看出原本可以采取哪些措施来避免或减轻这一场灾难。药品在包装上宣传"长效、安全"，却拿不出确切的证据，美国食药监局本可以驳回这样的表述。学界的研究人员也可以避开药企的经费资助，并指出对个体病例的观察和记录并不能代表严肃的科研，混淆其中的区别容易引起误会（《新英格兰医学期刊》上刊登的那封五句话的致编者信就是这样一个例子）。普渡等制药公司在发现药物滥用的风险后应立刻提出警告，而不是把药物成瘾的证据隐藏起来。

如果能把医师从药企收到的大额"特殊经费"公示出来，知情公众可能也不会轻信药品所宣称的安全性和高效性。（在这一点上，美国已取得了一定的进步。俗称"奥巴马医改"的《平价医疗法案》规定,药企必须对外公示他们支付给医师和医院的经费,并把相关数据都公布在网站上。但如果《平价医疗法案》被废止或削弱,那么这一点进步也可能丧失。)

在本书英文版出版之际,美国的法律依然允许实际的出资方通过一个中间机构来隐藏经费的真实出处。大公司依然会把大笔的钱注入那些被戏称为"假草皮"的中间机构:这些机构装成绿草地的样子,似乎出身草根,但不过是企业请来的演员,目的就是骗过立法者、监管者和普罗大众,伪装成民间声音为企业的产品说话。

一系列关键性的证据揭露了奥施康定等药物的真相,曝光了药企欺骗性的宣传引导,而这些证据都是在普渡制药一案中,在联邦检察官的不懈努力下从药企嘴里撬出来的。该案最终达成了和解,根据和解的条件,普渡可以把案件记录封存起来。因此那些关键的证据性文件并未对外公布。如今,距普渡一案已过去了整整十年,由于一些州的州检察长对药企提起了新一轮的诉讼,那些封存多年的文件终于重见天日。对于企业来说,企业的声誉关乎重大。为了维护良好的声誉,企业可能会在善行与恶行中作出更好的判断与选择。如果相关的证据性文件能更早地公之于众,迫于公众形象的压力,或许普渡、强生等其他企业会迅速主动叫停误导性的市场营销宣传,那些致命药片的销量也会大大下降。

第八章
致命的灰尘

2009年12月,在奥巴马首次就任总统后的第11个月,我正式入职,踏上了新的岗位:美国劳工部助理部长,负责领导劳工部下属的职业安全与健康管理局,即职安局。在上任4个月以前,我就得到了任命。当时民主党依然在参议院占据多数席位,因此我认为我的任命应该能顺利得到议会的确认。当然,由于我之前出版的书《他们生产怀疑》中点名批评了多家大企业,指责他们故意宣传伪科学,我也预料到这些企业可能会出来反对我的任命。但出乎我意料的是,被我点过名的企业并不是反对我的主力军。真正的攻击来自一个我没想到的群体:持枪权的支持者。我在2007年曾写过一篇博客文章[1],里面谈到了弗吉尼亚理工大学枪击案后的枪支管制,而这篇文章想必触怒了某些支持持枪的团体及成员。《户外生活》杂志在其网站上发表了一篇文章,题为《奥巴马任命反枪人士领导职安局,我们能阻止他吗?》,这一标题的受众显然是美国宪法第二修正案*的坚定维护者,指出这次"看似低调"的职安局任命背后其实蕴藏着危险:"戴维·迈克尔斯……过去曾试图把公众卫生事件归咎到枪支上。多年来,迈克尔斯所代表的学术界左派人士一直试图以公众健康为借口,剥夺

---

* 译者注:美国宪法第二修正案保障人民持有和携带武器的权利。

人民持枪的权利。"[2]

在我的职业生涯中，工人的健康和安全一直是我的一大工作重点，但我从来没有想过职安局在枪支问题上有任何管辖权。为此，我还特意咨询了局里的首席律师，他的答复让我大吃一惊："职安局的确有权管理枪支。"这里面的故事好像是这样的：几年前，康菲石油公司（ConocoPhillips）试图禁止员工把上了膛的枪带进俄克拉何马的炼油场。美国国家步枪协会*的几位高层听闻了消息，立刻接洽了俄克拉何马州的立法机关，希望立法机关能出面下达禁令，禁止企业主限制员工的持枪自由。州立法机关听从了步枪协会的请求，禁止企业禁枪，此时，炼油厂搬出了联邦职安局的规定，宣称联邦的法规应优先于州内的律法。

无论是当时还是今日，我都认为炼油厂内禁止携带上了膛的枪支是一项必要的安全措施。尽管我个人立场如此，我并不想把职安局卷入一场旷日持久的宪法第二修正案大论战中。一来，这会消耗我们太多的精力，二来，考虑到枪支问题背后的政治力量，我们也赢不了这场论战。还有更多与职工健康息息相关的难题亟待我们去解决。因此，在我入职职安局这件事上，我接洽了参议院专门负责审批人事任命的委员，与委员会的共和党成员碰了面，向他们保证：在我加入职安局以后，我不会在任期内出台任何在工作场所禁枪的法规。

我的猜测是，产品辩护行业为了给我使绊子，特意挑起了枪支问题，但他们的如意算盘没能奏效，反而适得其反。由于枪支团体的游说，人事任命审核委员会中的共和党人把全部注意力都放在了枪支问题上。得到我在此问题上的承诺以后，他们并没有因为我在书里批判过其他行业而继续纠缠我。从我接到白宫的电话、问我是否愿意领导职安局，到我的任

---

* 译者注：一家支持持枪权的非营利性民权组织，也是美国非常具有影响力的利益集团及游说团体。

命最终获得确认，这当中过去了9个月。9个月听上去很长，但在华盛顿，这已经算是很快的速度了。我终于获得了委员会的全票支持，走进了美国劳工部位于国家广场的那幢灰色大楼，开始了我在职安局总部的工作生涯。

自我提名之日，我就非常明确职安局在健康防护领域的首要任务是强化工作场合的二氧化硅管理标准，进一步压低二氧化硅的允许暴露浓度。这一串文字可能听上去非常专业、晦涩，但它们反映的是一个生死攸关的重大议题——二氧化硅会夺走人的呼吸。美国有数百万名工人（全世界范围内这一数字就更大了）因为职业原因，经常接触这种微小的二氧化硅晶状颗粒。最普遍的当属建筑行业，二氧化硅无处不在。在修路的时候，工人拿着手提钻凿开地面，飞扬起来的灰尘是什么？正是二氧化硅。拿锯子锯开砖块，弥漫开来的灰尘又是什么？也是二氧化硅。在铸钢车间，工人把沙土从模具中倾倒出来，空气一片浑浊——空气里的还是二氧化硅。在用水力压裂法开采天然气或石油的时候，具体做法就是在页岩缝隙当中注入二氧化硅，以此压迫出石油或天然气。花岗岩台面的成分也是二氧化硅，厨房中使用的许多新型人造材料，外观与大理石非常相似，其实际成分为人造的二氧化硅复合材料。

由于二氧化硅颗粒的尺寸极其微小，这些颗粒是"可吸入"的，也就是说，二氧化硅可以钻透到肺部，而吸入的颗粒周围会形成瘢痕组织，致使呼吸越来越困难。在一些人身上，这样的损伤会缓慢累积，多年后严重危害才显现出来，而如果频繁地暴露在大量二氧化硅下，病情会发展得更快。古罗马人用石材建造了大量雄伟的建筑，当时，古罗马人就在采石工人当中发现了一种慢性疾病，患病的人渐渐失去活动能力，最终死亡。如今这种疾病有了一个名字——硅肺病。平均而言，硅肺病让患病工人的寿命缩短了11年。在任何一天，都有数十名工人在等待肺移植，因为他们的肺已被硅肺病彻底毁坏。还有证据显示,吸入体内的二氧化硅还可能引发肺癌和肾脏疾病。

二氧化硅只有在吸入体内后才会对人体构成伤害。用真空吸尘器吸尘或是给二氧化硅粉尘加湿都是避免吸入的有效手段,而且操作不难、成本也低。既然如此,针对二氧化硅这样一种危害性极大的物质,为什么制定更严格的联邦管理标准如此困难呢?原因在于,无论是职安局还是其他大部分联邦监管机构,如果要出台新的标准或是修改已有标准,都必须满足一系列严苛的条件。而监管机构并不像产品辩护行业那样有源源不断的丰富资源,后者可以不断地用混淆视听法为监管机构设置障碍。

在这里,我想先简单介绍一下职安局的情况。职安局负责对工作场所中的有毒有害物质制定管控标准,而现行的绝大部分标准都是20世纪70年代早期定下的,也就是职安局的成立初期。当时是理查德·尼克松任内,国会通过立法正式成立了职安局。在成立职安局的法律文件中还规定,职安局可以沿用当时行业内自觉遵守的"最大允许浓度"作为强制实施的法定标准。于是职安局当时就这么做了:他们直接采取了行业所提供的信息,以此为标准来管理工作场所的有毒有害物质浓度,为劳工提供保护。如今,近半个世纪过去了,职安局依然在一小部分的化学物质上沿用了行业内的最大允许浓度,这类化学物质大概有500种,之所以说是"小部分",是因为数千种化学物质都有业内的最大允许浓度。在这500项标准中,职安局仅仅更新或重新制定了27种化学物质的标准。是的,只有27种。职安局的确大大强化了某几种有毒物质(石棉、苯、甲醛和铅)的管理标准,但对于余下的95%的物质,实施的依然是行业自行订立的老标准——过于松散、薄弱,完全没有反映科学的不断进步。

考虑到职安局的职责是代表美国联邦政府保障工作场合的安全与健康,许多负责任的企业主以及员工自然会认为,如果企业达到了职安局所规定的标准,那么工作环境就一定是安全的。可惜这是一种误解。作为职安局的工作人员,我必须坦诚地承认职安局的短板,虽然职安局的前几任长官并没有和我一样坦率。(作为国家机构的一把手,很容易本能性地维护自己的机构以及政策,毕竟监管机构平时要面对数不清的质疑,会有各方面的力量试图动摇你的政策。)在多次的演讲和采访中,我都建议企业主提高有害物浓度控制水平、降低最大允许浓度,以便更好地保护员工健康,因为职安局的标准并不足以提供万全的保障。事实上,大部分老旧的职安局标准实在太过宽松,因此哪怕暴露浓度符合标准,工人依然可能生病。举例来说,有一种化学物质叫正己烷,它是一种常见的溶剂,在印刷、纺织、家具和制鞋行业中用作清洗剂。此外,正己烷也一度用于胶水和橡胶黏合剂中,如果吸入足量的正己烷,会产生吸毒的快感,因此瘾君子当中也流行"吸胶毒"。这种快感其实是神经中毒的一种反应,且对人体会造成长期的危害。职安局对正己烷的浓度标准是5×10^{-4},但已有很多学术论文指出,暴露在远低于这一浓度下的工人依然出现了症状。此外,美国国家职业安全卫生研究所(职安局的姐妹机构,同样在1971年成立,职责是研究工作场所的健康及安全相关议题,隶属于美国卫生与公众服务部)基于他们所做的研究,建议职安局把正己烷的浓度上限收紧到原来的十分之一,也就是降到5×10^{-5}。对于这一提议,职安局并没能有效地采取行动,这也反映了职安局每一任领导者所面临的困境:其资金和管辖权力均十分有限。美国并没能做到把工作场所的健康和安全放在首位,而许多工人为此付出了代价。

自1971年来,职安局新发布了27种化学物质的控制标准,这无疑是值得肯定的进步。在新的标准下,数千名工人的健康得到了保障。如果新标准不止这27条,那么得到保障的工人也会更多。但职安局显然不可能每次从学术期刊里一读到什么新的科学发现,就立刻出台新的规定,哪怕新的证据再确凿,标准的制定依然要经历一个繁琐、复杂的过程。职安局需要证明,现行的老标准会给工人的健康造成显著的危害,而调整后的新标准则可以消除危害。与此同时,职安局还需要证明新的标准在经济上和技术上都具有可行性,绝大部分的企业有条件执行这一标准。正因如此,数百条年代久远的"最大允许浓度"若要一一革新,会是一个非常漫长的过程。在我担任职安局一把手的时候,我曾向企业主发出呼吁,希望有责任心的雇主不要把职安局的陈旧规定作为执行标准,而是尽量参考其他的标准(比如国家职业安全卫生研究所建议的标准,或者加州职安局的规定,州一级的职安局往往实行了比联邦一级更严格的措施)。我们在线上发布了详细的对照表,对比了职安局的规定以及我们所推荐的其他机构所实施的更严格的规定,并标明了其他规定的出处。[3]

在我如此开诚布公之后,我收到很多有趣的回应。许多卫生和安全领域的专业人士都赞扬我的勇气(这是谬赞),在他们的想象当中,承认自己所管理的机构存在不足,这是一件需要很大勇气的事。事实上,这并不是什么难事。毕竟,职安局在工作上的缺陷已是不争的事实。在我们公布了对比列表和建议标准之后,甚至连化工行业的大型厂商都表示支持。原因也不难理解,这些大型厂商所制造的化学原料可能被一些小型企业采购后用于生产,一旦小型企业的员工在生产过程中暴露于化学物质下,出现健康问题后反而会起诉提供原材料的大公司。如果小型企业能够更好地在工作场合控制化学品的暴露浓度,大型化学品生产商也能免去不少麻烦。按理来说,如果职安局的管理标准更为严格,那么生病的工人数量也会减少,大型化工制造商被起诉的次数也会减少。

这种开诚布公的方式诚然起到了一些效果,也可能挽救了一些性命,但并不足以从根源上解决职安局长久以来的问题:职安局出台政策、制定标准的这一套流程大有弊病,不改不行。早在1974年,国家职业安全卫生研究所（研究所可以提出建议，但没有行政监管权）就提醒过职安局，联邦实行的二氧化硅管理标准过于落后，需要强化，以行业的最大允许浓度作为法定标准是远远不够的。一套有效的标准应该不仅是一个数字，还需要包括工程控制的要求、医学监控和教育培训的要求，以及其他有助于预防工作相关疾病的措施及条款。但直到1997年，职安局才开始着手推进二氧化硅新标准的相关工作，这离研究所发出警告已过去了近25年，如此漫长的延迟无疑是令人羞愧的，也让工人付出了惨痛的代价，这反映了职安局严重欠缺资源。之后，又过了十多年，也就到了我入职的时候，新标准依然还没研究出来，如此缓慢的进程还暴露出职安局面临的其他阻碍。在我上任之前的那八年里，小布什当局让职安局处处受限。在布什担任总统期间，职安局的局长（也就是我之前的那一任长官）是埃德·福克（Ed Foulke），他的老板则是劳工部部长赵小兰（Elaine Chao，她后被特朗普任命为交通部部长），他们完全拥护布什政府的立场，主张减少监管，因此暂停了职安局的新规制定，原可以保护更多工人免受化学物质的毒害的新规又遭到了搁置。在那八年里，职安局的工作一片灰暗，出台的标准有且仅有一条，针对的是六价铬（一种会导致肺癌的剧毒物质），而这条标准之所以得以推出，完全是因为联邦法庭下达了命令，要求职安局有所行动。

到了2009年，我的任命终于得到了确认。早在35年前，美国国家职业安全卫生研究所就已经建议职安局强化二氧化硅的管理标准，而在我上任之时，这条标准**依然**有待更新。对于切实关心工人健康的奥巴马政府来说，二氧化硅的浓度标准无疑是亟待解决的一大问题。在各种有毒有害物质中，二氧化硅所影响的工人数量几乎超过其他任何一种化学物质，而已有的管理标准老旧过时、具有误导性。（矿井中也有大量的二氧化硅粉尘，但矿工的健康安全由另一个机构负责管辖——矿山安全与健康管理局。这一机构实施的二氧化硅标准同样陈旧过时,但矿安局的同僚们都在等待职安局的行动,他们希望职安局能先起个头,毕竟修改煤矿的管理标准也绝非易事。)

所幸,在我宣誓就职之后,职安局可以立即推进对二氧化硅的新标准制定。奥巴马一上任就任命了乔丹·巴拉布(Jordan Barab)为劳工部助理副部长,在我入职前,巴拉布负责管理职安局的工作。巴拉布曾在克林顿总统任内效力于职安局,也深知二氧化硅的新规制定需要投入大量的精力,因此他立刻要求团队找出相关卷宗,重启二氧化硅的新规制定工作。

大部分的联邦规定都晦涩复杂、措辞古怪。以二氧化硅为例,联邦标准就很容易引起误解,因为联邦其实有**两套**标准,分别规定了不同的浓度上限:普通行业适用的是 100 μg/m³(微克每立方米);建筑行业适用的是 250 μg/m³。两个数值参考的都是 50 年多年前的科研数据。在职安局成立之前,这两项标准就已经出台,初衷是监管建筑行业的安全(但这套标准的测算方法已经过时)。不管放在哪个行业,可吸入的二氧化硅颗粒都是同一种东西,其标准不应该跟随行业而变化。无论工人是在建筑工地、铸造厂,或是采矿场工作,但凡吸入二氧化硅,都会有健康上的危害。因此职安局的一大艰巨任务,就是出台一条适用于各个行业的统一标准。而这个标准到底该是多少,则是一个更加复杂的问题。

几个世纪以来,我们都听说过二氧化硅会导致硅肺病,但近些年来,又出现了大量的科学**证据**,更充分地揭示了二氧化硅所导致的健康问题。新的证据显示,二氧化硅浓度在未达到 250 μg/m³ 时,甚至不到 100 μg/m³ 时也会致病,此外,暴露在二氧化硅下会提高患肺癌的风险。但凡是致癌物质,就不存在所谓"安全值",如果暴露量减少,那么致癌的风险也会降低,但只要与致癌物质有接触,风险就不可能降为零。如果二氧化硅对人类致癌,那么职安局在设置新规的时候,就要在实际可操作的前提下把标准设定在可能的最小值。

即便如此,要论证二氧化硅在工人群体中的致癌风险却是一个很大的难题。与普通大众相比,蓝领工人吸烟的概率更高,而且更有可能暴露在其他会导致肺癌的致癌物质下,比如石棉。由于存在这些复杂的影响因素,学界的研究自然也需要花一些时间。随着研究渐渐有了大框架,越来越多的数据显示接触二氧化硅的工人肺癌的发病率很高,与二氧化硅存在利益关联的行业立刻行动了起来。一个新成立的名为"二氧化硅联合会"的组织走到了台前,着手防范新规可能给行业带来的影响。根据历史学家杰拉尔德·马科维茨(Gerald Markowitz)和戴维·罗斯纳(David Rosner)的说法,二氧化硅联合会的成立目的,或许完全就是为了反对职安局强化二氧化硅的管理标准,这一联合会自称"集结了多个行业组织和相关企业,成员业务广泛涉及二氧化硅及含二氧化硅的材料的开采、处理、生产和使用",联合会成立于1997年,成立的背景是"职安局很可能在不远的将来,针对工人的二氧化硅晶状颗粒粉尘暴露浓度出台新规"。[4]

二氧化硅联合会向产品辩护行业提供了资金,而产品辩护的惯犯也不出所料地为二氧化硅行业制定了一套标准化的抵抗策略:但凡有科研结果显示空气中的二氧化硅会导致健康问题,就攻击、否认这些研究。首先,产品辩护专家主张二氧化硅并无突出的致癌风险,因为过去的研究并没有监测到二氧化硅致癌。这一说法是错误的。从科研上来说,研究的年代越早不代表研究越好,但在这一问题上,哪怕是老的研究,也显示了肺癌风险增高的迹象。(荟萃分析是一种整合多项研究数据的科研方法,它能更明显地体现二氧化硅的致癌风险。动物实验也观察到了同样的证据。)基于这一证据,世卫组织旗下的国际癌症研究机构(IARC)在1996年发布结论:吸入二氧化硅晶状颗粒"对人类致癌"。[5](三年以后,美国国家毒理学计划也发表了类似的结论[6],支持IARC的判断。)本书已多次提及

IARC,这样一个尖端机构把二氧化硅定性为致癌物质,显然给二氧化硅联合会敲响了警钟。联合会立刻找来枪手,写了一篇反击的论文,试图从IARC的科研方法中找到可击破的弱点。[7]一篇不够,那就再来一篇。两篇论文的第一作者都是同一人,但在第二篇论文发表之际,这位作者的职业已明确揭晓:他供职于产品辩护事务所——毅博。这篇由毅博出品的论文指控IARC没有充分考虑吸烟的影响。[8](这两篇论文也秉承了产品辩护行业的一贯作风:遮遮掩掩,尽可能地降低信息的透明度。论文的致谢部分提到了二氧化硅联合会对研究的资助,但没有关于该组织的进一步解释,也没有说明资金究竟来自联合会下的哪一个机构,因此信息公开的要求形同虚设。)

行业还有一招:把危害往轻里说。在二氧化硅导致肺癌这件事上,行业的雇佣兵们先是承认二氧化硅的确可能导致肺癌,毕竟相关的证据非常有力,已无法全盘否认了。然后他们抛出了另一种说法:肺癌风险的增高只体现在已经患上硅肺病的工人身上(一般来说,二氧化硅要达到高得多的浓度才会引发硅肺病)。换句话说,如果你没有得硅肺病,那么二氧化硅也不会增加你患肺癌的风险。这样一来,行业只要把标准控制在不会引发硅肺病的限度内,那么肺癌的问题就自动解决了。

通过鼓吹这样的说法,行业就绕过了"致癌物质不存在安全暴露浓度"这一事实。然而,中国的一批研究学者以及埃默里大学的杰出流行病学家凯尔·斯廷兰(Kyle Steenland)共同做过一项关键的研究,这项浩大工程(共调研了3.4万名工人)是在中国开展的,研究发现,在不吸烟、**没有得硅肺病**的工人中,二氧化硅依然增加了患肺癌的风险。[9]这项研究的结果非常明确,国际癌症研究机构和美国国家毒理学计划也都已经把二氧化硅列为致癌物,照理来说,已经没有必要再争论二氧化硅是否致癌了,答案已经非常明确了。然而,我们都知道行业不可能就此罢休。他们依然在反复提交同样的申辩理由。对于职安局来说,他们像复读机一样的说辞倒是有一个好处:我们要反驳起来就更轻松省事了。

在新标准筹备期间,我曾在国会教育与劳动力委员会举办的一场监督听证会上出庭作证。(这也是非常程式化的操作。这些个委员会动不动就要举办"监督听证会",好让别人知道他们在负责"监督"你的工作。)委员会有一位成员叫拉里·布朔(Larry Bucshon,众议院议员,印第安纳州共和党人),这位心胸外科医生向我提问,质疑二氧化硅和癌症之间的关联:

> 我是一位胸外科医生,所以关于你刚刚提到的二氧化硅粉尘,我有一个问题。你谈到了与二氧化硅粉尘相关联的肺癌,而我有15年的胸外科行医经验,也做过许多肺癌手术,我接触过的病人当中,没有一位的病是由二氧化硅引起的……我特别不喜欢有的人故意用一些哗众取宠的热词来博关注,而"癌症"就很不幸变成了博眼球的工具……你是否有科学数据来证明肺癌风险的增加……是因为接触了二氧化硅粉尘?[10]

流行病学家经常面临的一项任务,就是得向医生(尤其是外科医生)解释清楚:你个人在行医中遇到的个体病例并不能代表某种疾病的成因。但这次的情况显然不一般。我提醒那位医生兼议员,肿瘤究竟是如何形成的,不是在动手术时观察肿瘤就能看出来的。我也提到了美国国家毒理学计划和国际癌症研究机构均把二氧化硅界定为致癌物质,对此,他并不认可,而是谨慎地索取更多信息:"你能不能把这里面做得最好的研究提交给委员会审阅一下?我很有兴趣了解。我之所以这么问,是因为美国癌症协会的致癌物质清单上并没有二氧化硅。"[11]似乎是为了回应布朔议员的回应,几个月之后,美国癌症协会就有了新举动。美国癌症协会有一本官方期刊,目标读者是布朔议员这样的临床医生(杂志的宣传语就是"写给临床医生看的癌症期刊"),期刊发表了封面故事《二氧化硅:肺癌致癌物》。[12]

2011年初,职安局的健康专家完成了一份437页的报告,全面评估了二氧化硅对健康的影响,经过不懈的无数次实验后,最终把新的二氧化硅最大允许浓度设定在50 $\mu g/m^3$,并充分论证了这一数字的合理性。我也问过我的团队,如今在二氧化硅上已经有非常充分的研究证据了,为什么不能直接引用那些科学结论得出新的标准,而要花这么大力气撰写这么细致的报告呢?负责起草新规的科学家们(非常有先见之明地)预想到了未来肯定要为了新规对簿公堂,在法庭上辩护的时候,这份文件就很有作用了。如果只是从其他研究引用他们的数据和结论,那么反对者一定会断章取义,把其他研究拆解得支离破碎,从中找出矛盾的、不一致的地方,并无限放大,借由这些缺陷来全盘否定这些研究综合起来的参考价值,进而主张原先的标准根本不需要修改。在二氧化硅上是这样,换成其他任何一种新规定,反对者依然会用这种手法来搅乱视听、制造怀疑。

通过提前细致探讨每一项相关研究,职安局的专家希望让外界知晓,我们在制定新规的时候已经充分了解现有研究中可能存在的缺陷,并在整体分析中把这部分因素都考虑进去了。但哪怕做到这份上,我们还是免不了被拖上法庭,在法庭上证明自己。没办法,这就是我们必须要面对的现实。

2011年3月,我们向白宫上交了第一稿草案,白宫的法规人员负责审阅新的标准。而在白宫,无论坐镇的是哪一个党派、哪一位总统,他们都不愿意背上"过度监管、用官僚规定阻碍企业发展"的骂名。[13]白宫也针对这一草案发起了跨部门评议。所谓跨部门评议,就是确保某一个联邦监管部门出台的新规定不会和另一个联邦部门的规定发生冲突,联邦层面的规定要保持一致性。可是,不同的部门往往维护着不同的利益,各方的工作重点本身可能就存在难以调和的冲突。跨部门评议原本应该是完全在政府内进行的内部流程,政府官员不得向外界透露任何信息。让其他部门参与评议,就好比厨房里一下子又来了很多个各执己见的厨子,那要烧好这顿饭,肯定就没那么快了。我预想到了新规立法的进程会因此拖慢速度,但没想到事实比我预想的更糟糕:进程不是放慢了,而是直接停滞了。草案到了白宫手上之后,就在那里停了足足一年半。在此期间,时常有记者问我,二氧化硅新规的进展怎么样了,我每次的回答都是,我们的提案内容很多,也很复杂,因此内部还在审阅。我说的字字属实,但我也不敢说得再详细了。2012年的总统大选迫在眉睫,如果当选的是一位共和党人,那就意味着奥巴马总统在他的第一任期内的两大立法成果——医疗改革(《平价医疗法案》)和金融市场改革(民间也称《多德—弗兰克法案》)都可能被推翻。许多可能引起争议的政府行为都按下了暂停键,等到大选结束后再做打算。我当然不高兴,但我也能够理解这种谨慎背后的考量。一方面,我想要保护来之不易的两项重大变革,另一方面,我也知道如果奥巴马总统不能顺利连任,二氧化硅的新规也是死路一条。

随着奥巴马总统在2012年11月顺利连任,我们的工作也重新步入正轨。我得到的消息称,总统已听取了关于 $50\ \mu g/m^3$ 这条新标准的全面汇报,汇报中也介绍了这一标准的实际可操作性,企业能够通过一系列工程手段来有效控制二氧化硅浓度,最主要的方法就是在大型器械上加装真空吸尘器或加湿器。在一些作业场所,如果吸尘、加湿这类工程手段无法把浓度降到标准以下,则企业可以让工人佩戴具有空气过滤功能的面罩。

听罢汇报,总统问了一个合理的问题:为什么不直接要求工人带滤尘面罩?这不应该是最简单、最便宜的方法吗?为了回答这个问题,我被传唤到了白宫,在会议上对我们起草的管理标准作出解释(或者说辩护)。这一趟白宫之旅是我没想到的,但我理应提前预料到。在职安局工作多年的老前辈们告诉过我,自从职安局成立以来,每一届的白宫工作人员都试图让职安局接受滤尘面罩，放弃工程控制手段。[在卡特（Cater）*总统任内，职安局试图解决棉纺织厂工人的褐肺病问题，当时卡特总统的经济顾问委员会下令职安局把滤尘面罩作为首推的解决方案，得到这样的指示后，劳工部部长雷·马歇尔（Ray Marshall）以及负责分管职安局的劳工部副部长欧拉·宾厄姆（Eula Bingham）双双提出辞职以示抗议。经济学家们只好作罢。]

在我出席的那次会议上，参会的还有白宫幕僚长以及白宫管理与预算办公室的多位官员，我向他们解释了我们行业内惯用的"控制等级"体系，劳动卫生工作以及职安局的政策制定都是以这一套体系为基础的。所谓"控制等级"，就是把控制手段划分为几个优先级别，其最核心的指导方针是：优先整改工作环境，而不是让工人改进自身。在几个控制级别中，工程控制手段的优先级高于个人防护装备（比如滤尘面罩）。无论是职安局出台的较新的管理标准，还是行业内自愿达成的例行标准，均首推具有可行性的工程控制措施，只有在不得已的情况下才会依赖滤尘面罩。

然后，我从包里拿出了一个我特意带过去的滤尘面罩。我也敢打包票，在场的白宫官员当中肯定没几个人（甚至可能没有一个人）近距离观察过滤尘面罩。我也告诉他们可以试戴一下，如果愿意的话，甚至可以试着戴一整天，感受一下，但在场的各位均谢绝了我的邀约。滤尘面罩只得寂寞地躺在会议桌上。借此，我也向所有与会者解释了为什么面罩只能作为一个不得已的备选方案，而不是第一方案。首先，滤尘面罩的过滤效果并没有大家想象得那么好（对许多非专业人士来说，这点可能打破了他们的一贯认知），在减少粉尘暴露上，它的效率远远比不过吸尘或加湿设备。戴上滤尘面罩后又闷又热，并不舒适，如果你还在干重活、在出汗，那

---

* 译者注：吉米·卡特（Jimmy Carter），美国第39任总统（1977—1981年）。

感受就更糟糕了。戴了面罩，你没办法讲话，相互的沟通交流就变得非常困难，这又会变成另一种安全隐患。工人如果有严重的心肺问题，佩戴滤尘面罩会有危险，因此职安局规定在向工人发放滤尘面罩之前，必须先给每一位工人做体检。如果工人没有满足佩戴防尘面罩的条件，很可能因此被视作不能胜任工作，进而被解雇。此外，胡子会影响防尘面罩的密闭性，工人必须把胡子刮干净。往后，企业在招工的时候甚至可以说："如果你不刮胡子，那你就别想要这份工作了。"职安局并不希望因为自己的政策而造成这样的场面。

那次会议之后不久，白宫就通过了我们提议的新规：所有行业均需把二氧化硅的暴露浓度限定在 $50\ \mu g/m^3$。对普通行业来说，这一标准是原来的一半（原先为 $100\ \mu g/m^3$），对于建筑行业来说，原先的标准是 $250\ \mu g/m^3$，这次一下子砍掉了 80%。除了浓度上的限制，我们提出的标准还包括一系列其他要求：暴露浓度测算、粉尘控制手段、滤尘面罩保护、医学监督、教育和培训，以及记录备案。

职安局的风险评估专家做了测算，新的标准实施后，每年可以避免约 700 例的二氧化硅相关死亡以及 1600 例的肺病。对于受新规影响的行业而言，每年为了符合新规而付出的成本大约为 6.37 亿美元，虽然听起来是一大笔钱，但全国平均而言，建筑行业的企业主一年的成本大约在 1200 美元，如果企业的雇员人数在 20 人以内，年平均成本大约是 550 美元。为了减轻企业负担，职安局的员工也帮助小企业主想了很多创新性的方法，让他们尽量能够低成本、低负担地达到新规的要求。首先，职安局调查了不同类型的建筑活动的风险水平（譬如用锯子切割砖石、用手持钻头打钻时二氧化硅的浓度分别是多少），然后基于这些数据绘制出矩阵图，指导企业如何针对不同的工种来控制二氧化硅浓度。参照职安局给出的详细指导表格，企业可以采取相应措施，确保进行各类作业的工人所接触到的二氧化硅均不会超过新的最大允许浓度,保障工人安全。此外,已有先例证明这些新规的实施并不会给企业主带去太大麻烦:加州在2008年就推行了同样的规定,并要求在处理含二氧化硅的建筑材料时,电动工具应装配有吸尘或加湿装置,以减少二氧化硅粉尘。在加州落实这一规定之后,数千座新屋已落成,建筑承包商在工作中并没有遇到特别的麻烦。

从法律角度来说,职安局在制定规章时并不应该把合规的成本和拯救的人命数量放在一起对比,因为要这样来计算的话,就等于把企业经济效益和员工健康放在了对立面上,要么选择花钱保住员工的性命和健康,要么为了省钱而牺牲员工的性命和健康。但在实际操作中,任何部门出台任何规定,都会计算平均每拯救一条人命,其经济成本是多少,随后才能向白宫证明,花这个钱救下这么多人命是"赚"的,要不然草案就很难得到白宫的支持。但究竟花多少钱救下一条命是"值得"的?超过多少钱以后就"不划算"了?这是道棘手的计算题,也难免让人心里不舒服。在我们制定二氧化硅新规时,经济学家根据白宫建议的标准,把每一条生命和每一个健康的肺都换算成了美元价值。当时是2012年,按那时的物价,每条生命被认定的价值是900万美元。接下来就是成本效益核算,每拯救一条性命就算做一笔"收益"。任何规定如果想要得到批准,其效益应当高于成本,在理想情况下,效益最好是明显高于成本。

这个计算过程中还有一个令人不舒服的环节,就是"折现"*。因为手头的现金可以用于投资,从而带来进一步的经济增长,也就是达到"钱生钱",所以今天你拥有的一美元比未来的一美元更值钱;今天的一美元所代表的价值,还要加上未来30年按复合利率算出来的利息。在计算生命的价值时,也会按这个方法:如果一个人会在30年后离世,另一个人原本今天就会离世,那么救下这两条性命,在计算价值的时候,现在的这条命

---

* 译者注:将未来某一时间点的资产价值折算到当前时间点的价值。

比30年后的那条命"值钱"得多。但与此同时,由于通货膨胀,每一条性命的美元价值也会随着时间而上涨。在这样抽象且严酷的问题面前,白宫都设定了参数和转换率。按照白宫的算法,在2019年救下一条原本会在30年后因二氧化硅而消逝的性命,其收益被界定为120万美元至370万美元,具体取决于到底采用哪一种转换率。

从某种程度而言,特朗普总统的立场反而让这个问题变得更直截了当了,他坚持联邦政府应减少监管、少插手干预,因而白宫不会支持任何增加企业负担的监管措施,无论其效益是什么。在特朗普总统刚一上任,他就颁布了一则行政命令:任何部门如果要出台新规定,那就必须废除两条旧规定,新规定的合规成本应当低于两条旧规定的成本总合。至于被废除的旧规定原本能拯救多少人的性命,则不在考虑的范畴内。

而在奥巴马政府的体制下,职安局不仅仅要证明新规在拯救生命上的收益是大于成本的,也要证明其技术上具有可操作性,产生的额外成本不会给相关行业带去太大经济负担。为了证明新的健康标准能够满足以上要求,职安局的团队需要花费相当长的时间收集证据、撰写材料,这也是职安局出台新规如此缓慢的另一个原因。在二氧化硅上,我们的人员花费数年时间走访实地,观察企业目前对二氧化硅有哪些已落实的控制措施,并计算这些措施的成本。在提出新标准之前,要首先了解真实的现状。我们的十余名员工外加第三方工作人员花了五年多的时间,终于完成了这一项浩大工程。在写下这些文字的时候,我的内心非常自豪。我认为最终的这份提案把细致度、全面度都做到了极致。

职安局的经济学家计算了新规能够防范的病例数和死亡人数,并把这些人数转化为美元所代表的价值,最后得出的数字是,新规的年化收益大约是52亿美元,减去每年实施新规的6.5亿成本,其一年的净收益大约为45亿美元。

这个数字非常具有冲击性和说服力，我们也为这个数字提供了实打实的证据。但我们也明白，不管我们在纸面上证明这一规定能带来多大的好处，它一定会触怒全美50个州的诸多行业。美国大约有200万工人暴露在二氧化硅下，其中有85%的工人从事的是建筑行业。他们的工作环境将会因为这项新规发生变化。我不得不说，随着这项新规出台，在工作场所需要执行的职安局规定又多了重要的一条。

因此到了2013年8月，我们终于有了一份官方的、通过了白宫审阅的新标准草案，接下来的挑战就是费时费力、磨破嘴皮的公共意见征询阶段。职安局在制定标准的时候需要遵循严苛的流程，既要在公开的听证会上听取提出的意见，也需要收集公众在非公开场合提交的意见。任何的利益相关方如果对草案中提到的证据有任何异议，不管是质疑"二氧化硅会提高肺癌风险"这一主张，还是质疑我们估算的某一种减少粉尘的设备的成本，都可以在公开的听证会上正式提出，或者私下提交书面意见（所谓"私下意见"最终也会收录到公开材料当中，记录在案）。利益相关方也可以通过多个渠道提交他们自己的证据及论点，如果有人主张职安局应当放宽或者收紧某一项标准，那么谁主张谁举证，他们需自行准备相应的证据。在第一次公开听证会之前，相关方一般有三个月的时间提交证据（此类证据一般称为"意见"）。

我给学生上课的时候，会鼓励他们抽时间旁听一次职安局新规的公开听证会，对学公共卫生的学生来说，观摩这样一场听证会就类似于观测哈雷彗星：能不能遇上也需要一些天时地利（十年一次或两次），但如果碰上了，就值得经历一次。不论你的背景或专业，但凡申请在听证会上发言，你都会有五分钟的发言时间，然后需要接受职安局人员的提问，提问的人都是参与新规制定的人。此外，出席听证会并要求发言的人，在旁听他人发言时也可以提出问题，可以把这一幕想象成法庭上有两派人，一派是行业请来的枪手和专家，另一派是代表工人利益的工会，两拨人交替扮演原告和被告，向对方抛出问题，进行交叉质询。

如果涉及的是一项大型新规，公开听证会可能会持续数周时间。完成之后，还有两个时间窗口供利益相关方提交附加的数据、意见或其他与听证会相关的材料。之后，职安局的员工就需要花大量的时间来分析这些证据和意见，以便在终稿中对这些意见作出回应。

如果出席听证会的每一个人都是抱着追求真理的目的来的，那么这一场辩论会是关于真理的辩论，甚至可以称之为苏格拉底式的辩论了。但显然，并非人人都是为了真理而来。无论所来之人抱着怎样的目的，任何的观点都可以在听证会上发表。关于二氧化硅的新规，我们的听证会进行了14天，之后又给了近一年的时间收集意见。当所有人都提完一圈意见以后，我们一共收到了2000多条意见，材料加起来有3.4万页。

听证会现场可谓令人大开眼界，有时甚至颇具戏剧性。（我只参加了第一场和最后一场听证会。职安局的法务团队认为我作为项目的领导人，不适合参加其余的场次，因为如果我在会上表达了意见或者回答了问题，我的言论可能会被解读为我在证据尚不充分时就代表职安局作出决策。）

在听证会上，患硅肺病的工人出场作证，讲述他们的遭遇，讲述他们的人生和家庭因此发生了怎样的变故。其中有一位工人叫艾伦·怀特（Alan White），他当时47岁，是纽约州布法罗的一位铸造工人，他的肺部损伤严重，在下班回家的那短短一英里的路上，他都需要停下几次休息，不然就喘不过气。金属的铸造过程是这样的：模具当中会预先好铺一层沙，然后在模具中注入融化了的金属，在金属冷却定型后，工人需要再把模具里的沙倒出来。怀特工作的铸造厂主要做的是铜和黄铜制品，厂里的空气中充满了二氧化硅粉尘。工厂也给工人们提供了过滤面罩，但工人很少会佩戴面罩。怀特说:"如果你在铸造厂工作,你只有两个选择,要么承受热浪和粉尘,要么走人。戴面罩不在你的选择范围内。"¹⁴

在听证会前不久,怀特所属的工会"美国钢铁工人联合会"安排怀特飞到华盛顿,拜访了职安局的办公室。和他面对面的时候,每一位为二氧化硅新规忙碌的职安局人员都再次深刻体会了那句话:冰冷的数字后面是鲜活的生命。这句话也是我在教授流行病学时一直和学生强调的。在公共卫生领域,我们这些舒舒服服坐在办公室里做研究、写材料的人,有的时候会忘记我们所面对的不仅仅是一项研究议题,在我们看不见的地方,工人的生命正处于危险中。艾伦·怀特的到来,让我们更深刻地铭记自己工作的真正意义。我们陪伴怀特去拜访了我的上司,即劳工部部长汤姆·佩雷斯(Tom Perez),前不久,佩雷斯替代希尔达·索利斯(Hilda Solis)出任新任劳工部部长。

汤姆·佩雷斯无不自豪地告诉各位来访者,他也是从布法罗一路打拼上来的,两位布法罗老乡一见如故,两人还都是布法罗比尔队的橄榄球迷。了解艾伦·怀特的遭遇之后,佩雷斯部长成了政府内阁中力挺二氧化硅新规的第一人,他常常和我们说:"对于职安局这块工作,我有三项最要紧的事务,二氧化硅、二氧化硅、二氧化硅。"

听证会后,怀特也多次返回华盛顿,与白宫工作人员会面。认识了他之后,但凡我再在公开场合谈论与二氧化硅新规相关的话题,我都免不了要提到这位来自布法罗的男士,谈到他被二氧化硅摧毁的肺。他的故事有力地证明了为什么我们需要一套新的二氧化硅管理标准。

此外,还有很多公共卫生领域的专家学者也出席了听证会,支持职安局的新提案。他们当中有几位是全国顶级的职业性肺病专家,供职于美国国家职业安全卫生研究所或其他领先的学术医疗中心。他们出庭作证,证实二氧化硅的确如多项研究中所述,存在引发肺病及癌症的风险。

美国劳工总会与产业劳工组织（简称劳联产联）和建筑行业的几大工会共同代表工人发声，请到了工业健康卫生专家，以企业的实际操作为范例，证明已有企业率先按照职安局所提议的新标准在管理生产，且成效显著。在本轮听证会上，也是职安局史上首次有不会英语的工人出庭作证，讲述他们的真实工作环境。通过他们的讲述，我们得以了解默默无闻的弱势群体在工作场所中需要应对的额外危险。

在行业那一头，一些雇主以及雇主组织（例如道路建设公司组成的全国沥青路面协会）出庭表示对新规的**欢迎**。许多雇主已主动着手进一步降低二氧化硅的暴露浓度，但也有一些企业会把利润放在员工健康之上，在这种情况下，负责任的企业反而在成本、价格上占劣势，因此他们也迫切希望看到改变。

但行业巨头们依然不负众望地发起了攻势。在第一场听证会开始之前，他们的宣传工作就启动了。首先是在《华尔街日报》上发布的一篇社论，文中痛批新规一来毫无必要，二来在技术上不具备可操作性，三来会导致高昂的成本，数倍于职安局所公布的数字。[15]在听证会现场以及之后的意见提交阶段，我们又遇到了那些老面孔，曾经为石棉、苯、柴油颗粒等各类有毒有害物质辩护过的产品辩护专家这次也没有缺席。他们所主张的观点是：只有接触了最高浓度的二氧化硅才会面临硅肺病的风险；坚持已有的老标准就足够预防硅肺病了；声称二氧化硅会导致肺癌的那些研究都存在漏洞，二氧化硅并不是致癌物，只有先得了硅肺病的人才可能得肺癌。这些枪手们在措辞时也非常小心，绝口不提二氧化硅已经夺去了多少条性命。

路易斯·安东尼·考克斯（Louis Anthony Cox）是一位风险分析师，也是产品辩护行业中的一员大将。他此次所代表的客户是美国化学协会，这是美国化学品制造商的行业协会。考克斯猛烈地抨击了职安局的计算方式及估算结果，表示这里面疑点重重、充满不确定因素，不应该妄下定论——这都是挑起怀疑、混淆视听的标准话术，从他嘴里说出来也毫不奇怪。但考克斯还表示，职安局甚至拿不出证据证明二氧化硅会导致硅肺病——哪怕硅肺病的名字就说明了这一疾病的由来。[16] 听闻此番荒唐的言论，美国国家职业安全卫生研究所的流行病学家罗伯特·帕克（Robert Park）回应道，"我们又不是傻子"，直言考克斯的质疑是"滑稽可笑"的，因为已经有无数研究证明了硅肺病是二氧化硅导致的。[17]（数年之后，特朗普总统任命考克斯领导美国国家环境保护局下的清洁空气科学咨询委员会，该委员会负责帮助环保局评估与空气质量相关的法规和标准，而此类法规直接关系到每个人的一呼一吸和肺部健康，可谓是最重要的法规。[18]）

代表美国化学协会发言的还有一位经济学家，这位经济学家在十年前曾质疑过职安局的铬标准（以及环保局的多项标准），并指责职安局在估算合规成本时总是低估企业需要承担的额外成本。这一条来自美国化学协会的意见显然只在乎成本，却完全无视了新规的效益。可能对于协会背后的大企业来说，并不方便公开承认他们为了节省成本，甘愿让工人丧命。这位经济学家表示，新规的实施成本并不是职安局所计算的每年6.37亿美元，而要超过每年86亿美元，这会给美国经济带来严重影响。[19]

在抵制新规的时候，行业的游说重点就是新规会带来多么高昂的成本与负担，但说客们向来都会在成本上夸大其词，并完全忽视新规能带来的好处。事实上，几乎每一条职安局最终出台的规定，其实际执行成本都大大**低**于行业所捏造的虚高数字。通常而言，实际的成本甚至会低于职安局原先估算的成本，因为新规的出台会刺激技术革新，而更好、更高效的技术自然会降低管控成本，但职安局的经济学家在做估算的时候，按照规定，他们并不能提前假设技术革新带来的成本优势。[20]

在过去50年，职安局每次提出新的健康标准，都会遭遇相似的攻击：

新规定多此一举、不具备可操作性、最终执行成本会大大高于预期。以上的质疑，没有一条站得住脚。举例来说，在艾滋病最严重的时期，职安局发布了血源性病原体的管理标准，希望保护医护人员，降低他们暴露在艾滋病病毒、乙肝病毒等以血液为传播载体的病原体下的风险。这项标准中包括了如下条目：医护人员需要先行接种乙肝疫苗；工作环境中要设置专门丢弃锐器和针头的收集箱，注射针头应具备安全保护帽，防止意外刺伤医护人员；医护人员在工作中还必须佩戴乳胶手套等个人防护装备。此项规定也遭受了医疗行业的大力反对。牙医甚至表示，如果戴上手套和口罩，他们根本无法灵活工作。但到了今天，这些规定早就成了践行已久的"老传统"，其效果也不言自明。如今在医院的每一间房里都有废弃尖锐物品的收集箱。所有牙科医护人员都会戴手套和口罩。（如果你的牙医给你做检查的时候不戴手套，你敢让他来医治你吗？）没有人还记得，这一切的操作规范，都是当年职安局的强制规定所促成的。

与职安局历来各项标准的制定过程相仿，在二氧化硅的听证会上，讨论的焦点就是所谓的"安全暴露临界值"——如果暴露量不超过这个临界值，那就不会引发疾病。如果行业能够找到这样一个传说中的临界值，那他们就找到了宝藏，标准的制定也就容易多了。因此行业总是声称自己已经找到了这个临界值，而每一次临界值都恰好略**大于**现行标准，这也进一步佐证了行业的立场：现有标准已足够完备，无需修改，更无需加大保护力度。在二氧化硅上，就有这样一条受到行业拥护的所谓安全临界值，这一数字来自肯·蒙特（Ken Mundt），他也是一位受到二氧化硅行业青睐的产品辩护专家，原先任职于安博环境事务所，现供职于卡德诺化学危害咨询公司。[21]蒙特曾经为烟草行业做过辩护，但在那一案中，烟草公司还是败诉了，被判诈骗罪。[22]此外，蒙特曾以流行病学专家的身份为铬行业辩护，声称六价铬的暴露浓度只要不超过某个安全临界值，就不会引发肺癌,因此职安局也没有必要强化六价铬的管理标准。[23]

在攻击职安局新规定的时候,光靠鼓吹新规会带来多么高昂的成本,可能并不能打动普通民众,毕竟操心成本的是高管和股东。对于这一点,行业也心知肚明。所以为了拉拢民众来反对新规,行业还有另一招:宣称新规的执行会导致大量工人失业——这一点就直接戳中了普罗大众。他们的说法是,企业迫于严格的新规定,会关停美国本土的生产制造,把工厂迁移到监管更为松散的其他国家。全美住房建筑商协会是抵制二氧化硅新规的一股重要势力,该协会也是政坛中的一股重要的游说力量,几乎在每一个选区,富裕的住房建筑商会都会向心仪的议员候选人捐献大量的选举经费,一旦胜选,议员自然会维护他们的利益。但在住房建造上,建筑商们自然无法把"工作岗位流向海外"作为借口,毕竟房子都是建在美国本土的,工作岗位也跑不掉。因此他们换了一种说法,声称如果给工人提供更严格的保护措施,必然会大大提高建筑行业的成本(每年50亿美元),许多建筑项目会因此搁浅,建筑行业的发展也会放缓,造成5万名工人失业。[24]我们早就预料到了这一套算数,职安局对同样的招数已经见怪不怪了,只不过这次轮到了全美住房建筑商协会。他们花钱请了某家经济研究公司,算出了一个大大高估的数字。我们也准备好了要如何回击。在听证会之前,我们已经邀请了马里兰大学的一个经济学研究小组研究过了这个问题。根据马里兰大学团队的计算,新提议的二氧化硅管理标准事实上在就业上还有微小的促进作用。[25]

回顾历史,行业常年来一直都把职安局的新规污蔑为"工作岗位杀手"。有许多活跃在华盛顿的行业组织及"自由贸易组织"(这些组织往往也维护烟草,否认气候变化),他们的公关团队就如条件反射一般,但凡看到职安局在起草新规,就会站出来指责新规是"工作岗位杀手",却不考虑如果没有新规,有毒有害物质才是真正的夺走生命的"杀手",而新规恰恰可以挽救生命。此外，他们还忽视了一点：许多新规的出台促进了就业，而不是阻碍了就业。的确，职安局的规定会导致一部分企业的成本上升，这部分企业会拼死抵制新规，完全不在乎新规能挽救多少条生命。但最终，如果新规还是通过了，这些曾经叫屈的企业却还是活得好好的。那些声称"如果新规出台，我们则不得不把生产转移到海外"的企业，我从没见过一家真的这么做的。（那些把生产转移到海外的企业主要是为了低廉的劳动成本。）在规定出台后，企业总是能找出办法应对，在不显著增加成本的情况下达到新的要求、保护工人健康，虽然可能他们在意的并不是工人的健康或生命。

围绕二氧化硅展开的证据收集过程漫长而令人疲惫，但也卓有成效。在听证会以及后续的意见采集过程中收集到的资料帮助我们大大完善并强化了我们的提案。我们有了一支大规模的专家团队，他们一稿又一稿地修改提案，每一稿都会有职安局的法务团队过目，就这样来来回回许多轮以后，终于拿出了一份各方都满意的终稿。在这一过程中，有50余名工作人员全职扑在这项工作上（我在本书"致谢"中感谢了他们）。等到终稿完成时，已经是2015年底了，我们也知道这个时间点又是一个新挑战，我们必须迅速行动，不然新规的出台可能会非常临近2016年的总统大选，假如共和党人赢得大选并控制了参众两院，共和党可能会借助《国会审查法案》来撤销已通过的新规。

12月，我们向白宫提交了一份1700页的终稿，在经过一些微调之后，终于在2016年3月发表在了《联邦公报》上，哪怕用了非常紧凑的排版，文件依然达到600页之长。绝大部分材料内容是序言、背景介绍、证据陈述和我们的结论。真正的"监管文本"（也就是企业主需要遵守的规定）言简意赅，清楚明了，一共也就小几十页。

法规发布之后，就是不可避免的法庭纠纷，这一点职安局的资深同僚也早就提醒过我。提起申诉的团体各式各样:有的是行业内的企业主,他们表示新法规的证据不足,且一旦实施,他们的企业会面临破产倒闭;还有一些是工人权利团体,他们的论点是新规依然不够严格,不能给工人提供足够的防护。

我们一共遭到了六起诉讼,每一起都归属不同的联邦上诉法庭管辖。这当然也是有意为之,申诉者早就调查了各法庭的各位法官,摸清了他们的倾向,进而选择了最有利于自己的辖区。具体说来,行业团体选择的法庭位于新奥尔良、亚特兰大、圣路易斯和丹佛;劳工团体则选择了费城和华盛顿特区。(劳工团体之所以对终稿不满意,是因为他们认为在医学监督这一块的规定还不够充分,此外,他们还坚持如果工人因二氧化硅导致的健康问题无法工作,相应的工资补偿也应当写进规定中。)

针对这六个案件,最终抽签的结果是由华盛顿特区的联邦上诉法庭审理。然后,特朗普赢得了总统大选。劳工部赶在新总统上台前发表了一篇简短的申明,表示支持职安局的新标准。但随着新任总统走马上任,内阁成员也发生变更,亚历克斯·阿科斯塔(Alex Acosta)取代汤姆·佩雷斯(Tom Perez)成为劳工部部长,我们也失去了一切筹码。内阁成员的变化会引发联邦机构在一些重要法案上的立场变化。这种党派至上的行为很丑陋,但却无可避免。(举一个显著的例子,原本联邦法律计划禁止企业在招聘和雇佣时对员工的性取向歧视,但随着特朗普上任,原本支持这项法律的司法部态度立刻180度大转弯。)好在新任的劳工部长阿科斯塔尊重政策的制定流程,因此允许职安局的法务团队出庭为二氧化硅新规辩护。

此时,我已从职安局离任,重回乔治·华盛顿大学从事教职。作为一名普通民众,我也焦急地等待着法庭的开庭。将有三名联邦上诉法庭的法官共同聆听口头辩论。在口头辩论环节开始前不久,我得知审判小组的组长是梅里克·加兰(Merrick Garland),他是一位家喻户晓的法官——奥巴马总统曾提名他出任最高法院大法官,但这一提名却被参议院多数党领袖、共和党人米奇·麦康奈尔(Mitch McConnell)阻挠了十个月之久。直到2016年的换届选举,梅里克·加兰都没能顺利上任。除了组长加兰之外,审判小组的另外两位法官是戴维·塔特尔(David Tatel)和卡伦·亨德森(Karen Henderson)。加兰和塔特尔都是经比尔·克林顿总统任命后在华盛顿的联邦上诉法庭担任法官的,亨德森是由乔治·H.W.布什(老布什)总统任命的。我曾经在职安局的那间办公室,从窗户看出去,就能看到华盛顿法庭的大门。可以说,华盛顿法庭是我隔窗遥望了七年多的地方,这一回,我终于走到了大门前。在走进法庭的那一段路途中,我见到了数十位曾经在职安局和劳工部共事的老同事,他们都为二氧化硅新规奋斗了数年,甚至数十年。在那个8月的开庭现场,坐在第一排的是三位代表劳工部为新规辩护的律师,三位都是年轻的女性,都深入地参与了新规条文的撰写、准备和审阅。而在房间的另一边,是大企业重金请来的天价律师团,出资的包括商会、全美住房建筑商协会、建筑和金属铸造大企业,这批律师是清一色的男性,代表的客户是那些不愿意给工人提供更好防护的企业主。

在法庭上,每一方的律师都有30分钟的发言时间。提起诉讼的是新规的反对者,因此由他们这一方先发言。做开场陈词的是威廉·韦勒姆(William Wehrum),他当时已被提名出任环保局的助理局长,负责分管空气和辐射,但他的任命还没得到最终确认。这位马上要加入联邦政府的准公职人员现在却在法庭上向联邦部门发难。韦勒姆试图说服法官,职安局的风险测算缺乏充分的证据。首先,他试图淡化二氧化硅的危害性,表示这种物质其实没有那么可怕,就是灰尘而已。"人体本身就有抵御灰尘的生理机制,"他在法庭上如此说道,"很多人的公寓房里灰尘都很大,他们也没死啊。"这样的发言实在是没有什么说服力。

随后,韦勒姆指控职安局所谓的"二氧化硅会导致肾脏疾病"的测算中存在错误。挑了这个靶子来攻击,也是很奇怪的一招。他说的一字一句都无法撼动我们为这一标准所提供的证据。用肾脏疾病来做文章,往轻了说是"无关紧要",往重了说是"牛头不对马嘴"。一开始我很疑惑,不懂他为什么会关注这一点,听了一会儿后,我就释然了。三位法官似乎与我有同感。他们询问韦勒姆除了质疑职安局对肾脏疾病做的风险研究外,还有没有其他更有力的证据。没有。韦勒姆泼出的脏水并没起到抹黑的效果。此后几位代表行业的律师说的话也大同小异,不具备实质的杀伤力,基本都是在重复听证会上他们已经提过的意见,而职安局早在终稿当中对这些意见一一做了解答或反驳。三位法官也强调,没有必要再重复这些问题。

行业所派出的律师发言结束后,就轮到了两位代表工会的律师。几位法官似乎对后者表现出了更多的理解与同情。当然很多人也都明白,在上诉法庭,不能妄图通过法官的提问、话语或姿态来揣测法官的内心想法,法官不会让你那么容易猜透他们的心思。但这一次,待到法庭辩论结束、人群散去后,连行业的人都向我坦言,除非有奇迹发生,不然这回他们没有一点胜算。甚至有行业内部人士表示想把这次的律师费要回来,因为律师的表现太差了。

三个月后,三位法官给出了一致的裁决,职安局大获全胜。行业一共提出了数十项指控,审判小组一一驳回。职安局团队数年兢兢业业的数据收集分析、日日夜夜的写作和编辑,这些心血终于有了回报。在我们给出的陈述前,反方无法找到一个漏洞。但对于工会所提出的几项要求,审判小组支持了其中一项,要求职安局解释为什么新规没有和过去的规定一样,要求企业及时让出现健康问题的工人停止工作。法官要求职安局对这一点再做一些研究,要么重新加入过去的条款(如果工人肺部出现早

期疾病迹象、不适宜继续工作,企业应立刻让员工停止工作,从而保护员工),要么解释清楚为什么在新规中删去这一条。²⁶

新规于2017年9月生效。职安局负责新规的执行,如果发现雇主有不合规的行为,职安局可以开具罚单。新的二氧化硅标准如今已执行了两年,市场上也涌现了大量的新型建筑工具,它们均配备吸尘或加湿功能,且价格非常亲民。这类工具非常畅销,已成为建筑工地的标配。小型的建筑承包商这才发现,原来要达到新的标准远没有想象中那么困难或昂贵,之前行业联盟那些夸张的话语是在吓唬他们、煽动恐惧情绪。行业之前还宣称,新规会导致建筑行业成本上升、工人失业、房屋价格上升,但我也没看到一丝一毫的证据。相信再过几年之后,没有人会去关心为什么建筑现场使用的电动工具都有外挂的吸尘装置,二氧化硅也不再是一种令人闻之色变的健康威胁,人们会渐渐淡忘这一切其实都起源于2016年职安局出台的新规定。

但煤矿工人就没有这么幸运了。2011年起的数据显示,有数千名工人患上了"煤肺",也就是肺部发生进行性大块状纤维化,这是一种很严重的疾病。在采矿过程中,工人需要凿开大量的石英岩,而余下的岩脉状况一个比一个差,工人要凿开的石英岩也越来越厚。石英的成分是二氧化硅,其危害性可想而知。先前也提到过,矿安局是职安局的姐妹部门,他们希望借用职安局的研究分析,在矿业也推出相似的一套新标准,实行更严格的二氧化硅管控,保护矿工。但这一计划撞上了特朗普总统,就行不通了。特朗普总统任命了戴维·扎特扎洛出任矿安局一把手,扎特扎洛原先是煤矿公司的高管,后来又成为煤矿行业的说客。2018年9月,扎特扎洛现身西弗吉尼亚大学,他的一番话也向世人充分展示了矿安局中科学与金钱的冲突。面对台下的矿业工程专业学生、行业高管和说客,扎特扎洛说:"可能你们在医学的圈子里听过一个词叫'进行性大块状纤维化'……我相信这是二氧化硅引起的问题。二氧化硅是我们一定要加以管控的物质。"

但演讲一结束,当记者继续追问扎特扎洛时,他却无法给出确切的答案。二氧化硅已经导致了大量矿工的残疾或死亡,在记者面前,作为一把手的扎特扎洛显然不能直接回答说"我们对此不打算有所作为"。他必须给他的不作为找出一些借口,"科学上尚存不确定性"又成了万能的推诿之词。"目前关于致病因素的研究还不够明确",他如此回答道。于是记者指出,刚才在演讲中他明明肯定了二氧化硅和煤肺的因果关联。扎特扎洛变得非常戒备,他回答说:"我说的只是我的猜测,我说我'觉得可能'是二氧化硅。不是说一定就是……除非有更确凿的证据,不然谁也不能打包票。"[27]

第九章
与裁判打心理战

如何判断某种物质是否致癌？这可不是件容易的事。通过单独一项实验就得出毫无争议的结论几乎是不可能的。在大部分情况下，论证某一物质的致癌风险往往涉及对多项研究的解读分析。

这项艰巨的重任落在了两家机构的身上：国际癌症研究机构（IARC）和美国国家毒理学计划（NTP），他们的工作就是审阅大量的科研论文，最终界定某一物质的致癌性。两家机构都依照非常严格的标准来评估、归纳现有研究成就，最终作出合理判断。可想而知，两家机构也一直是产品辩护行业及其金主的攻击对象，他们不遗余力地挑起对这两家机构的质疑，手段老练。

国际癌症研究机构隶属于世界卫生组织，办公室位于法国里昂。该机构有数百名全职员工，负责统筹并开展研究，鉴别癌症的形成原因，并提升对癌症的诊断、治疗和预防。IARC定期会组织专家小组，共同审阅已发表的研究成果，并评估这些研究发现是否足以判断某一物质（或多种物质的化学混合物，或某种暴露环境，甚至是某种生活方式）的致癌性。1971年以来，IARC的专家组已经完成了对1000多种介质的评估，并把其中的400多种判定为致癌物，根据致癌性再进一步划分为三个等级：对人类致癌、对人类很可能致癌，以及对人类可能致癌。

美国国家毒理学计划可以看作是国际癌症研究机构的美国版,隶属于美国国家环境卫生科学研究院。毒理学计划的特殊之处在于,其执行委员会的成员均是其他联邦机构的一把手,毒理学计划给出的致癌物列表对这些联邦机构的日常工作有重要的借鉴意义。因此,执行委员会的成员包括国防部部长、环境保护局局长、食品与药品监督管理局局长、国家癌症研究所所长、消费品安全委员会会长以及职业安全与健康管理局局长(在我领导职安局时,其中有五年多的时间里我也兼任了毒理学计划执行委员会会长。)

1978年,时值吉米·卡特总统任内,国会通过法案,规定国家毒理学计划将负责发布一年一期的《致癌物报告》,每年更新汇报"已知对人类致癌"或"据合理预测,对人类可能致癌"的两类致癌物质,以及是否有相当数量的美国居民已有接触此类物质的风险。《致癌物报告》(如今已改为双年刊)也有非常严格的审阅过程,但凡被该刊物列为致癌物的介质,其致癌性都经过了多轮的内部及公开鉴定。

政府机构之所以要发布致癌物报告,其背后的原因有两个。首先,了解哪些物质会致癌,可以帮助国民预防癌症,如果某样商品被标注为致癌,那么消费者自然会避免购买这类商品(这也是好事)。其次,消费者的选择会反过来影响企业的生产行为,如果原先的商品有致癌风险,那么企业必须开发其替代品,以便继续留住消费者,这些都会影响企业的盈利状况。

企业当然不希望他们的产品被界定为"有致癌风险"。有了来自企业的这股阻力,任何关于致癌性的科研和监管过程都会变成硝烟弥漫的战场。当某一产品被定性为有致癌风险时,企业高管的第一反应往往是否认:否认产品存在问题,否认背后的科学证据。他们会寻求产品辩护专家和公关人士的帮助。企业,尤其是生产或出售化学品的企业,从过往的教训中吸取了经验：一旦某产品被国际癌症研究机构或美国国家毒理学计划标注为致癌物，那这款产品基本完蛋了。所以他们会竭尽所能，避免自家产品被挂上致癌的标签。

企业的行为类似于在球场上"与裁判打心理战"。在篮球比赛中，教练有的时候会突然站起来，激动地在场边走来走去，抱怨裁判的判罚，这当然都是故意做给裁判看的，他们希望通过这种方式来影响裁判的下一次判罚。行业也学会了这一招。在行业混淆视听、制造怀疑的这一整套宣传操作中，与裁判打心理战也往往是一个必要环节，他们会细致规划，以便达到目的。而对于扮演"裁判"的政府机构来说，行业的这种行为与骚扰无异，一旦被盯上，着实苦不堪言。

滑石是一种黏土矿物，粉末状的滑石可以吸收水分、减少摩擦。滑石被广泛地运用于工业生产中，比如橡胶、油漆、纸张、陶瓷及建筑器材的生产。大约有2000种化妆品中也含有滑石粉，如止汗剂、口红和遮瑕膏。当然，宝宝用的爽身粉里也有滑石粉。[1]

滑石粉并非百利而无一害。滑石矿床中含有石棉纤维，而石棉一直是众所周知的健康隐患。此外，还有另外一种与石棉结构类似的纤维状物质，常被称为石棉状纤维。这类物质也常出现在滑石矿床中，它也会带来健康上的问题。

2018年，滑石粉一度成为全国性的头版新闻：圣路易斯的一位法官作出判罚，强生需向22名女性赔付47亿美元（是的，你没看错，是**亿**），这22位女性指控强生公司的婴儿爽身粉导致她们患上卵巢癌。婴儿爽身粉在美国可谓是家喻户晓的一款颇具美国特色的产品，强生公司则是这款产品的生产方。强生的总部位于新泽西州的新不伦瑞克。在这起以高额赔偿金收场的案件中，关注的焦点不是滑石粉本身，而是污染了滑石粉的石棉。许多人都在使用强生婴儿爽身粉或其他含滑石粉的产品，但他们可能从来没想到滑石粉当中居然会含有石棉,此案的判决也一定让他们大为吃惊。此前也有几起涉及女性卵巢癌的官司,最后的裁决有时是原告的女性赢,有时是被告的生产商赢。但从来没有任何人提醒过我们,婴儿爽身粉及其他含滑石粉的产品当中居然可能含有石棉,且可能致癌。

这背后自然是有原因的:国家毒理学计划曾打算在《致癌物报告》上把滑石粉列为致癌物质,但遭遇了滑石粉行业的阻拦。开采、制造滑石粉的企业以及产品中使用滑石粉的企业携起手来,精心组织了一场周密的产品辩护活动。在强生的官司中,当堂公布的一系列企业内部文件揭示了行业是如何制订战略的。

在2018年的某一天清晨,我接到了一通电话,来电的是休斯敦的一位我不认识的律师马克·拉尼尔(Nark Lanier),他问我愿不愿意在圣路易斯即将开庭的一场涉及滑石粉的官司中作为专家证人出庭作证。在接到这通电话以前,我并没有密切地关注流行病学界围绕卵巢癌与滑石粉的讨论。在电话中,我向对方解释了我对这方面的最新流行病学进展缺乏了解,因此不适合出庭作证。拉尼尔继续向我解释,他并不需要我在流行病学上作证,他需要我证明的是行业一直都在扰乱视听、制造怀疑。这当然是我非常熟悉的议题,但我依然拒绝了他。拉尼尔没有退却,问我愿不愿意接收传票,做一名**事实证人**。(专家证人可以提供主观观点;事实证人不可以,他们只能根据自身了解到的信息给出事实证词。)同时,我也无需亲自赴圣路易斯出庭作证。法律无权强制传票证人长途奔波前往现场,所以我可以在我的工作地华盛顿录下我的证词。

我还从来没有做过庭审的事实证人,这一点勾起了我的兴趣,我答应了他。我对后续的程序一概不知。我也没有预料到,强生的律师会隔三岔五给我打电话,试图套出我计划在证词中说什么。我只能和他们解释,我也不知道我会说什么,我只知道拉尼尔会问我一些关于产品辩护行业的问题，以及企业如何借助产品辩护来挑起对科学证据的怀疑。

证词的采集安排在华盛顿的一间酒店，现场除了拉尼尔，也有代表被告方（强生以及一家开采滑石矿的公司）的一整个律师团队，一位法庭书记官，一位负责录像的工作人员，还有一位是出乎我意料的：一位来自圣路易斯的法官，负责听取证词。几分钟之后，我就明白了拉尼尔为什么请我做证人。为了维护滑石粉，相关企业请来了几位顶尖的产品辩护专家为滑石粉辩护，案件中挖掘出来的文件则揭露了产品辩护专家为滑石粉所制订的策略。拉尼尔希望通过我的证词证明，滑石粉行业在效仿烟草等行业所创立并完善的模板，而这些都是我之前的书中所写过的。在接下来的几个小时中，他向我展示了多份文件，并询问我对这些文件的看法，有些文件我在下文中还会提到。我也被告知，我所看到的文件中有一部分依然是保密的，所以我目前不得和任何人讨论我看到的内容，除非文件在后续的法庭上被引用，那么法庭引用过的文件就会成为公开信息。

最终，此案的庭审中并没有用到我的录音带。拉尼尔告诉我，他原先计划把录像带留到反驳环节，用于反击对方律师列举的材料证据。但最终，由于被告并没拿出什么有力的证据，也就没有必要反驳了。拉尼尔的判断很正确：陪审团判定被告需向原告支付5.5亿美元的赔偿金，每一位上诉的女性或是代表已故女性（共6位）上诉的家庭将获得2500万的赔偿，此外还需支付41.4亿美元的惩罚性赔偿。一位陪审团成员给出了这一判决的理由，他们希望能给强生上一课（本案原有两家被告，在审判进行到这一环节时，强生是唯一的被告）："我们希望让强生也尝尝痛的滋味。"对于这一裁定，强生当然选择申诉。[2]

在华盛顿的酒店房间里，我所看到的文件只是冰山一角，后来法庭上公开了更多的文件。庭审结束后，我联系了拉尼尔，表示我想看一下最终被采集为证据并公开的所有文件，他非常慷慨地把这些文件发送给了

第九章
与裁判打心理战

我。这些文件令我大开眼界，我也惊奇地发现，文件中多次提到美国国家毒理学计划。在前文中我也提到过，在我担任职安局局长时，我也兼任了毒理学计划执行委员会的会长。在我重返大学后，特朗普内阁的美国卫生与公众服务部部长亚历克斯·阿扎邀请我出任毒理学计划的科学顾问。毒理学计划设有科学顾问理事会，理事会成员可以提供建议，并对其项目给出评估意见（也包括对《致癌物报告》提出评估意见）。尽管与毒理学计划有过这么多交集，行业的解密文件依然让我大开眼界。

美国国家毒理学计划成立于1978年，而早在20世纪70年代早期，石棉的危险性已经成为一个举国关注的问题。关于石棉对健康的危害，许多研究都是在纽约芒特西奈医学中心的欧文·施里科夫实验室展开的。在施里科夫实验室的建议下，纽约市环保局于1971年起禁止在建筑大楼上喷洒石棉——石棉本是摩天大楼的优质绝缘材料。而那一年，世贸中心尚在建造当中。几乎同一时间，纽约市环保局局长也对外宣称，芒特西奈医学中心测试了两款商用的滑石粉，在当中均检测出了石棉成分，且点名指出，当中一款就是强生的婴儿爽身粉。[3] 施里科夫实验室的一位矿物学家致信强生，表示他发现了强生的产品中含有"相对少量"的石棉，但后来在面对记者时，这位矿物学家表示他在其他商用滑石粉的样本中测出了石棉，但并没有在强生的婴儿爽身粉中检测到石棉。[4] 相关报道立刻引发了公众的愤怒，美国食品药品监督管理局（简称食药监局）因此承受了巨大的压力。他们不但负责监管食品和药品，也负责监管化妆品的安全。强生向食药监局保证，在他们公司内部的多个实验室做的多次测试中，都"不曾从任何样本中"检测到石棉。但强生没有告诉食药监局，在1972至1975年间，有三家外部实验室都在强生的样本中检测出了石棉，且有一家检测出了"含量较高"的石棉。此外，强生内部的检测手段根本不适合用来监测石棉，因为其常常检测不出微量的污染元素。再者，强生只从其用于生产的滑石粉原料中抽取了一小部分用于测试。最后,美国食药监局决定不针对化妆品中使用的滑石粉出台石棉限制标准,也就是说,行业得以沿用化妆品、盥洗用品和香水协会自行制定、自愿遵守的测试标准。[5]

1979年,也就是毒理学计划成立的第二年,国家职业安全卫生研究所(该研究机构是职安局的姐妹机构,和毒理学计划同样隶属于美国卫生与公众服务部)向新成立的毒理学计划提议,把滑石粉列为研究对象。国家职业安全卫生研究所之所以会有此提议,是因为先前已有研究显示滑石矿的矿工患肺癌及间皮瘤的风险较高,而间皮瘤是一种由石棉导致的癌症。1982年,又有新的证据揭示了另一项重大风险:卵巢癌。女性的会阴部分如果接触了含滑石粉的产品,或使用了含滑石粉的卫生巾或女性用避孕膜,她们患卵巢癌的风险有所增加。[6]

新的证据从根本上威胁到了强生。婴儿爽身粉是强生在公众心目中的一块招牌,奠定了品牌基调。这一产品让人联想到纯粹、干净、无忧无虑的儿童时光,会让强生这个品牌带上一层纯真的滤镜(强生也生产药品,包括阿片类药物,也生产医疗器械,但提到这个品牌,大家第一时间联想到的并不是医药。)强生一直强调其婴儿爽身粉绝不含石棉,化妆品和个人护理用品行业自1976年起就自愿发起了"零石棉"的行业标准。但是《纽约时报》、路透社、《彭博商业周刊》所揭露的信息却与强生的说法大相径庭。调查记者对数千份文件做了抽丝剥茧的研究,这些文件有些是依照《信息自由法案》而索取到的,有些是在民事案件中公开的,调查记者还访问了多位参与过滑石粉测试的人员,跨度长达数十年。调查中获取的文件一致显示,强生早在1971年就从多个信息源知晓,其婴儿爽身粉中混入了石棉状纤维(前文提到过,这严格意义上并不是石棉,但结构与石棉很类似)。强生向负责测试的科学人员施压,强迫他们出具"不含纤维"的

检测结果,关于这一点,《纽约时报》的报道中如是说:"但凡有研究显示粉末中含有石棉,(强生)就贬低这项研究的可信度。"⁵

1987年,国际癌症研究机构把"混入了石棉状纤维的滑石粉"列为对人类致癌的1类致癌物,没有把不含石棉状纤维的纯滑石粉划为致癌物,表示关于后者尚无足够的证据作出判断。⁷(这样的致癌物评级其实意义不大,因为市面上所贩卖的所谓"纯滑石粉"其实也可能含有石棉状纤维,消费者却毫不知情,还以为自己买的是安全产品。)

有了这样的背景介绍后,我可以向大家讲述美国国家毒理学计划的故事了。2000年10月,国家毒理学计划公开发布了《含石棉状纤维及不含石棉状纤维的滑石粉的背景文件草案》,在这份初稿当中,毒理学计划审阅并分析了关于滑石粉致癌的相关证据。毒理学计划最后给出的建议是,把含石棉状纤维的滑石粉界定为"对人类致癌",把不含石棉状纤维的滑石粉界定为"据合理预测,对人类可能致癌"。(含石棉的滑石粉自然是致癌物,这一点上已不存在任何争议了。)

国家毒理学计划的科研人员是如何得出上述结论的?已有数不清的研究显示,滑石矿矿工患肺癌的风险较高,而他们所开采的滑石矿中混合有石棉状纤维。因此凭这些研究并不足以说明滑石粉**本身**拉高了患癌症的风险。在少数几项研究中,矿工的工作环境中并未发现石棉,但肺癌风险依然高于常规,但在此类工作环境下,矿工还暴露于二氧化硅、氡或其他致癌物质下,因此,也无法把癌症完全归因于滑石粉。(动物测试也产生了一些证据,但还不够有力。草案在审阅了各项动物测试后得出的结论是,尚无充分的关于含石棉状纤维滑石粉的动物实验,而针对不含石棉状纤维的滑石粉,仅有一项在大鼠身上做的实验是完备、充分的,这项实验的结论是,暴露在滑石粉下的大鼠患癌的风险增大了。"⁸)

后来,就出现了关于卵巢癌的新证据。在2000年国家毒理学计划公布草案时,已有十余项研究发现,女性如果在会阴的清洁上使用了含滑石粉的产品,或接触了含滑石粉的卫生巾或女性用避孕膜,她们患卵巢癌的风险更高。但与此同时,也有一项大型的前瞻性队列研究得出了否定的结论。

与滑石粉生产、销售相关联的企业把毒理学计划的这份报告看作一支擦身而过的利箭。从行业内部的报告文件中可以充分看出行业的恐慌。史蒂夫·贾维斯(Steve Jarvis)是鲁兹纳克公司美国区(Luzenac America)的环境健康与安全负责人,鲁兹纳克是一家法国公司,当时(以及现在)是全球最大的滑石矿开采商,其生产的滑石粉产品广泛地运用于工业生产和化妆品制造。贾维斯的一篇汇报中写道:

> 如果滑石粉登上《致癌物报告》,全球的滑石粉市场都会遭遇毁灭性的打击。
>
> 首先……我们毋庸置疑会失去个人护理用品市场……第一年的销售损失预计在1000万美元。
>
> 其次……由于致癌物质必须在商品包装上明确标注致癌性,我们在各个市场上的销售都必然会遭到冲击……到第三年,余下销售额中预计还会损失20%—50%。
>
> 此外,美国国家毒理学计划一旦把滑石粉列为致癌物质,欧洲和远东的机构可能也会跟进。
>
> 最后……由于我们也涉及消费品,来自消费者的民事诉讼案件将暴增。[9]

美国国家毒理学计划的草案是2000年10月发布的。两个月之后,也就是12月,毒理学计划的科学顾问理事会将商议讨论,是否在年度的《致癌物报告》中首次列入滑石粉。留给行业的时间不多了。化妆品、盥洗用品和香水协会(简称化妆品协会)是美国颇具影响力的行业组织,他们立刻组织了一场电话会议,几乎是以紧急戒备的状态商讨下一步对策。为了阻拦国家毒理学计划把滑石粉列为致癌物,化妆品协会成为了统筹协调的大本营,并负责与滑石矿开采行业密切沟通。[值得注意的是,在这场滑石粉之争中,长期担任化妆品协会会长的是E.爱德华·卡瓦诺(E. Edward Kavanaugh),他是最高法院大法官布雷特·卡瓦诺(Brett Kavanaugh)的父亲。老卡瓦诺退休两年之后,也就是2007年,化妆品、盥洗用品和香水协会更名为个人护理用品委员会。]

化妆品协会与温伯格咨询集团之间早有往来,而温伯格咨询集团曾帮助烟草等多个行业应对危机。[10]在化妆品协会针对滑石粉危机召开紧急电话会议时,温伯格咨询集团已经向化妆品协会提交了一份提案,给出了一条建议:全方位盘点现有的科学文献,并锁定愿意在下一场毒理学计划听证会上出庭作证、否认滑石粉致癌性的专家。[11]

在此之前,强生公司就已经是滑石粉的维护方,对于现在的这场战役,他们早有准备。几乎早在十年以前,强生就聘用了艾尔弗雷德·P.魏纳(Alfred P. Wehner)这位毒理学家。魏纳曾经负责过一些动物实验项目,他否认滑石粉会引发卵巢癌,驳斥初期的相关科学证据。[12]魏纳在二手烟的论战上有丰富的斗争经验,曾为美国的烟草公司做过很大的贡献,成功地挑起大众对科学证据的怀疑。[13]在1994年,也就是毒理学计划草案发布的六年以前,魏纳曾针对一篇关于滑石粉的早期研究写下了评论意见,并得出结论:这一研究"并未给出任何具有说服力的证据,因此无法证明用于化妆品制造的纯滑石粉在按规使用时会给消费者带去任何健康风险"。[14]

2000年,魏纳把他1994年的那篇评论文章重新修饰装点,以便更好地为滑石粉行业的利益服务。在新的文章中,他痛批了毒理学计划的滑石粉草案:"错误连篇,充满偏见。"[15]魏纳的文章一出,行业内部立刻开始讨论如何加以利用。至于魏纳是否能代表独立第三方的意见，还是说他的立场受到了其雇主的影响，这些都不在行业的讨论范围内。

资料显示，行业内部人士并不满意魏纳所使用的语言风格，有人就说："魏纳需要缓和一下他的语气，不要那么冲。"鲁兹纳克的一位员工则出来做了"缓和语气"的工作，修改、润色了魏纳文章中的部分章节，然后以邮件的形式把修改后的稿件传播出去，邮件中写道：

> 附件中是我给序言部分写的初稿。希望在文中尽量展现我们的合做[此处保留原文错别字]态度，并隐晦地提及毒理学计划在合法性和可信度上存在问题，并为这些问题找到替罪羊，比如顾问……我对他原文中尖锐甚至傲慢的态度赶到[此处保留原文错别字]担忧。他的文章并没有做到令人信服（虽然我不敢断言是不是和文章的语气有关），因此在这一版文稿中，我强烈建议我们在风格上采取合作的态度，并且把问题引向负责帮毒理学计划准备草案的顾问，而不是直接炮轰毒理学计划或其下手无缚鸡之力的科学顾问理事会。*我们要追求的目标是，动摇毒理学计划对他们所聘请的顾问的信任，让毒理学计划怀疑自己的决策是否过于草率。*[原文并未使用斜体，此处为了突出这部分内容，在格式上做了修改。]

化妆品协会认为，魏纳及温伯格咨询集团提供的材料不够有说服力，不足以帮助协会赢得这场争论。因此，狡黠的化妆品协会又请来了吉姆·托齐(Jim Tozzi)，这位产品辩护大咖是"监管效果优化中心"这一机构的负责人。这一机构的名称掩饰了它的真实性质。虽然名义上是要优化监管，但其实际意图是帮助企业客户抵制监管。托齐曾在里根政府的管理与预算办公室担任高级事务官，参与制定了几项法律，让企业能更方便地干涉、阻挠监管政策的出台。从政府离职后，托齐创立了一系列的咨询机构，监管效果优化中心就是其中一家。这些机构积极地为烟草行业提供服务，抵制环保局在公共场所禁烟的提议。在烟草行业与环保局的角力中，托齐曾帮助烟草行业取得一项重要战绩——《信息质量法》，按照这项法律，企业如果对政府机构制定政策时使用的数据存在疑虑，企业可以对数据做重新分析，并发出质疑。在滑石粉上，托齐带着他丰富的经验和资源，加入了化妆品协会的阵营。在托齐的点拨下，化妆品协会及其产品辩护团队更精细地打磨了他们的技术论据。此外，托齐在小布什总统的政府班子里有丰富的人脉。小布什的这一套班子会在2001年1月就任，也就是毒理学计划科学顾问理事会召开会议的一个月之后。托齐知道，任何机构肯定都不愿意与新一届政府为敌。届时，他可以凭借《信息质量法》，迫使毒理学计划改变立场、修改结论。

这远非托齐第一次给毒理学计划施压。在为烟草行业效力时，托齐就曾竭力阻挠毒理学计划把二手烟列为致癌物。在烟草和滑石粉这两起案子之间，托齐还曾代表客户，为臭名昭著的二噁英辩护，反对毒理学计划将其标记为"对人类致癌"。在二噁英问题上，托齐和他掌舵的监管效果优化中心起诉毒理学计划，质疑毒理学计划在界定二噁英致癌性上的决策过程。但托齐的机构不过是掩人耳目的幌子，香烟制造商知道自己的口碑有多差，因此不愿意直接出面，而是暗中出资扶植代理机构。托齐的大部分诉讼都没能得偿所愿（二噁英和二手烟都已被列为"对人类致癌"的物质），但他也成功地发现了国家毒理学计划的软肋：这样一家资源有限、人手有限、律师人数也有限的机构，实在没有精力去应对那么多官司和司法审查，因此会尽量避免对簿公堂。[17]

托齐的监管效果优化中心向滑石粉行业收取的佣金是每月1.2万美元，这并不是一个小数字。[18] 也有一些款项并没有直接支付给监管效果优化中心，而是流向了托齐名下的其他咨询机构，比如跨国法务服务公司。

一旦形成了律师—委托人保密特权,咨询机构在民事诉讼中可以拒不公开信息。[19]

托齐和他手下的多家机构为强生、滑石粉制造商以及化妆品协会做了很多工作。首先,咨询机构声称在毒理学计划的报告中找到了论证上的"致命缺陷":许多研究发现,暴露在滑石粉下的人群(可能是矿工,也可能是使用含滑石粉成分产品的消费者)患癌症的风险较高,但他们的暴露史往往跨度久远,研究已无法准确追溯当时所接触的滑石粉中是否百分百不含石棉。在早前,行业并没有特别关注滑石粉中石棉状纤维的含量,因此很难判断早年接触滑石粉的人是否也接触了石棉状纤维,这也给癌症的归因造成了难度。尽管如此,最新研究的确显示暴露在纯滑石粉下的女性依然有更高的患癌风险。[20]但回到2000年,由于那时缺乏新的证据,托齐抓住了这一点,指控毒理学计划未能举证证明**不含石棉状纤维的滑石粉**也会致癌。如果真如托齐所说,纯滑石粉不会致癌,那么要让大众继续使用含滑石粉的产品,化妆品行业必须保证他们所使用的"化妆品级滑石粉"绝对不含石棉。因此,化妆品协会反复强调,化妆品中所使用的滑石粉绝对纯净,也因此在声誉上占了上风。毕竟化妆品行业自1976年起就自发实施了"零石棉"标准。自那以后,凡是有证据显示化妆品用的滑石粉中混合有石棉,或者检测滑石粉纯度的方法不够精确,这些证据都被彻底雪藏了起来,不被公众所知。

按照上述思路,托齐的监管效果优化中心团队确定了他们的论点,并在12月投票之前向国家毒理学计划发去了一份义正词严的信函。[21]一般来说,行业协会如果有诉求,他们会用自己的抬头信纸给相关机构发函。此次通过监管效果优化中心来发声,滑石粉行业其实是在向毒理学计划暗示:我们连帮手都找好了。看到抬头上的名字,毒理学计划也会认出这家"职业打手"——监管效果优化中心过去已起诉过毒理学计划一次(虽然上一次没能胜诉,但也成功给毒理学计划造成了极大的不便)。

在投票决定是否要把"含石棉状纤维的滑石粉"列入《致癌物报告》前,有两个联邦级别的科学评审小组分别对相关证据做了审查,一是美国国家环境卫生科学研究院的《致癌物报告》评审小组,二是国家毒理学计划执行委员会的《致癌物报告》跨部门工作小组。第一个小组的七名成员投票决定把含石棉状纤维的滑石粉列为已知的人类致癌物。第二个小组,也就是毒理学计划的跨部门工作组,其组员来自其他机关单位,他们并不赞成第一组的投票结果,而是决定把含石棉状纤维的滑石粉划归为"据合理预测,对人类可能致癌"。对于不含有石棉状纤维的滑石粉,两个小组均投票判定"据合理预测,对人类可能致癌"。

在2000年12月的那次会议上,滑石粉及相关产品的生产商把争论的焦点放在了不含石棉状纤维的滑石粉上,并提出了他们发现所谓的"致命缺陷":截止到当前的所有相关研究中,所涉及的滑石粉究竟含不含石棉状纤维,这点是无法准确考证的。一位国家毒理学计划的在职科学家指出,在1976年之前,有一些滑石粉样本中检测出了高达30%的(石棉状)纤维材料。而在1976年,由于行业自发实行了"零石棉"规定,按理说来,在那之后所生产的滑石粉中理应不含石棉状纤维——但大部分实验无法做到对滑石粉纯度做准确确认。[22]唯一的一则动物研究也成为了攻击的靶子:国际生命科学协会(第十四章中还会提到这一机构)做了一项研究,他们强迫大鼠吸入大量难以溶解的微粒,这些微粒会导致肺部过载,进而引发炎症,最终增加患癌风险,因此他们的结论是,微粒本身并不致癌,肺部超负荷运转才是癌症的诱因。此后,但凡有研究通过大鼠实验来证明某一物质的致癌性,这项国际生命科学协会的研究都会被搬出来,作为反驳的依据,在滑石粉上也不例外。

听罢滑石粉行业给出的一番论述,毒理学计划的科学顾问不由地开始怀疑自己之前的判断,这正中产品辩护专家下怀。科学顾问理事会的成员确实无法判定各项研究中涉及的滑石粉究竟含不含石棉状纤维。因此,他们投票暂缓《致癌物报告》对滑石粉的致癌性评定,首先要弄清楚各项研究中的研究对象究竟接触的是哪一类滑石粉。鲁兹纳克公司美国区高管里奇·扎赞斯基(Rich Zazenski)如此总结那次会议:"在12月,我们(滑石粉行业)万幸地躲过一劫,全靠混淆'滑石粉'的定义。"[23]他也知道这背后的功臣是谁——"监管效果优化中心帮了大忙,本来滑石粉被定为致癌物几乎是板上钉钉的事,但他们成功地让这事延期了。"[24]

回顾行业的这场胜仗,鲁兹纳克美国区的环境健康与安全负责人史蒂夫·贾维斯(前文提到过,他曾在汇报中写道,毒理学计划的草案会给业务带去"毁灭性的打击")表示,监管效果优化中心是行业的"秘密武器"。行业这次"决定主动出击。我们真的不成功便成仁。抱着这种破釜沉舟的心情,我们也召集了最优秀的律师资源,如果真的需要依靠法律手段,那我们也已做好了准备,让胜算更大……我们请的这家法务公司曾经也帮监管效果优化中心起诉过国家毒理学计划……在与国家毒理学计划及其他联邦机构沟通的时候,我们的态度也更加强势。我们不会在乎'正式意见征询期'是什么时候。我们就是不停地向关键人士发送邮件、传真、隔日信函,甚至直接打电话,直到他们正式召开执行委员会会议的那一刻"。[25]

虽然毒理学计划暂缓了把滑石粉列为致癌物的决定,但也只是"暂缓",不代表这事就了结了。扎赞斯基也知道,虽然上一次会议时他请来的顾问成功地打乱了委员会成员们的头脑,让他们怀疑自己先前的立场,但这种迷糊很可能只是暂时的。他写道:"针对目前这个问题,他们也可能修改草案,避开我们所指出的'致命缺陷'。他们可以大方指明1976年前生产的爽身粉的成分已无法考证,由于那个年代的化妆品用滑石粉中可能含有石棉,这种可能性就构成了流行病学研究中的一个新的干扰因子。如果草案这样来定性滑石粉和石棉,那么再对'不含石棉纤维的滑石粉'重新投票时,投票的结果很可能会不一样。"[26]

吉姆·托齐也赞成这一看法。根据扎赞斯基的描述,在毒理学计划的投票会议之后,行业内部也立刻召开了会议,在会议上,监管效果优化中心的产品辩护专家告诫滑石粉行业,"千万不要太早就掉以轻心"。扎赞斯基列出了一系列详细的作战计划,由此来确保毒理学计划**不会**再把滑石粉的致癌性评级提上日程。他解释道:"在大部分情况下,联邦机构的一把手都不会亲自参加这类会议,而是会委托他人代为出席,因此,很有可能是由联邦机构中某位职位较低的人员(可能压根都不了解滑石粉是什么)到现场投票……托齐建议在余下来的几个月重点分析毒理学计划执行委员会的每一名成员,锁定最有可能被派来投票的人员。然后针对每一名人员,我们为他们量身定制一套信息,并想方设法把这部分信息植入他们的脑海。举例而言,针对食药监局派出的成员,我们会向他们强调这一议题在流行病学研究上的缺陷。再比如针对职安局和职业安全卫生研究所的与会成员,我们可能就会着重强调毒理学计划的动物实验不具有相关性。"托齐还建议滑石粉行业向对方施加政治压力:"在佛蒙特州和蒙大拿州(滑石粉的开采地)获得当地参众议员代表的支持,由议员出面去游说执行委员会,'继续维持科学顾问理事会的决定,不把滑石粉列入致癌物清单'。"

在另外一份重要文件中,鲁兹纳克美国区的埃里克·特纳(Eric Turner)专门指出,应该让托齐团队活跃在前线,而不是在幕后。这里摘录一些特别精彩的语录:[27]

> 我充分相信,国家环境卫生科学研究院、国家毒理学计划这些机构一定能认出"监管效果优化中心"实质上是个什么组织:它是一个为行业奔走谋利的团体,它从行业获得资金,使命就是

为客户争取利益。从这点上来看，监管效果优化中心与化妆品协会的目标是一致的……监管效果优化中心出面为滑石粉摇旗呐喊，并质疑毒理学计划的研判过程，但毒理学计划并不知道监管效果优化中心背后出资的客户到底是谁……监管效果优化中心可以激进、大声地表态，而不被质疑其可信度……这是只有"内部人士"或者"非常有势力的游说团体"才能享受到的优待……毕竟这就是华盛顿的游戏规则……监管效果优化中心之所以成功，是因为托齐和他的顾问们都"长袖善舞，人脉广阔"。在仕途上有远大抱负的政府机构官员，自然会忌惮托齐和他的关系网……我强烈建议我们继续与监管效果优化中心保持合作，以防毒理学计划又找到其他把滑石粉列为致癌物的理由……我希望每当毒理学计划一回头，就发现监管效果优化中心正在不远处观察他们的一举一动，我们要把这种威慑一直维持下去，直到这一事件彻底解决。

接下去的几年里，托齐和监管效果优化中心一直都在向毒理学计划施压，时不时地提醒毒理学计划，只要他们配合、只要他们放弃对滑石粉的致癌性评定，一切就相安无事，不然，就不会让你好过。托齐给国家环境卫生科学研究院院长肯·奥尔登（Ken Olden）致信，以《信息质量法》的名义要求奥尔登院长告知公众"进一步的证据显示（滑石粉的致癌性）评级并无充分根据"。[28] 监管效果优化中心还找到了美国卫生与公众服务部的高层，建议他们更严格地管控国家毒理学计划的预算："科学界以及《毒理学报告》的各相关方，包括设有相关项目的多个政府部门，均对《毒理学报告》的可靠性、实用性以及其管理和运作的方式提出了较大的疑问。"[29] 托齐和监管效果优化中心借《信息质量法》做了不少动作，甚至找到了高层的大人物，比如白宫信息与法规事务办公室的一把手约翰·格雷厄姆

(John Graham），他专门在2005年（也就是小布什总统上任初期）给美国卫生与公众服务部部长写了一封措辞严厉的信函，专门提到了毒理学计划管辖下的《毒理学报告》，表达了他在致癌物评级上的一些顾虑。[30]

与此同时，行业也出资扶植了一系列专门批驳毒理学计划研究方法的论文，并促成了这些文章的刊发。在2001年11月，拿钱办事的"赏金毒理学家"艾尔弗雷德·魏纳针对滑石粉又完成了一篇新的论文，并投稿至《毒理学和药理学管理》——这一期刊我在第二章中也提到过，尽管刊载的文章需要经过同行评议，但这并不妨碍这一刊物成为产品辩护类文章的大本营。在新的论文中，魏纳调整了他原先咄咄逼人的语气，但文章的内容基本没变。光看标题就能清楚了解他的立场：《化妆品级别滑石粉不应该被列为致癌物：评国家毒理学计划对滑石粉致癌性的审议意见》。论文中完全没有提及化妆品协会，尽管该文的上一稿是由化妆品协会出资撰写的。文中自然也没有提到其余的赞助单位。第二年年初，这篇论文获得了刊发。[31]

滑石粉行业从多个角度攻击、阻拦监管，而他们的方法奏效了。行业内部的备忘录显示，他们明知自己在产品辩护上的论调存在漏洞，未必经得起仔细推敲，但他们会不断给毒理学计划的科学顾问理事会施加压力，理事会先是决定推迟滑石粉的致癌性评级，之后则说服毒理学计划彻底放弃对滑石粉的评定。一位毒理学计划的职员如此向他的同事说道："真希望这档子事就此消失。"[32]在2005年，如他所愿，这事真的消失了。在毒理学计划针对新一期《致癌物报告》起草的致癌物名录中，滑石粉消失了。强生把这一场胜利归功于他们与鲁兹纳克及化妆品协会之间的合作。[33]

当然，滑石粉行业并不是就此高枕无忧了。全球的流行病学家都在关注滑石粉和卵巢癌之间的关系，诸多研究中，既有肯定的结论，也有否定的结论,且渐渐可以总结出一些规律性。行业依然在掏钱收买科学家,让他们写文章质疑这两者的关联。根据独立研究学者所做的最新荟萃分析,在会阴使用滑石粉导致卵巢癌风险上升了30%—40%,从流行病学研究角度,这个数字并不算太显著,当放在公共卫生角度,这是个极大的公众健康威胁。[34]

当最早的研究揭露出滑石粉和卵巢癌之间的联系时,如果滑石粉产品的生产商立刻调整配方、把滑石粉换成更安全的产品,那么可能就没有后续的这些波折,数千例的卵巢癌病例或许也可以就此避免。简而言之,在滑石粉这一物质上,无论是行业还是联邦的监管者,都没有尽到责任。在阅读马克·拉尼尔律师在案件中获得的文件时,一大直观感受是,强生、行业协会和开采滑石矿的矿业公司把一个科学性质的听证会扭曲成了刑事审判,如果不能拿出确凿的证据证明滑石粉的"罪行",那它就是清白无辜的。但毒理学计划评定物质的致癌性时,依照的并不是这一套工作方式。行业却策略性地偷换了概念:"要进一步搅乱视听,散布疑惑。"[35]行业聘请了专业的战略家帮助他们设计措辞和宣传口径,并用金钱买通科学专家,用非常带有偏向性的立场在期刊上发表文章、片面地解读证据。他们的律师团借助律师—委托人保密特权来保护并隐藏客户与利益相关者之间的关系。他们毫无顾忌地压迫、霸凌国家毒理学计划的工作人员。而他们竭力破坏的行政立法流程,原本可以保护更多人远离癌症。目前对致癌物的定性和监管,也只有这一个途径。但行业不断地挑起争论,并不是因为相信"真理越辩越明",他们从来不在意真相。他们只在意自己能不能继续销售某一样产品,哪怕这款产品致癌,那又怎样。

公平起见,我也需要在此指出,还有许多其他行业试图干涉毒理学计划的致癌物评定。每一次毒理学计划拟在《致癌物报告》中提名新的致癌物质,都会遭到相关公司和行业协会的阻挠。后者会聘请产品辩护专家,在公共意见收集期提交意见，在听证会上提出疑问，为行业的利益站台。在前文提到的那场毒理学计划科学顾问理事会会议上，除了滑石粉这个议题之外，也涉及其余致癌物的判定，比如到场的还有两个协会组织，代表的是做皮肤美黑的美容院，他们宣称紫外线辐射并不会提升皮肤癌的风险。但这一立场显然已经反常识了，也没有人会真的相信。此类行为不胜枚举，毒理学计划要应付无数类似的指控和争论。但滑石粉不一样，也特别值得注意，因为在这一案上，我们接触到了行业的内部文件和秘密，从而了解了一个成熟的行业是如何聘请专业人士有组织、有计划地精准狙击国家毒理学计划的。

不要忘了，美国国家毒理学计划并不是唯一一个界定致癌物的机构，因此也不是唯一一个遭遇行业攻击的机构。国际癌症研究机构（IARC）也会评估各种介质的致癌风险，并在权威的《国际癌症研究机构专刊》中刊发结果。与美国国内的情况类似，在国际上，IARC的评级也犹如一纸生死令，因此自然也会成为抗争的焦点。

或许是因为私营领域屡屡施压，试图左右这一机构的立场，国际癌症研究机构进行了大刀阔斧的改革，致力于在机构与外界干涉因素之间架起防火墙。此前，该机构专家小组中有一些专家供职于某些企业，而这些企业的产品可能存在致癌性上的争议，那么若要评审该类产品是否致癌，这些个人利益牵涉其中的专家依然拥有同样的投票权。2005年，由于面临职业道德上的质疑，IARC宣布，在《国际癌症研究机构专刊》研讨癌症的诱因时，那些"存在确切或明显的利益冲突"的科学家不能再以专家组成员的身份投票，他们的新身份是"受邀专员"，可以就相关事项贡献他们的知识和经验，但不参与《专刊》的起草，也不参与结论的投票。

这当然是进步，但并不代表一切问题迎刃而解。企业虽然没办法在投票专家中安插自己的人，却还能以其他方式打击国际癌症研究机构，且每次出手往往能成功造成伤害。

草甘膦就是一个非常具有代表性的例子,它是一种除草剂,全球销量在同类产品中数一数二。孟山都(Monsanto)的除草产品"农达"中的有效成分就是草甘膦,其他国家也有打着其他品牌、其他名称的同类产品。草甘膦是怎么起到除草作用的呢?它会杀死它接触到的一切草类或有叶片的植物,**除非植物本身是转基因的**,在基因修正后具备了抵抗草甘膦的特性。如果在转基因的作物上喷洒草甘膦,那么作物本身不会被杀死,但所有的杂草都会被杀死。孟山都、杜邦以及另外少数几家农业企业都开发了转基因的抗草甘膦种子,如大豆、玉米、棉花等,并大肆推广这些"可与农达配合使用"的种子。根据美国农业部的报告,美国现种植的90%的种子都经过了基因改造,以便配合除草剂使用。而在2020年,全球的草甘膦销量预估接近100亿美元。[36]由此可见,草甘膦可谓无处不在,而我们作为消费者,也都或多或少接触过草甘膦,而如果是农业工作者,则会暴露在更大量的草甘膦下。因此,确定草甘膦对人体的毒性刻不容缓。

2014年,国际癌症研究机构宣布计划召开专家小组会议,审阅目前已发表的关于多种除草剂致癌性的研究文献,而草甘膦也在列。孟山都因此展开了秘密行动,具体的行动计划记载在一份题为《鉴于IARC草甘膦致癌性评定的准备和接洽计划》的备忘录中。这份计划依然是产品辩护的熟悉配方:首先,迅速生产出了足足三篇重点从"流行病学和毒理学"角度分析草甘膦的论文,与之配合的公共宣传则会"进一步提高这些研究论文的影响力"。如果说滑石粉行业的内部文件中透着一股傲慢,那么孟山都的备忘录则务实得多,甚至带有一点失败主义的色彩:依然有望影响IARC对草甘膦的裁定,但获得积极结果的概率微乎其微。该计划更关注的是在IARC把草甘膦划为对人类致癌的物质后,孟山都该如何反应,比如备忘录中就设计了孟山都如何"对IARC的决策表示严正抗议"。计划中还写道："监管机构在此类决策上应拿出更可靠的科学依据。"他们会搜寻与自己立场相近的科研人员，扶植前线机构和协会组织，借由这些人之口来引导舆论，并向监管者施压——"应关注科学，而不是被IARC充满政治意图的决策所影响"。孟山都的核心计划就是极力矮化国际癌症研究机构关于致癌物的判定，把它扭曲成一个政治决策，而不是科学决策。[37]

到了2015年初，果然如孟山都所料，国际癌症研究机构的确对草甘膦作出了致癌性的评级。基于"有限"的人体证据和"充分"的实验室环境下的动物证据，草甘膦被评定为对人类"可能"致癌。[38] 孟山都立刻开始执行先前的计划。关于这当中的故事，美国记者凯里·吉勒姆（Carey Gillam）[39] 和法国记者斯特凡纳·奥雷尔（Stéphane Horel）、斯特凡纳·富卡尔（Stéphane Foucart）[40] 分别做了细致的报道和揭露。

同时，在2018年美国国会众议院的科学、太空和技术委员会由少数党（也就是民主党）所出具的报告中，孟山都也是报告重点关注的对象。这份报告广泛地参阅了数千页在法庭上公之于众的文件，官司的原告均为除草剂的受害者，其中自然也包括农民，他们认为自己患上的癌症与草甘膦脱不了干系。[41]

之所以会有这份少数派报告，是因为国会的多数党，即共和党，试图向国际癌症研究机构施加压力，迫使其更改对草甘膦致癌性的判定。在2018年中期选举失利前，国会的共和党领导团体向国际癌症研究机构接连发函，几乎是用威胁性的口吻要求该机构的新任领导伊丽莎白·魏德帕斯（Elisabete Weiderpass）派代表与他们见面，解释草甘膦及《专刊》的问题，回答他们的质疑。在信件中，共和党人表示美国将考虑停止或减少对该机构的经费捐赠，且果真在国会发起了关于削减经费的立法流程。[42]

美国方面向国际癌症研究机构施加了重压，但众议院的少数派报告却反过来打了美国的打脸。报告揭示，孟山都和美国化学协会，也就是孟山都所属的行业协会,联手通过多种手段来抹黑国际癌症研究机构:他们请枪手撰写攻击性的文章,并发表在商业刊物上;雇佣记者来唱衰该机构,降低其可信度;成立、扶植貌似中立的外部机构,作为行业的傀儡;而针对参与草甘膦致癌性评定的科学家,或是赞成这一评定的科学家,行业则试图封住他们的嘴。

孟山都的这次宣传方案可谓给产品辩护行业带去了非常可观的业务,安博环境事务所[43]、毅博咨询[44]以及一众独立的产品辩护专家都被招致麾下。有一回,孟山都甚至一次性集结了16位专家,这些专家先前的研究立场都偏向于否认草甘膦的致癌性,孟山都找到了他们,并把他们分成四组,分别审阅与草甘膦致癌性相关的资料。而这四组专家自然毫不意外地得出了一致结论:"数据并不足以支撑IARC的决定","草甘膦不太可能给人类造成癌症风险"。他们的论文《关于草甘膦潜在致癌性的独立测评》以专题的形式发表,当中汇集了五项研究(总共31位作者),每一项研究都在极力淡化草甘膦的风险。论文刊载在《毒理学评论》上,这一期刊可谓是企业枪手文的根据地。论文作者中有不少都曾为孟山都做过大量工作,但两者之间的这层利益关系却没有对外披露。孟山都给作者的酬劳是通过一家咨询公司来支付的,这当中的交易内情被曝光后,作者声称,"专家小组完成论文后直接向期刊投稿,这期间并无任何孟山都员工或律师查阅文稿或提出修改意见。"[45]

而在这之后,一些在诉讼法庭得以公之于众的文件揭露了实情:专家组的研究绝对称不上独立,孟山都的内部科研人员深入参与了论文的策划、审阅和修改。[46]相关证据被曝光后,连《毒理学评论》都觉得脸上无光,他们特意为此刊登了一条情况说明,详细地罗列了论文的多位作者与孟山都之间的关系,特此说明这些作者并非独立学者。[47]

截至2019年,相关的数据依然不甚明朗,国际癌症研究机构也未曾修改草甘膦评级，但可以预想的是，孟山都一定会继续散布怀疑论，挑起对科学的怀疑。至少在近年内，与草甘膦相关的官司也不会少。在第一起庭审完结的诉讼案中，旧金山的陪审团开出了2.89亿美元的赔偿金，其中包括2.5亿的惩罚性赔偿，此案的原告是一位患上了非霍奇金氏淋巴瘤的园丁。之后的一案中，陪审团给出的判罚是8000万美元，而在第三案中，陪审团认为应向暴露于草甘膦风险下的一对夫妻提供20亿美元的赔偿。在这几个案件中，法官都降低了惩罚性赔偿的金额，但三起案件最终的惩罚性赔偿总额还是达到了2亿美元。德国的化学巨头拜耳于2018年收购了孟山都，也就是说，拜耳接下来要应对数千起与草甘膦相关的诉讼案，案件的原告均认为自己的疾病是草甘膦导致的。此外，科学发展的脚步也不曾停歇，虽然草甘膦的危害性尚未盖棺定论，但新的证据和研究不断涌现。目前还无法断言最终的科研结果会是什么，但这一事例恰恰体现了公共卫生的一大指导原则：不能一味等待"最完善"的科学结论，而是有必要基于目前已有的最佳证据当机立断地作出响应，而负责解读证据的科学家们，则应该是真正独立的学者。

第十章
大众汽车，甲壳虫还是害虫

　　柴油发动机燃烧时排放的废气对健康的危害已无需赘言，而地下矿工远非唯一的受害群体。柴油机废气中富含氮氧化物，且废气中的微小颗粒会钻入肺部组织的深处。柴油发动机一经启动，这些物质就会被排入大气中。无论是商用卡车、学校校车，还是小客车，只要装载的是柴油发动机，那么必然会产生上述已知的致癌物质，因此车辆所到之处无一能幸免于难。

　　美国国家环境保护局对柴油有一套管理标准，而这套标准遭遇的最厚颜无耻的攻击，则来自一家希望从柴油小客车上获利的汽车生产企业，这一段故事最终演变成了"大众汽车丑闻"（也就是"排放门"）。大众汽车在柴油上的作弊行径暴露了企业持续性的、骇人听闻的诚信缺失。在企业与科学的角力中，企业所使用的骗术和花招被揭露出来：他们介入科研、篡改现有的流行病学研究数据。由此可见，一旦企业成了科研项目的赞助方，那么实验室里的学术道德就会面临巨大的考验。

　　如果科研项目的经费由企业赞助，此类项目自然会背负着一些与生俱来的缺陷，而排放门就是一出活生生的例证。在评价科研项目的时候，看一个项目对动物实验的态度，就能从侧面判断项目组的道德水准。道德问题可谓是科学界的"石蕊试纸"，可以用它来鉴别严肃的科学和金钱买通的伪科学：正统的科学如今越来越注重科学的伦理与道义，而后者则毫不在意，毕竟他们本来就是个"缺德"的行当，又怎么会在意道德呢。

在欧洲，汽油需缴纳高额的赋税，因此汽油的售价很高。相较而言，柴油发动机的二氧化碳排放量更低，而二氧化碳是造成气候变化的一种温室气体，借着这一点，欧洲的汽车生产商在很久之前就说服了相关的监管者，对碳排放较低的柴油给予税收上的优待。如此一来，柴油车在欧洲成了更加经济、节俭的选择。在美国，柴油并不享受这样的税收优惠，而石油、天然气的价格非常便宜，因此柴油车在美国远没有在欧洲那么受欢迎。

谈到这里，就要引出大众汽车集团，这家全球性的汽车生产商非常渴望成为全球最大的汽车品牌，而要达成这个雄心勃勃的目标，就需要增加他们在美国市场的占有率。长久以来，大众汽车在美国一直发展得不尽如人意。大众的管理层注意到，在美国市场上卖得好的车有这么几个特性：价格适中、里程优越、驾驶趣味性强。成功的一个例子就是丰田的普锐斯混合动力汽车。但大众却没有依葫芦画瓢地选择混合动力，而是打起了柴油的主意——这是一项他们擅长的老技术。

但这个如意算盘却面临一大阻碍：柴油发动机哪怕只是用在小型客车上，也会排放出大量的氮氧化物。这种污染性极强的分子会刺激呼吸道、导致肺部的内部保护层发炎，并让人更易感染呼吸道疾病。氮氧化物的刺激还会引起哮喘病的发病，如果空气中存在柴油机尾气，那么患有哮喘的孩子哪怕只是在户外玩耍，也会面临极大危险。但凡空气中的氮氧化物浓度增高，急症病例和住院病例的数量都会增加，其中与呼吸道有关的病症居多。氮氧化物还会促进雾霾与臭氧的形成，这两种污染物会增加心脏病、卒中和慢性阻塞性肺病的风险。根据现行的管理标准，即便是符合标准的暴露浓度也已经造成了数千例的病患，而在更贫穷、更缺乏保护的群体中，危害就更显著了。¹随着流行病学的不断进步，我们发现了氮氧化物与健康问题之间的新联系，证据已非常有说服力。比如说，子宫中的胎儿或是刚出生的新生儿如果暴露在污染下，他们患自闭症的风险会增高，这当中的因果联系已有例证。此外，受氮氧化物危害的并非只有人类。排入大气的氮气会在化学反应后生成酸雨，从而导致湖泊水的酸度变强，伤害树木和其他植物，并腐蚀地貌，而用石灰岩、花岗岩建成的大楼和纪念碑也不能幸免。空气中的氮元素会进入水循环并在水中富集，这不但会污染饮用水，还会导致藻类泛滥，威胁水生生物的生存。

  商用柴油发动机生产商近年来一直在努力研发更清洁的重型柴油发动机，大众汽车则和另一家德国企业博世（Bosch）的工程团队合作，提升"轻型柴油发动机"（即小轿车发动机）的技术。如果燃料喷射的效率更高、软件程序更优化，那么车辆驾驶起来会更平稳、更安静，同样的油耗也能行驶更远的里程。对于大气环境来说，汽车的尾气也不会浓烟滚滚，视觉上看起来会更清洁，对健康的危害程度也会降低。

  但与此同时，美国国家环境保护局对氮氧化物的排放控制却越来越严苛。除了环保局之外，加州空气资源局所出台的规定也关乎柴油生产商的生死存亡。加州是全国最大的汽车买卖市场之一，而加州空气资源局历来奉行非常严格的管理标准，一旦违规，厂商将面临高额的罚款。（欧洲的空气质量管理标准不如美国严格。虽然欧洲委员会的监管者也在努力强化他们的标准，但欧委会在欧洲的影响力有限，且无权对违规者开具罚单。）

  2008年，大众汽车声势浩大地推出了一款新的柴油车，但新车的排放参数却达不到美国的严格标准。为了开发这款新车，大众汽车在研发上投了不少钱，如果不能达到预期的成效，这些投资都会打水漂。因此，大众汽车急需找到解决办法。

有一种方法是使用"选择性催化还原技术"(简称SCR技术),简单来说,就是给车辆加装过滤器,过滤器中使用以尿素为主要成分的化学溶液来捕集和隔离氮氧化物。如果搭载这一技术,每辆车的成本要增加500美元,此外还会增加驾驶员的工作量——他们需要定期向过滤器中添加尿素溶液(尿素这种物质也存在于人类的尿液中)。

还有一种做法,就是不但在车辆上安装氮氧化物捕集装置,还安装"作弊软件",这一软件的唯一作用就是判断车辆是否处于车检状态下(软件判断的方法就是看方向盘是否转动,车辆在测试站接受检测时,会在固定的滚轴上模拟行驶状态,因此全程方向盘是不转动的)。如果软件判断车辆正在接受尾气排放的检测,它就会激活捕集装置,让其高功率运转,释放足量的尿素溶液来起到还原氮氧化物的作用。简而言之,在测试环境下,大众汽车可以呈现出非常优异的数据表现,但在常规行驶时,实际的氮氧化物排放量要比测试环境高出**40倍**。在"作弊软件"的操纵下,车辆的氮氧化物捕集器**仅仅**在测试环境下才会启动,如此低频的使用几乎可以确保捕集器永远不需要维护、更换,也无需定期往里面补充尿素溶液。只要不面临检查,这辆车就可以大摇大摆地喷着有害废气。而大众汽车公司显然对这种欺骗行径持容忍态度。(为什么不能全程启动捕集器呢?只要它一直开着,车辆不就能真正做到清洁无污染了吗?原因在于价格,大众为了让柴油车更有竞争力,其售价断然不能高于汽油车,于是大众汽车的工程师团队设计了廉价版的捕集器,其使用寿命只有数百英里,远达不到美国规定的12万英里。)

我和无数企业打过交道,自认为见识过了各类企业各式各样的违法乱纪行为。但要说真正的"艺高人胆大",恐怕大众汽车要排第一名。当然,大众在当时可能压根没觉得作弊能算多大一回事。汽车的排放测试都是在授权的测试站做的,从不会真的把车开到马路上,因此用软件来监视方向盘可谓天衣无缝,不可能穿帮。况且,作弊软件本来就不是大众自己新发明出来的。在20世纪90年代,不少卡车发动机的制造商也玩过类似的花招,通过电子手段来控制发动机的燃料喷射,在测试环境下呈现更优的参数,从而制造出清洁减排的假象。被曝光后,这些企业付出了10亿美元的代价,其中有一部分是罚金,更大的一部分则是强制性的研发投资,必须投入这么多钱来开发更清洁的发动机技术。此外,这些厂商也作出承诺,未来绝对不会再使用作弊手段。

或许卡车制造商是真的改过自新了,但大众汽车却自告奋勇地接过了接力棒。于是,在好些年里,大众汽车享受到了作弊带来的甜头。在宣传新车的时候,大众汽车主打绿色和高能效,因为每加仑*柴油燃料能行驶的里程数很高。由此一来,大众汽车成了模范的"国际公民",身体力行地践行着可持续发展原则。在美国,"环保"是个非常吃香的概念,由于柴油燃料不像在欧洲那样享有绝对的价格优势,如果要在美国市场上销售柴油车,必须要找到另一个吸引消费者的卖点,而"绿色环保"就成了大众汽车的卖点。

销售一下子就火了起来。在2007至2013年间,柴油客车的销量在美国增长了6倍。2016年,这家曾以造型古怪又可爱的甲壳虫汽车(曾在20世纪60年代风靡于嬉皮士群体中)而火遍全球的德国汽车公司,终于超过了制霸汽车行业多年的丰田汽车,成了全球最大的汽车生产商。所谓走上巅峰,大抵如此。

大众汽车可谓意气风发。在欧洲,大众和其余几家柴油客车商依然在游说欧盟的政客,竭力阻止欧洲收紧对汽车尾气的管理标准。仔细推敲一下,他们的做法就显得自相矛盾:既然大众汽车都能达到美国的那套严格标准,又为什么还要花那么多时间和金钱去干涉欧洲的新规制定

---

* 译者注:1加仑约为3.8升。

呢。这里要提到一个在空气质量上相当有发言权的国际性组织——国际清洁交通委员会,该组织致力于在全球范围内倡导清洁空气,声誉良好。这一组织想出了一个聪明的法子:把欧洲清洁的柴油技术引入美国,再用美国的严格管理标准来倒逼欧洲的标准革新。国际清洁交通委员会的想法当然没有错。既然厂商已经在美国市场宣传说,他们的最新技术能够以合理的价格做到高性能、低排放,那么自然要把这种好的技术普及到更多区域,把利国利民的事业发扬光大。

2014年,国际清洁交通委员会委托西弗吉尼亚大学的一个工作小组,在美国本土搜罗了几辆欧洲生产的柴油车,把车辆连接到了**移动**测试装置上(移动装置将在实际的行驶环境下测试尾气排放,而不是在固定的滚轴上测试),然后把车开上了马路。负责这一项目的研究人员(确切地说是西弗吉尼亚大学的研究生)为了找到符合描述的欧洲柴油车,特意去了加州,因为在西弗吉尼亚找不到这样的车。幸运的是(对研究人员来说是幸运的,对大众汽车来说就不那么幸运了),他们恰巧选择了两款大众汽车:一辆是捷达,车辆搭载了柴油机稀燃氮氧化物捕集技术(简称LNT技术*)处理装置;另一辆是帕萨特,装载的是选择性催化还原处理系统,即SCR。测试人员开着这两辆柴油车穿越加州,并在洛杉矶市区周围行驶,移动测试装置给出的氮氧化物读数极高,当时所有人都以为是测试装置出了问题。加州空气资源局立刻向相关方发出了疑问。

这个故事充分说明了什么叫"生活远比戏剧更精彩",而《纽约时报》的记者杰克·尤因(Jack Ewing)在《排放门:大众汽车丑闻》(*Faster, Higher, Farther: The Volkswagen Scandal*)一书中用生动的笔触讲述了事件的始末。[2]加州空气资源局的工作人员联系了大众汽车,希望他们解释清楚为

---

* 译者注:LNT技术全称为lean NOx trap,lean的本意为清瘦、精益,LNT的特点是占用空间小,适合轻型柴油车。

什么车辆实际行驶时的氮氧化物排放量与测试站里相差那么多,面对这样的问询,大众汽车选择继续撒谎、回避真相。以大众汽车美国区环境和工程运营负责人奥利弗·施密特(Oliver Schmidt)为代表,大众的管理层反复表示是测试的问题,是读数校准的问题,绝口不提真正的原因——作弊装置。之后,大众表示发现了车辆的软件问题,并宣布召回车辆、加以修正。但所谓的修正,就是让工程师给车辆装上升级版的作弊软件,更好地鉴别发动机是否处于尾气排放测试环境下。这一手操作,只能说令人叹为观止,使得这一作弊事件更为恶劣。

到了2015年夏天,鉴于国际清洁交通委员会的研究结果,美国国家环境保护局和加州空气资源局都认定大众汽车在测试环境下的表现不能反映其真实行驶的状况,但为什么会存在这种差异,各家机构依然一筹莫展。最后,环保局下了最后通牒:如果大众汽车不给出解释,环保局将不会给大众汽车颁发2016年在美国销售柴油车的牌照。

事到如今,大众汽车不得不承认作弊器的存在,并承担一定的责任,但到了这个节骨眼上,这家公司依然试图把责任都推到低级别员工身上,但后续调查显示,大众还在撒谎。这样的结果令环保局非常失望,环保局相信,在这家颇有威望的德国汽车制造商中,一定有高层人士卷入了此事,因此面对大众汽车的推托之词,环保局没有退缩,而是要求大众汽车给出具体的涉事人员姓名,否则,大众汽车或许未来在美国连一辆车都别想卖。面对这样的形势,原先被调回德国的施密特回到了加州,并承认了他也参与了这一肮脏的勾当。

施密特和大众汽车的其他几位高管或许怀着这样的心理,只要他们主动认罪,那么无论个人还是公司,都不会遭受太严苛的惩罚。毕竟,截止到事发之时,环保局史上开具过最大的一笔罚单也就是1亿美元,原因是韩国现代起亚对汽车的能源效率和减排性能做了夸张的虚假宣传。

（1亿美元虽然听着多，但对于一家大公司来说，这个数字远远算不上出血，最多也就是手腕上被拍打了一下。）认罪之后，施密特返回了德国。到了2017年*，他与妻子返回美国，前往佛罗里达度假，显然，施密特认为自己并不会真的被起诉。但美国司法部另有打算。在迈阿密机场，他们逮捕了准备启程返回的施密特，且不得保释。施密特最终服罪，在2017年12月被判处7年的监禁。在我写下这些文字时，他正在芝加哥米兰的一所专门关押白领犯人的联邦监狱服刑。此外，还有5名大众汽车的高管面临美国的指控，但他们服刑的可能性就很小了（除非他们也蠢到偏偏要前往自己犯下联邦罪行的国家度假）。

在排放门终于尘埃落定之后，数据显示大众汽车在全球范围内给约1100万辆车装载了作弊系统，其中有800万辆销往欧洲，有约50万辆销往美国。根据已知事实，当这些车开上马路的时候，车辆的氮氧化物排放量是测试环境下的40倍，而这40倍的氮氧化物进入大气之后，必然已经夺走了一些人的生命，只是我们不知道那些人是谁、在哪儿、有多少位。根据最先进的估算，大众汽车造成的尾气污染导致了欧洲的1200人、美国的59人不幸过早死亡。[3,4]在整个2018年，大众已为排放门支付了超过320亿美元的刑事处罚和民事赔偿，以及支付给联邦或消费者的损失赔偿。此外，他们还面临多起尚未结案的诉讼案，总金额达到100亿美元。[5]买了涉事大众车的消费者将得到每辆车数千美元的赔偿，一方面是因为消费者遭遇了欺骗，另一方面则是补偿消费者的经济损失——他们的车若要二次销售，已大大贬值。

大众汽车也同意从美国消费者手中回购40万辆汽车，如今这些车辆大部分都停放在美国各地的37座停车场中。[6]大众汽车的计划是：拆除车辆的作弊器，升级车辆的排放系统，安装新的硬件与修改过的软件，之后

---

* 译者注：原文为2007年，应为笔误。

再逐步出售这些车辆,出售时会循序渐进,以防一下有太多的改装车进入市场。大众汽车同意在德国支付12亿欧元的罚款。[7]但他们的重污染汽车已销往全球多个国家,也意味着他们面临多个国家的处罚。他们已同意在加拿大支付罚款,而在韩国,他们面临的是强制性的两年停售期。[8]

但在尾气排放测试上用作弊软件这件事,大众汽车并不是唯一一家这么做的欧洲柴油车生产商。根据国际清洁交通委员会的测试,大部分欧洲在售的柴油车,其实际行驶时的氮氧化物排放量都高至欧洲最大允许标准的六七倍。[9]2017年1月,距大众汽车最终达成巨额的辩诉交易不过数天时间,环保局向菲亚特-克莱斯勒发起了申诉,指控该公司非法操纵了10万余辆吉普大切诺基和道奇公羊1500型柴油车的氮氧化物排放数值。[10]法国政府也对汽车生产商雷诺[11]提起了公诉(标致和雪铁龙也都是雷诺生产的),指控雷诺在近200万辆柴油车辆上安装了作弊器[12]。宝马和戴姆勒(梅赛德斯奔驰)的车辆则面临来自德国当局的指控,据称这两家车企也对柴油车做了手脚。[13]

在上文提到的每一起案件中,涉事车企都否认自己违反了任何法律。他们甚至能找出法律依据来为自己辩白,至少在欧洲,虽然作弊器是禁止的,但如果是出于"在事故中保护发动机及车辆的安全,避免损毁,确保车辆的安全行驶"这一正当理由,那么此类装置是允许的。在美国的监管规定中也有类似的表述,但在规定的执行上,美国和欧洲存在很大的差异。欧洲的主管部门不具备开具罚单的权限,因此在罚款上,只有靠美国来做执行者了。美国也丝毫没有心慈手软,当然,特朗普总统上台后,形势也发生了变化。

在我接触的每一个案例中,行业但凡要制造对科学的怀疑,他们一定会找来产品辩护行业的专家——律师、用金钱买通的科学家、公关策略人士,由这一批人代替行业发声,炮制出混淆视听的言论。在柴油车事件中,有一个专门负责掩人耳目的组织叫欧洲运输行业环境与健康研究组织(简称欧运组织),这一机构实际上是由大众、宝马、戴姆勒以及引擎制造商博世共同出资组建的。它成立于2007年,从时间线上看,应该就在这一组织成立不久以前,大众汽车的工程团队在新发动机的开发上遇到了问题,发现在燃耗的经济性和排放的环保性上无法兼顾,最后选择的解决方案是安装作弊器。在这样的背景下,欧洲汽车生产商扶植了替他们抛头露面鼓吹"可靠科学"的组织,这些组织自称其使命是"研究尾气排放、大气污染和健康之间的交互关系,并为潜在的健康风险寻求应对方案"。[14]但德国的新闻杂志《明镜》对这类"门面组织"给出了更加一针见血的定义,杂志把欧运组织形容为"伪装成研究机构的联合游说团体"。[15]

如果看一看欧运组织的领导成员名单以及职业背景,不难发现这一组织绝对不可能是独立的研究机构。机构的主任迈克尔·斯帕勒克(Michael Spallek)曾供职于大众汽车公司多年,担任职业医师。(哪怕在他加入欧运组织后,他依然保留了他在大众的公司邮箱。)[16]欧运组织的研究结果总是存在严重的倾向性。对于柴油颗粒被划归为致癌物一事,斯帕勒克就以共同作者的身份发表了多篇炮轰的文章。此外,还有多篇他署名的文章质疑柴油机废气对健康的巨大危害。

那么在城市中设立"低排放区",限制重污染的车辆驶入,是不是可行呢?斯帕勒克和他的同事也对这一概念进行了攻击,在一篇论文中表示并无证据证明低排放区有任何实际效果。[17](城市低排放区这一措施如果落到实处,原本可以显著降低居民接触柴油排放物的概率。1996年,斯德哥尔摩设立了全球第一个低排放区,之后欧洲有数十个城市都设立了类似的限行区,根据车辆的污染水平,将一些污染严重的车辆拦在限行区外。[18]遗憾的是,首批调研低排放区实际效果的研究论文中,有一篇是来自欧运组织的,这篇论文发表于2014年,文中自然是大大否认了低排放区的功效。此文一出,行业所雇佣的说客和公关团队对这一研究结果做了铺天盖地的宣传。)那么车辆在夜间造成的噪声污染呢?小事一桩,只要噪声是恒定的,就不会造成什么健康损伤。柴油机废气是否会致癌?科学暂时无法证实。这里要再提一下前文的内容,第六章中谈到了美国政府牵头的矿工调研,发现暴露在柴油排放物下的矿工患肺癌的概率比常人高,这一结论遭到了行业的反击,行业雇佣的枪手做了大量的二次分析,试图证明原始调研是错误的,而斯帕勒克领衔的欧运组织也参与了这场围攻。[19] 除了斯帕勒克之外,欧运组织的其他科学家也撰写了大量论文,反对把柴油颗粒归类为致癌物质。[20]

美国作家厄普顿·辛克莱(Upton Sinclair)有一句名言:"如果一个人用来谋生的工作要求他对某些事情视而不见,那无论你怎么努力,都无法让他睁开双眼。"在心理学上,这种现象专门有个名字,叫"动机性推理"。我们的动机会影响我们对事物的理解与判断。这是人类无法避免的天性。如果你的雇主是一家排污企业(且这位雇主为你的研究提供了丰厚的经费),那么你看待学术论文的立场、态度也会发生改变。或许任职于欧运组织的科学家们是真的发自内心地觉得政府和学界的研究是错误的,或许他们真的相信柴油车所喷出的滚滚黑烟不会提高患癌风险,哪怕黑烟中含有数十种致癌因子。或许吧。但除了撰写论文为企业辩护,此事还涉及新引擎中有意安装的作弊器系统,这就是赤裸裸的欺骗行为了。基于两种手段在时间上配合得如此巧妙,我们也完全有理由怀疑欧运组织的高层其实早就知晓事情内幕。毕竟证据显示,大众汽车全公司上下有**数百位**高层管理人员知晓作弊器的存在。此外,即便大众的"排放门"丑闻占据了各大报刊的头版头条,欧运组织的科学家依然没有收手,还是在学术期刊上大肆发表"伪科学"性质的研究论文,为"清洁柴油"发动机的安全性辩护,哪怕此类发动机的假面已逐步被揭下。

在大众与欧运组织的这场闹剧中,有太多令人愤怒的无耻行径。但这里我还要特别提一件事:科学家一旦被行业买通,他们甚至愿意为了行业"清洗版面",确保学术期刊上他们的声音占绝对的主导位置——可能翻开一本学术刊物,篇篇文章都在说柴油机废气其实不致癌。这样的做法最后只会让企业和行业蒙羞,在科学与行业道德上失去信誉。出于这样的借鉴意义,让我们来详细了解一下这一事件。

2012年,与柴油机废气有关的科研结果不断涌现,国际癌症研究机构(IARC)调研了多方证据,计划将柴油颗粒划归为已知"对人类致癌"的物质。行业的多位科学顾问(其中不乏从欧运组织获得酬劳的科学家)参加了IARC的会议,在会议上,IARC宣布了有关柴油颗粒的计划。根据该组织的规定,与议题存在利益关联的科学家可以作为观察员出席会议,但无投票权。在参会之前,这些顾问已公开宣扬了他们的立场:但凡有证据指向柴油机废气的致癌性,这些证据一定是错误的。在IARC宣布柴油颗粒致癌性评级的当天,行业早已准备好了新闻稿,安排好了专家采访,想好了应对口径,但凡有媒体表示出对此事的兴趣,他们就会抓住机会反驳IARC的评级。行业着重宣扬的一大论点是:只有老式的柴油发动机才会排放有害废气,现代的发动机制造商生产的新式发动机已经不存在这种问题了——也这是行业近年来的标准话术。

但汽车行业显然不满足于这种老生常谈的辩解之词。他们想反守为攻,在公关宣传中释放更**积极**的信号。汽车行业努力强调,新型发动机代表了**进步**。大众汽车旗下品牌奥迪的美国区企宣部经理向高层写邮件请求内部援助,表示需要"传播另一种声音,扭转舆论方向"。[21]如何来扭转舆论呢?他们的想法是设计一场在实验室中开展的实验,在实验环境下,人类会吸入新型"清洁"发动机所排放的废气,并且安然无恙。但这一计划面临一大问题:国际癌症研究机构认为柴油颗粒会诱发肺癌,但癌症的形成需要多年的时间。如果要证明柴油颗粒不会致癌,那就需要让受试人群在几十年中大剂量地接触柴油机废气,并全程追踪观察。但汽车行业显然等不了几十年。

大众汽车公司选择了更便利的做法,仅让受试者在短时期内接触由新型发动机排放的氮氧化物(起码在实验中他们会选择开了作弊器、处于测试条件下的新型发动机)。原本的计划是召集人类志愿者,安排志愿者在室内环境中骑固定式的脚踏车,借助这样的运动提高他们呼吸的剧烈程度,然后让他们吸入混合了柴油机废气的空气(柴油颗粒已被过滤掉了),所吸入的浓度是不会造成永久性的肺部损伤的。如果这一实验设计了对照组,一组使用老式(重污染)发动机,一组使用新型(清洁)发动机,并**真实地**对比实验结果,那么这一研究可以算得上设计合理,如果新的发动机真的是清洁无害的,那么实验结果也应该是显而易见的。

但大众汽车从一开始就不打算这样来做实验。大众的高管极尽所能地在实验结果上弄虚作假。当时作弊器正处于批量生产当中,而正因为大众内部人士染指了实验数据,他们也留下了不少把柄,变相地印证了起码有部分员工知晓作弊器的存在与用途。尽管大众汽车委托欧运组织来开展并监督实验,但从实验伊始,大众就密切地参与了实验的全过程。原先提出的人类志愿者和室内自行车这些实验要素都被大众的律师团队一票否决。或许对于大众来说,这家车企原本就与德国纳粹有过千丝万缕的联系,这次如果把人类志愿者放进密闭的"毒气室"里,难免会激起一些不太好的联想。[22]

替补方案就是用猴子来替代人类志愿者。斯帕勒克,也就是原先在大众汽车当医师,后来成为欧运组织负责人的那位,他找到了洛夫莱斯呼吸道研究所,如第六章中所提到的,这是一家位于新墨西哥州的非营利性实验室,归私人所有。斯帕勒克承诺向洛夫莱斯提供71.8572万美元的经费,洛夫莱斯同意用10只公猴子做实验。实验的目标在于比较呼吸了不同空气的猴子的身体状况,得出新旧发动机技术效果的优劣结果。在两组实验当中,发动机废气均会与过滤过的空气相混合,以降低废气的浓度。参与实验的猴子中,部分会接触新式发动机废气,部分会接触老式,还有一部分呼吸的是纯粹的过滤过的空气。每一次暴露在实验环境下后,猴子都会接受医学检查,检查的重点就是肺部是否有发炎症状。

欧运组织和洛夫莱斯呼吸道研究所于2013年8月签署了协议。从项目伊始,协议中的几条基本原则就透露出科学和道德上的不严谨。举例而言,协议要求洛夫莱斯出具一份最终报告,但同时也规定洛夫莱斯必须对研究结果严格保密。[23]这条规定之所以令人不快,是因为在2001年,医药行业曾有过一系列丑闻:一系列药企不满于研究学者的研究结果,因此极力阻挠这些研究结果的公开发表。鉴于药企的粗暴干涉,全球多家顶级生物医学期刊的13位编辑共同宣布,只有研究项目的协议中写明"不涉及商业利益",他们才会考虑刊发。也就是说,如果洛夫莱斯呼吸道研究所把他们的柴油机废气研究报告提交给编辑,报告会遭到编辑的回绝,因为洛夫莱斯与欧运组织就该研究签订过协议,而按照协议规定,出资方才有权决定是否对外公布研究结果。在2001年的一份联合声明中,这13位编辑表示,类似的协议条款"腐蚀了科研环境,侵犯了原先孕育出高质量临床研究的科研土壤,也让医学期刊容易引起误读,因为署名的学者可能根本决定不了刊发的论文里什么能写、什么不能写,但读者却毫不知情"。[24]

可见,欧运组织与洛夫莱斯之间的合作协议会引起不小的关于双方学术道德的质疑,但明知有此风险,双方依然维持了原协议的安排。在实验结束的一年以后,也就是2018年7月,英文版的《明镜》杂志对此事做了义愤填膺的报道。其余报刊也纷纷跟进,重点关注实验设计上的种种不合理。首先，实验中使用了猴子，把动物放置于有毒环境之下做测试，这本来就有道义上的争议。其次，在猴子参与实验时，电视上播放着卡通动画，动画使猴子更为平静，呼吸也更为平稳。实验室里，猴子一边看动画片一边呼吸发动机排放出的废气，这样的画面着实具有冲击力，看过之后很难从记忆中抹去。[25]

那时，记者还不知道，大众汽车和欧运组织在实验中也通过作弊器来弄虚作假。（几年之后"排放门"才爆出。）大众汽车与洛夫莱斯的研究人员合作紧密，确保实验结果完全符合大众领导层的期望：既有严谨、学术的表象，又要得出虚假的结果，证明大众的发动机不会引起任何健康问题。但事情的发展并未按大众汽车的设想进行。

为了操纵实验结果，大众汽车出资扶植的欧运组织需要向实验人员提供合适的车辆，确保这些车辆能得出理想的数据。同时，由于实验中还涉及用于对比的老款发动机，德国人坚持认为老款发动机不应该选择德国产的，因为他们不想把自己的品牌与污染严重的老式车辆联系在一起。[26]因此，他们找到了一辆1997年的福特F-250小型载货卡车并买了下来，当时，这辆车已经有15年的车龄了。至于新型发动机车辆，他们选择了大众的柴油型甲壳虫。詹姆斯·梁（James Liang）是大众的工程师，他帮助洛夫莱斯实验室完成了实验的基础工作。他挑选了一辆全新的红色甲壳虫柴油车，并亲自从洛杉矶把这辆车开到了新墨西哥州的洛夫莱斯实验室。为了确保车辆中的作弊器运作正常、只排放极微量的氮氧化物，从而得出公司所期望的研究结果，梁要求洛夫莱斯实验室安装信号增强器，从而实时地把数据从汽车发动机直接传输到梁在加州的办公室。（这不仅增加了实验的成本，也打破了赞助人与实验人员之间的屏障，让赞助方可以直接染指实验。欧运组织向洛夫莱斯承诺，他们会负责承担设备的费用。[27]

大众工程师还为实验室提供了专门用来模拟测试环境的器械,与汽车尾气测试站中所使用的滚轴类似,这一器械可以让车辆在原地行驶,车轮转动但方向盘不动。一旦作弊器检测到这种行驶模式,就会开始工作。斯图尔特·约翰逊(Stuart Johnson)是奥利弗·施密特的同事,同样供职于大众集团美国区的工程与环境办公室,后来施密特被调派回德国(但尚未在迈阿密机场被逮捕),约翰逊顶上了施密特原先的位置。在此次实验中,许多设备都是约翰逊负责挑选的。[28]梁则负责设备的妥善安装和运输,最重要的当然就是作弊器,只有作弊器良好运转,才能保证废气中的氮氧化物含量是极低的。[29]

对于梁来说,这并不是他第一次接到类似的任务。在数年之前,他就参与设计了大众汽车第一代的作弊软件。鉴于那一次的成功经验,梁被公司派到位于南加利福尼亚州的测试基地,负责参照美国的本土情况来校准作弊软件,从而识别出美国的车辆测试设备和环境。在大众汽车,梁的职位是"柴油机性能负责人"。按照道理来说,洛夫莱斯实验室的研究人员应该不知道作弊器的存在,也不知道大众早已给发动机动过手脚,以确保氮氧化物的排放量是极微量的。

在2018年《明镜》杂志关于洛夫莱斯实验的报道中,提到了一位来自弗吉尼亚的小镇律师,迈克尔·梅尔克森(Michael Melkersen),他是诸多代表消费者起诉大众公司的律师中的一员,他们主张大众汽车有意误导消费者,使消费者购入了重污染的车辆。为了这起官司,梅尔克森四处搜集、查阅文件,并发现一份文件当中提及了"洛夫莱斯实验",于是他通过法院传票进一步索取信息,并终于采集到了几位涉事人员的证词。[30]由于洛夫莱斯和欧运组织之间的保密协议,原本这一实验的结果可以永久地雪藏起来,但由于梅尔克森的这起官司,尤其是梅尔克森本人对证据的深入挖掘,实验结果终于重见天日。通过梅尔克森揭露的文件,我们终于得以一窥这项"时运不济"的研究的荒谬与悲哀。

先暂且不谈用猴子做实验的道义问题，也不谈实验出资方在项目协议中加入的那些问题条款，仅从实验本身的设计来看，它还是较为合理、有效的。但如果参照备忘录及证人证词，尤其是洛夫莱斯首席科学家雅各布·麦克唐纳（Jacob McDonald）的证词，我们不难发现，实验在实际的操作与执行层面充斥着各种可笑的错误，而最荒谬的当属实验的结果。由于大众汽车精心安排的种种作弊手段，这一实验的结果本该是早就定好了的：新型的柴油发动机，例如红色甲壳虫汽车中装载的发动机，会在清洁度上大大优于老式的发动机（例如福特皮卡所使用的发动机）。然而，实验的结果却恰恰相反，在实验中，甲壳虫汽车造成的肺部发炎症状数量**高于**老旧的福特皮卡，哪怕福特的氮氧化物排放量是甲壳虫的180倍。这样的实验结果无论如何都叫人无法理解。

到了2015年，大众汽车的排放门事件已有了苗头，但洛夫莱斯实验室尚未公布过任何研究结果。洛夫莱斯的实验人员看了新闻才知道，原来大众给发动机设计了作弊软件。洛夫莱斯首席科学家麦克唐纳说道："我觉得我像个傻子。"[29]但不知为何，洛夫莱斯的研究人员并没有因此中止实验，他们并没有说"由于大众对发动机做了手脚，所以实验数据无效"，而是选择**继续**推进这一项目。欧运组织的态度非常明确，他们在这个项目上没少投钱，因此想要得到他们理应得到的结果，即便大众汽车的处境已危机四伏。

在与产品辩护行业打交道的过程中，我也见过许许多多叫人大跌眼镜的事，但梅尔克森通过传票所获取的备忘录、草稿等内容还是刷新了我的认知。在公众眼中，科学研究是直截了当、黑白分明的，科学家得出了怎样的结论，就会如实公布他们的科研发现，而不会有所隐瞒。但梅尔克森揭露的文件显示，科学家为了讨好金主（并顺利拿到报酬），甘愿篡改研究结果。我也大致可以想象洛夫莱斯研究人员的心态,他们当时可谓是遭遇了天翻地覆般的变故,两条相互矛盾的爆炸性信息让他们无所适从。其一,他们刚刚知晓了大众汽车为了保证发动机只排放极微量的氮氧化物,已在发动机上做过手脚;其二,尽管大众汽车已经通过作弊手段来影响实验结果,实际的研究结果却事与愿违:大众新型柴油发动机在作弊器的帮助下仅仅排放微量的氮氧化物,但与老式的、污染严重的皮卡相比,大众车反而造成了更多例的炎症。

洛夫莱斯实验室该怎么做呢?毕竟欧运组织这边还有7.1万美元的尾款(也就是项目合同金额的10%),要等实验室完成合同所有的条件后才会支付,而其中一条,就是需要产出一篇论文,经同行评议后刊发于学术期刊上。要产出成果,那就只能硬着头皮继续研究下去,于是洛夫莱斯的团队继续分析数据,并着手准备汇报材料和论文摘要,在明知实验受到操纵的情况下假装无事发生,一本正经地汇报实验结果。洛夫莱斯的实验人员先是准备了第一版摘要,计划在毒理学会的2016年度会议上展示。摘要的结尾是这样写的:"样本分析仍在进行当中,但与假设相反,根据多项关键指标判断,[使用新技术的柴油发动机]似乎引起了严重的炎症。"[31]

如果真的这样大方地承认新型发动机会造成健康问题,显然会令实验的出资方不悦。洛夫莱斯内部有人建议,去掉那句话里的"严重"二字,并且要不提及新的发动机比旧的发动机更易引发炎症,而是仅仅笼统地说"在使用新旧发动机的两组实验中,均有实验对象出现炎症"。最终,在年度会议中使用的摘要,也是公众接触到的唯一一个版本的摘要,还是多多少少地考虑了欧运组织的立场。实验人员完全没有提及实验中使用过新式的柴油发动机,而是仅仅对比了老式柴油发动机废气和过滤过的空气,表示呼吸了老式柴油发动机废气的猴子比呼吸过滤过的常规空气的猴子出现了更多例的炎症。³²但这样的研究结果,又怎么能登上学术期刊呢。首先,关于老式柴油发动机的危害,早就是老生常谈了,实验并无产出任何新发现。此外,在同行评议环节,一定会有学者向洛夫莱斯的动物关怀与使用委员会发出疑问,为什么这一原本应该保护实验室动物福利的机构会批准这样一项对科学毫无新贡献的实验。

洛夫莱斯最终提交给欧运组织的报告也经历了多次修改,以便获得德国赞助方的批准。最初的报告承认了接触新式发动机废气的猴子中发生了多例炎症,尽管它们接触的氮氧化物浓度极低,但炎症却比老式发动机那一组更为普遍。负责撰写报告的研究人员向麦克唐纳解释道:"我已经尽量缓和了措辞,避免把这一实验说成一次糟糕的经历。"³³

最终的效果我们也看到了。当欧运组织看到这样一份报告之后,他们自然是不满意的。这一行业协会向洛夫莱斯提出了一系列的问题和意见,只有获得满意答复后,欧运组织才会支付尾款。(负责向洛夫莱斯下达意见的理事会成员除了斯帕勒克之外,还有多位柴油的忠实维护者,他们各自也都撰写过多篇论文,质疑柴油颗粒与肺癌之间的关联。我个人印象最深的一篇题为《欧洲"空气年":事实,命运,展望》。³⁴)

欧运组织和负责人迈克尔·斯帕勒克是不是从一开始就知道大众提供给洛夫莱斯的车子是动过手脚的呢?这点我们已无法考证,欧运组织也没有任何一位成员被判有罪。但文件显示,在大众排放门甚嚣尘上之际,斯帕勒克依然向洛夫莱斯的实验人员施压,要求他们发表一篇论文,在论文中把新型发动机塑造成无健康隐患的安全技术。尽管合同中的规定是,在洛夫莱斯提交了最终报告后,欧运组织就应当支付最后10%的尾款,但麦克唐纳向洛夫莱斯负责合同的团队解释道,"我们在几个月前已经提交了最终版的报告,但报告受到了质疑,对方认为报告没有给出他们所预想的结果。"换句话说,欧运组织只有在看到令他们满意的报告后才会支付最终的7.1万美元。[35]

所以洛夫莱斯的实验中到底出了什么问题？为什么吸入微量氮氧化物的猴子反而会比吸入大量氮氧化物的猴子更容易出现肺部炎症呢？首先，原本协议中规定的是要采购10只公猴子，但洛夫莱斯实验室实际采购了10只母猴子。实验室也有他们的实际考量——母猴子的价格更便宜，也更温顺，更便于管理。但母猴子的肺部反应存在更多的不确定性，尤其是在月经期间。[36]还有一种可能的原因，则是实验人员的操作不当。在实验开始前，科学家对每只猴子都做了基准的肺部清洗，也就是用生理盐水冲洗猴子的肺部，以便观察炎症，了解在接触氮氧化物的几天之前这些猴子肺部的基准情况。因此，事后猴子肺部的炎症未必是氮氧化物引发的，也有可能因为基准检查时刺激到了肺部，引发了炎症。无论是何种原因，研究人员最终对实验数据作出了他们的判断，首席科学家麦克唐纳用了一个简短的词来概括——"垃圾"。[37]

莫非真的像俗语中所说的，吃进去的是垃圾，吐出来的也是垃圾？从洛夫莱斯实验室的角度来看，的确最好的做法就是把这些"垃圾"般的数据全盘丢弃，彻底了结此事。相信这也会是许多科学家的选择。但洛夫莱斯实验室，为了拿到7.1万美元的尾款，不得不对实验结论做一些修改，并拼凑出一篇论文。在麦克唐纳把实验数据称作垃圾之后，仅仅过去两个月的时间，他就向欧运组织的斯帕勒克致信，写道他正在修改最终的报告，"我们可以加入一些新的数据点，证明旧式发动机的威力更强、更致病。这些新的数据点符合我们关于柴油和肺部损伤的假设"。[38]（这里我要提醒一句，在麦克唐纳写下此番言论时，大众汽车的排放门已发酵整整一年了。）

换言之，这场闹剧是产品辩护人士操纵原始实验数据的典型案例。斯帕勒克当然准许洛夫莱斯实验室在数据上做手脚，但在打款之前，他还是要求实验室把最终版本的报告投稿到学术期刊,顺利刊发后才会付清款项。³⁹麦克唐纳在写给另一位洛夫莱斯科研人员的邮件中说道:"我的任务是让论文发表,所以我得把肺部清洗的基准数据剔除掉,这样我就剩下三组数据……还有些和气溶胶有关的有的没的……所以我会再看看我能不能再加进去点什么有意思的内容,最后证明'旧柴油机是坏蛋,新柴油机是好人',然后顺便拿个诺贝尔奖。"³⁷

我相信麦克唐纳是用一种极度反讽的心态提及诺贝尔奖的。2017年6月30日,麦克唐纳把洛夫莱斯研究的报告终稿发送给了大众汽车的斯图尔特·约翰逊和欧运组织的迈克尔·斯帕勒克,这一稿的结论已经与初稿的结论截然相反。最终,洛夫莱斯还是给了大众和欧运组织从最开始就想要得到的结论:"基于本实验的结论,[15年车龄的福特F250所使用的老式柴油技术]更容易引发系统性的炎症以及肺部炎症,而[新款的大众甲壳虫所使用的新式柴油技术]则不存在这样的问题。"在邮件中,除了提交报告,麦克唐纳还承诺会将实验数据提交至《吸入性毒理学》杂志,并再一次请求对方支付7.1万美元的尾款。⁴⁰但洛夫莱斯依然未能得偿所愿。欧运组织由于赞助了这项把猴子作为实验对象的研究项目,遭到了媒体的严正声讨,大众汽车认为欧运组织已经不再是一个有用的枪手组织了。在麦克唐纳发送最终版报告的几天以前,欧运组织就被解散了。这篇完全按照赞助方的意图而撰写的报告也没有得到学术期刊的认可,最终未得到发表。整个过程中,唯一公开的部分就是在2016年大会上所呈现那一段严重失实的摘要。

我并不为洛夫莱斯的遭遇感到惋惜。虽然最后他们可能的确遭到了不公的对待,但从这一事件中,我们可以清楚地看到,实验室的主要科研人员为了7.1万美元的余款,甘愿篡改研究数据,并把虚假的、具有误导性的结论投稿至学术期刊,妄图得到刊发。虽然他们未能得逞,但此事也揭露了实验室研究中的一些具有普遍性的问题,这些问题理当引起重视。

当猴子实验登上国际新闻头条后,动物保护组织被彻底激怒了。关于低浓度氮氧化物对人类健康的影响,已有相关研究对人类志愿者做过实验。从科学角度而言,没有任何必要把已经得出科研结论的问题再拿猴子来重复实验一遍。大众、宝马和戴姆勒的高管都深表震惊,没有想到居然开展过这样一场实验。大众汽车的首席执行官穆伦称这则实验"道德缺失,令人厌恶"。

那么实验中的舞弊呢?在实验当中,向猴子排放废气的发动机可是安装了大众的作弊软件的,软件操纵了发动机的氮氧化物排放量。虽然洛夫莱斯实验室可能并不知道大众车的氮氧化物捕集装置仅在实验中开启,在实际行驶中是不工作的。在大众深陷排放门之时,这一品牌的声誉已跌到谷底,但没想到还有洛夫莱斯一事,可谓雪上加霜。大众汽车在道歉时倒是很爽快:"大众汽车集团严格避免参与任何针对动物的暴行。动物实验违反了大众所秉持的价值观。"在道歉中,大众汽车自然会把自家的高管摘得一干二净:"这是极少数人的个人行为,他们行事不妥、判断不佳,恳请大家谅解。"[41]

所以大众汽车口中的"个别人士"到底是谁呢?最初,大众和戴姆勒选择把一切归咎于几位低级别的员工,并暂停了他们的工作。通过这样的处理方式,他们让高层管理人员逃脱指责,哪怕公司的某些高管曾定期出席欧运组织的会议,而会议上也讨论过洛夫莱斯实验。之后,大众汽车的首席执行官穆伦(Muller)表示,公司的对外关系和可持续发展负责人托马斯·施特格(Thomas Steg)从2013年5月起就知晓了这一实验,因此施特格将为这起丑闻"负全部责任"。[42]施特格被暂时停职,但大众汽车在对他做了内部审计之后宣称他是清白无辜的,还不到6个月的时间,施特格就恢复了原职。随着美国和德国方面对大众汽车的调查继续推进,越来越多的证据浮出水面,也证伪了大众所谓"一切都是低级别员工的错误"。根据美国证券交易委员会的调查,时任大众首席执行官的马丁·温特科恩(Martin Winterkorn)以及多名大众高管早在2007年就了解到了作弊器的相关信息,当时作弊器的研发甚至都还没进入到车载这一步。美国证交会还提到,当时有人提醒大众高管,如果出售安装了作弊器的车辆,万一作弊的手法被发现,车辆的制造商将面临很大的麻烦,但大众汽车并没有把这一劝诫的声音放在心上。[43]

詹姆斯·梁是负责编写初代作弊软件代码的工程师,他曾亲自前往新墨西哥州,确认车辆中的作弊器运转良好,他成了"排放门"中第一位获刑事罪名的大众员工。2017年8月,詹姆斯·梁服罪,承认参与共谋,欺骗了美国的监管部门以及大众的消费者。负责此案的法官认为,虽然梁主动认罪,并配合了检察官对大众公司以及大众高管的调查(大众汽车最终在美国一国就支付了总额为43亿美元的民事及刑事处罚),但由于此案影响巨大、情节恶劣,法官依然判处了梁40个月的监狱监禁,并罚款20万美元。[44]梁和施密特在服刑完毕后将被遣返至德国。

排放门中最重大的判决发生在2018年5月:大众汽车的前任首席执行官温特科恩因欺瞒美国监管者被判处欺诈和共谋罪。但由于他生活在德国,如今依然逍遥法外。

排放门影响深远。在排放门爆发后,但凡再有与汽车行业有关联的科学家提出他们的研究成果,这类成果都会经历更加严格的审视。欧洲的不少城市都致力于洁净空气、消除有毒的氮氧化物,在得知车辆作弊器的存在后,这些城市在愤怒之余决定扩大低排放区的覆盖。此前低排放区的效果之所以遭到质疑,正是由于三位欧运组织专家的唱衰言论。德国城市汉堡如今在绝大部分的城市区域都禁止老式柴油车驶入。伦敦早已设立了低排放区,如今又宣布将在城市的某些核心区域设立"超低排放区"。

但是,排放门却并未给大众汽车的整体销量带去多大影响。的确,大众汽车在"世界第一"的宝座上仅仅坐了短短一年就被挤了下来,但它的规模依然稳稳地排在世界第二。此外,大众汽车唯一登顶的那一年是2016年,而那时排放门已被爆出。

大众汽车当然可以继续做"全球领先汽车制造商",但它的销量应该仅仅来自汽油车、混合动力车以及电力车。是时候认清现实了,柴油车应属于过去,而不属于未来。新型的汽油发动机使用了催化剂转化技术,所排放的氮氧化物比最新的柴油发动机还低。柴油发动机在清洁性和里程数之中只能二选一,与如今售价越来越低的电力或混合动力汽车相比,柴油车就更不占优势了。如果欧洲当局不再给柴油燃料提供税收优惠,那么购买柴油车的最后一点好处也消失了。而在美国,原本就不存在柴油油价的补贴。

在本章即将结束之际,是不是有重磅消息要压轴揭晓呢?也可以这么说。就在大众汽车前首席执行官温特科恩被美方定罪的那一个月,也就是2018年5月,大众旗下的品牌奥迪遭到了德国监管者的调查,监管者怀疑奥迪在欧洲市场出售的一些高端柴油车型上安装了**新型**的作弊器,此时,距排放门的首次曝光已过去三年,而这一事件显然如多米诺骨牌般余波不止。奥迪的首席执行官鲁珀特·施塔德勒(Rupert Stadler)由于牵涉进了大众汽车先前的丑闻,于一个月后遭到逮捕。奥迪公司需要为非法软件承担企业责任,支付8亿欧元(约9.3亿美元)的民事罚款。奥迪前首席执行官施塔德勒的诉讼案仍在审理当中。[45]

第十一章
气候变化否定器

"气候变化否定器"（climate change denial machine）这一词条是由记者莎伦·贝格利（Sharon Begley）在2007年创造出来的，当时《美国新闻周刊》的一篇封面故事引起了轩然大波。气候变化是如今地球万物存亡所面临的最大威胁，而根据《美国新闻周刊》所揭露的内幕，行业正不遗余力地把气候变化塑造成天方夜谭。¹由于这台"气候变化否定器"从中作梗，许多应对气候变化的恢复性措施胎死腹中，哪怕如今看来，这台机器在否定气候变化的相关科学时急功近利、愚蠢莽撞，但它依然颇有成效。

气候变化否定器之所以能发挥功效，在一定程度上与"气候变化"一词给公众的感觉有关。"气候变化"四个字听上去是中性的、不具备攻击性的，光听这个词，人们很难联想到漫天山火、粮食减产、饥荒，或是海平面上升即将导致数百万人流离失所。"变化"一词远远不足以描述我们所看到的景象，与其称之为"变化"，不如称之为"愈演愈烈、不断加速的灾难式气候大崩盘"，而全球已有不少地区和人群在承受气候失控的灾难性后果。²

但在全球气候分崩离析之际，有一群人为了自身利益，不希望公众有任何行动，于是"变化"一词就为他们提供了便利。毕竟"变化"未必是件坏事，也未必是反常的现象。黛安娜·弗奇戈特–罗思（Diana Furchtgott-

Roth)就是用这样的说辞为气候变化辩解的,弗奇戈特-罗思曾在小布什的内阁担任劳工部的首席经济学家,在特朗普上台后,她被提名为交通部的研究与技术办公室负责人。(之所以举这个例子,是因为特朗普的人事任命决策可谓是一面照妖镜,但凡得到了特朗普任命的人,一定是气候变化的否认者。)在2013年的一场国会听证会上,弗奇戈特-罗思代表曼哈顿研究院(一家倡导自由市场的智库)发表了证词,反对任何限制温室气体排放的法律法规。哪怕是充分贯彻了自由市场精神的"总量控制和交易"(cap-and-trade)模式,她依然表示反对。[3]弗奇戈特-罗思是一位劳动力领域的经济学家,对气候科学不具备任何特别的专业知识。即便如此,她依然在2015年言之凿凿地说道:"数千年来,地球的气温有时升高,有时降低,早在工业革命开始以前,气候就经历过各种变化。在18世纪的小冰期结束之后,地球的气温一直在稳步上升。在过去15年,虽然温室气体排放量有所增加,但气候变暖却停止了。"[4]

她的核心思想就是,气候的**变化**并不是什么危险预警,不值得大惊小怪。可是,如果仔细推敲一下:没错,地球的气温变化具有一定的周期性。在数千年的时间跨度里,地球的气温会呈现出缓慢的升高与回落。但我们目前经历的并不是这种缓慢变化。现在的情况是,全球的气温陡然飙升,呈现出人类历史上从未有过的趋势。

气候变化的否定论者也常常会提到1998年这一年份,表示在那一年之后,升温就停止了。这一年份显然是他们精心挑选的,因为那一年出现了破纪录的高温。通过在数据上挑挑拣拣,只采用有利数据,这一说法看似暂时站得住脚:1998年出现了强厄尔尼诺事件,即东太平洋地区出现海温异常升高现象。在随后的几年,气温的确有小幅的回落。于是1998年就成了特别有用的一个例子,被气候变化否定论者广泛引用。但没过多久,2005年的全球气温就打破了1998年的纪录。如今,地球已比1998年更为炎热,基本每一年的气温都超过了前一年。自有记载的年份以来,史上最热的7个年份都出现在2010年之后。[5]但拿1998年做例子似乎已经是一种深入骨髓的习惯。

人类活动所排放的温室气体是气候变化的元凶,这一点在科学界已经是人人都承认的既定事实。早已有无数的研究报告可以佐证这一点。学术期刊上绝大多数的论文都是基于这一前提的。[6]而气候变化的否定论者则大概率从未在学术期刊上发表过科研成果,他们只是为了维护自己的地位而发表一些充满偏见的观点。(还有很多人,例如劳动经济学家弗奇戈特–罗思,他们加入了这场论战,但所讨论的事项是完全超出自己的专业范畴的。)他们给出的论据,说得轻一点是对数据断章取义,重一点则是歪曲事实。他们给出的解释大多是滑稽可笑的,当然,面对这一严肃的议题,我们也笑不出来。

话已至此,其实已没有必要再去深入剖析气候变化否定论者具体是怎么操纵科学的了。气候变化这一问题已有非常确切的科学定论,任何的质疑声都是愚蠢的。在本章中,我想关注的是另一个方面:公关。为了挑起对科学事实的怀疑、干扰大众的理解与判断,否定派在公关上做足了功夫,他们的目标,是让民众相信气候变化"是美国人民有史以来遭遇的最大骗局"[7]——引号中的这句话,是俄克拉何马州参议员詹姆斯·英霍夫(James Inhofe)的原话。

在科学的会议或大会上,常有专家提出,我们需要向公众呈现**更多的证据**,只要证据足够充分,人们就会意识到气候崩盘这一问题的紧迫性。而我也在一些会议上遇到过一些公共关系专家,他们认为我们要找准信息传播的角度,更多地强调气候崩盘会给人类健康带去怎样切实的影响,而不是但凡谈及气候就是举北极熊的例子。如果能让公众意识到危险迫在眉睫、与自身息息相关,人们就会有危机感,从而愿意采取行动。不得不说，两种想法都非常乐观。事实情况是，相关证据已经铺天盖地，无论是科研证据还是切实例子，各式各样的信息都很充分，新闻报道也从未停歇，但这些证据并没有引起多大反应。

在涉及事物因果联系的科学争议上，随着证据的完善，因果关系**最终**会得到普遍的承认。哪怕是烟草行业利益最忠实、最坚定的维护者（最后剩下的应该都是烟草公司的老板们）在抵抗了半个世纪以后，也终于松了口，承认无数烟民所患上的肺癌的确与烟草有关。但在气候问题上，恐怖分子依然在顽固抵抗。"恐怖分子"的确是很严重的一个词，但我认为称他们为恐怖分子毫不为过。曾经，这一小群边缘化的科学家（大部分都没有任何气候方面的科学背景）被称为"怀疑派"。但"怀疑"还不足以形容他们的立场。他们早已不是从科学的角度在探讨问题了，他们的立场已发展成一种危险的意识形态。

在1998年之前，如果有心去留意，其实已经能看到种种气候失常的证据，已有科学家指出，温室气体的不断积累会导致气候的显著变化，但在那个年代，主流政客大可以对这样的说法不予理会。但今天的情况已大不相同。全球变暖已导致许多灾难性事件，统计学上的证据也证明全球变暖已经呈现出"压倒性"的趋势。就好比到了20世纪后半期，吸烟与肺癌之间的因果关系越来越确凿，要装傻充愣也越来越难，如今，要否认全球变暖也已经越来越难了。但由于人类的天性使然，当我们坚信的某一种观点遭遇颠覆时，我们反而会更迫切地去维护固有的观点。气候问题上正是如此。否定派已经把气候议题上升为一个党派性的政治问题，有了共和党这棵大树，气候变化的否认者可以舒舒服服地攀附在这棵大树上，占尽优势。（很抱歉，这里必须要指名道姓地点出一个党派。因为要开诚布公地探讨问题，我别无他法。毕竟在我的书中，真相就是真相。）

近年，对气候问题的态度已经成了共和党党内忠诚度的测试题。在

20世纪80年代,甚至在90年代,美国政府的两党之间在气候问题上达成了难能可贵的一致意见,两党均意识到了不断累积的温室气体所带来的威胁。哪怕在不算太遥远的2000年,共和党的两位总统大选候选人小布什和约翰·麦凯恩(John McCain)均把减少温室气体排放作为他们重要的政治主张。他们的立场是非常有道理的,虽然"预防性原则"未必适用于每一种情况,但气候变化问题却需要这种警惕性的防范原则。可惜由于种种政治及文化原因,气候问题上的两党合作并未持续多久,短暂的同盟瞬间演变成一场激烈的对抗,一边是自由市场的倡导者,他们得到了化石燃料行业的资助,鼓吹自由至上;另一边则是一批无畏的反抗者,认为个别行业的利益不应该凌驾于公众健康和地球健康之上。但凡有任何限制温室气体排放的举措,都会遭到共和党的强烈抵制——反对减排俨然成了共和党的政治纲领,哪位共和党人不采取这一立场,就会在党内遭到排挤。夏威夷的参议员布赖恩·沙茨(Brian Schatz)曾精辟地说过:"在各大党派中,共和党可能是地球上唯一一个致力于让气候变化来得更猛烈一些的政党。"[8]

　　回顾香烟和肺癌的那段往事,可以看到公众的认知是领先的:早在烟草行业最终缴械投降的许多年前,公众就普遍意识到了吸烟的致癌性。但在气候崩盘这件事上,情况却不一样。如今,半数以上的美国民众承认气候正在崩盘,但也有相当一部分人持相反的观点,他们拒绝接受科学,拒绝把气候崩盘归因为人类活动。同时,与坚定的否定派专家一样,这一部分民众的数量、立场都非常稳定,形成了一个牢固的群体。哪怕有新的科学证据出现,这一群体的人数并不会有明显的减少。不同立场的人好比不同的部落。气候问题被首先视为一个政治问题,其次才是科学问题。但凡提及气候变化,阿尔·戈尔(Al Gore)*的名字总是会出现。再来

---

* 译者注:阿尔·戈尔曾在克林顿任期内担任美国副总统。2000年竞选美国总统失利后,他投身于环保事业,致力于唤起全球人民对气候变化的关注。

看一组数据,是两党政客对气候变化的态度,这里的"气候变化"仅指客观的变化,不涉及原因,即便如此,有35%的共和党人认为压根不存什么气候变化,但只有2%的民主党人持此观点。相反,90%的民主党人认为已有充分证据证明气候正在发生变化,但只有50%的共和党人持此观点。近80%的民主党人认为人类行为或多或少地加剧了气候变化,但共和党人中只有35%这样认为。十多年过去了,这样的阵营和比例几乎分毫未改。[9]

这种令人沮丧的分裂格局是如何形成的呢?答案很简单。在否定阵营中,伪科学与政治力量相互配合,把气候问题意识形态化、策略化、政治化,在过去的75年当中,这一群人擅长借助经济问题来挑动对科学的怀疑。每一场攻击背后都是同一群人、同样的资金来源、同样的战术。他们打的是一场持久战,为他们提供资金的,是美国史上最富裕、最具规模的一些公司和家族,以及一些极为保守的基金会。在他们的不懈宣传下,有不少美国人,尤其是一些在政治上颇为活跃的美国人,认为政府的任何监管行为都是对自由市场的亵渎,侵犯了企业、家庭和个人的自由。这些群体善于要一些两面派的诡计,曾为香烟、含铅涂料、工业化学品等**已被证明**对人体有毒有害的物质做过辩白,非常了解该如何挑起对既有科学证据的怀疑。而现在,他们要把这套日益纯熟的方法用在气候问题上:哪怕已有无数的科学证据证明,温室气体的不断堆积会给气候带去重大影响,进而威胁地球万物的生存,而他们要做就是不断地攻击、否认这套科学。一旦得逞,这可能会成为他们最成功、危害最大的一次辩护案例。

说到气候崩盘的否定派,又不得不提烟草老大哥。烟草行业在数十年间孜孜不倦地否认吸烟与肺癌的联系,他们不但为其他行业留下了教科书般的宝贵经验,也催生了一系列组织机构,这些机构从科学或公关的角度为行业提供服务,帮助他们蒙蔽大众、危害公众利益。烟草的维护者和气候崩盘的否定派到底是怎么联系到一起的,这当中的故事蜿蜒曲折。在这场长达75年的气候拉锯战中,我想在此提几个关键点。

乔治·C.马歇尔研究院以二战时期的风云人物马歇尔(George C. Marshall)将军命名,成立于1984年,创始人是三位杰出的物理学家:弗雷德里克·塞茨(Frederick Seitz)、罗伯特·贾斯特罗(Robert Jastrow)和威廉·尼伦贝格(William Nierenberg),三位都在科学界精耕多年,成就突出,同时,他们也都卷入冷战带来的意识形态冲突,非常警惕苏联阵营的扩张。基于对苏联的强烈敌意,他们认定美国国内反核人士和环保人士是一群受到境外势力挑唆的可疑分子,他们虽心怀好意,但过于天真、容易受到蒙蔽。马歇尔研究院的几位创始人坚信,任何涉及环境污染、有毒化学物质的议题,都极端地夸大了这些问题对健康或环境的危害,更是严重威胁到了自由市场资本主义以及西方文明在未来的存续。保守派乔治·威尔(George Will)曾在《华盛顿邮报》的专栏中如此评价环保主义:"有些环保主义就像是一棵树,树冠是绿色的,树根却是红色的。环保主义的出现让社会主义人士欣喜若狂,他们理想中的世界,就是由高瞻远瞩的领导人立下规矩,所有人都服从规矩,过着苦行僧般的生活,却美其名曰'关爱地球'。"[10]

由于马歇尔研究院三位创始人的鼎鼎大名,这一机构所发表的任何学术观点都如有光环加持,天生就具有更高的可信度。借助这样的优势,马歇尔研究院毫不心慈手软地打压可能构成威胁的科学观点。酸雨这一现象想必大家并不陌生,在20世纪七八十年代,酸雨造成了严重的环境危害。尼伦贝格与另一位物理学家弗雷德·辛格(Fred Singer,如今他与美国传统基金会*来往甚密)合作,让负责评审此事的总统级别专家小组尽量淡化酸雨的危害。报告中强调了科学证据的不确定性,因而无需贸然采取任何行动。除了酸雨以外,氯氟碳化物和臭氧层空洞也是20世纪末颇

---

* 译者注:即Heritage Foundation,是美国影响力极大的一个代表保守派利益的智囊团。

受关注的一大问题,他们的做法和立场如出一辙。在他们看来,"氯氟碳化物导致臭氧层空洞"这一说法会威胁到自由市场机制,辛格本人采取了强硬的立场,向科学界频频发问,质疑氯氟碳化物排放与臭氧层空洞之间的因果关系。科学史家内奥米·奥利斯克斯(Naomi Oreskes)和埃里克·康韦(Erik Conway)写道,辛格的反对意见"有三个突出主题:相关科研不够完善、尚无定论;如果要寻找氯氟碳化物的替代物,这一过程将是艰难、危险且昂贵的;科学界已经腐化,科学家的行为都源于自身利益或政治意识形态。"[11]

马歇尔研究院的科学家及助理在酸雨和臭氧层空洞上对科学多加阻挠,但也仅仅是拖延了几年的时间。没过多久,他们耸人听闻的谎言就被证伪,科学并非"充满不确定性",应对这些问题的成本也远远没有他们鼓吹得那么高,越来越多的研究提供了更确切的证据,而相应的环保措施一经执行,也迅速起到了效果,显著地缓解了问题。(1995年,三位提出氯氟碳化物问题的学者获得了诺贝尔化学奖。)美国和另外195个国家签署了《关于消耗臭氧层物质的蒙特利尔议定书》,这一遭到辛格强烈反对的协议显著地降低了氯氟碳化物的排放,也起到了保护臭氧层的作用。[12]根据美国国务院公布的信息(信息发布于2018年的网页上,特朗普政府暂时还没把这部分信息删除),截止到21世纪末,《蒙特利尔议定书》将减少2.8亿余例的皮肤癌,避免约160万起因皮肤癌而死亡的病例,仅在美国就可避免4500万例的白内障。[13]

马歇尔研究院对酸雨和臭氧层空洞发表的那些胡言乱语从未登上过正规的科学期刊,也很快被世人所遗忘。但在烟草行业眼中,那些失败经历却都是宝贵的"带妆彩排"经验,可以帮助他们在二手烟问题上更好地设定口径、制订策略。马歇尔研究院由于经历过之前的闹剧,也已经证明自己是有经验的演员。

创始人当中最有威望的弗雷德里克·塞茨，曾担任过洛克菲勒大学校长、美国国家科学院院长。除了这些工作经历之外，他还做了一份兼职，就是帮助烟草巨头雷诺烟草公司(R. J. Reynolds Tobacco)牵线搭桥，寻找可以资助的科研项目。烟草行业的诸多内部文件显示，雷诺的目的是"建立起丰富的、扎实的科学数据网络，提供有力证据，帮助烟草行业抵御攻击。"[11]塞茨着手帮助雷诺公司物色科研项目的时候，香烟与肺癌之间的因果关系早已被证实，但塞茨主张"辩论双方机会均等，反方的声音也有权利被公众听见"。（所谓的"机会均等"纯粹是诡辩之词，但也是产品辩护行业反复使用的一招，哪怕到了今天，他们依然会在公开争论中强调"机会均等"。）

到了20世纪80年代末期，已有实验证明，本人不吸烟、但丈夫吸烟的女性也容易患上与香烟有关的疾病，美国国家环境保护局决定采取行动，保护这些暴露在香烟烟气下、受到癌症威胁的非烟民。在政府着手增强公共卫生保护措施时，烟草行业自然派出了他们的门面组织。门面组织往往顶着某某机构的名字（或者某某协会、某某中心，总之听上去是权威的、公正无偏颇的），宣扬这样一类观点：政府的监管让私营企业遭遇不公对待，阻碍了私营领域的发展。值得说明的是，尽管这些组织背后的出资方是烟草行业，但他们从未直接为烟草辩护，毕竟时至今日，烟草的危害性已经没有任何辩白的空间了。他们反对的是对香烟征收更高的赋税，反对在公共场所禁烟——因为这些规定干预了自由。

但光用"自由"这一理由可能还不够。烟草商还是需要继续攻击与二手烟相关的科学证据（这部分在第二章中已提及），或者最起码提出足够多的疑问、让事情变得模棱两可。这样的话，那些抵制税收、反对监管的门面组织就不用正面回答为什么他们所维护的产品不但会给使用者带去危害（使用者毕竟是自愿吸烟的），还会给周围无辜的人带去危害（这就没法用"咎由自取"来解释了）。

在这一点上，马歇尔研究院那位大名鼎鼎的共同创始人塞茨就发挥了重要作用。塞茨在出版界有广泛的人脉（我都不愿意将那些刊物称为"科学出版物"），这也是今天许多产品辩护事务所能够提供给客户的资源。烟草行业需要写出一篇关于二手烟的报告，驳斥环保局的方案，质疑环保局所引用的研究。塞茨本人是一位物理学家，并无任何流行病学方面的背景，但这不重要，他的名字很响亮，所以在评论家们看来，任何冠上他名字的东西自然是值得相信的。烟草公司把塞茨这个名字在出版界的威望利用到了极致。（当然，名字也是有偿使用的。马歇尔研究院并不直接从私营企业接收款项，因此这当中又需要一番操作。帮助斡旋的人正是吉姆·托奇，这位原先在里根政府任职的公职人员下海之后当起了产品辩护顾问，帮助许多有毒有害产品规避政府监管。他让烟草公司把钱先付给他的公司，由他再转给马歇尔研究院。[14]托奇曾为滑石粉行业和化妆品行业立下赫赫战功，这段故事在第九章中已有详细叙述。）塞茨和辛格还为一些游说团体担任科学顾问，这些团体背后也都有烟草行业的扶植，例如菲利普·莫里斯烟草公司的科学促进联盟，以及科学与环境政策项目。后者与菲利普·莫里斯的公关公司共同发布过一则报告，标题是《美国国家环境保护局的垃圾科学》。

2015年，马歇尔研究院的三位创始人都已离世，这家机构也停止营业了。但没多久，它就演化成了一个新的组织：二氧化碳联盟。[15]这一联盟的座右铭是："二氧化碳是生命必需品。"[16]这话也没错。火也是生命必需品，但我们需要把火控制好，不然就可能被烧死。无论如何掩饰其真实意图，此类机构的宗旨就是不断地炒作怀疑论，并为背后真正的金主和政客提供一些掩护。总体而言，这些目标他们都做到了。

如今再回顾有关二手烟的科学论证，没有一句是"垃圾"。

马歇尔研究院为烟草行业所做的工作成了如今气候恐怖分子的蓝图：由研究机构出面，提供科学上的掩护，但实则是为了帮助行业抵制监管和税收。当然，把马歇尔研究院的发表物称作"科学研究"也未必太抬举他们了，这家机构的确会发布各式技术报告，其中充斥着大量看上去很厉害的表格、图例和引文，但如果真的投稿至专业的、有一定声誉的学术期刊，那么此类文章是断然无法通过同行评议的。马歇尔研究院以及数百家仿照马歇尔的模式建立起来的门面机构都在稀释、削弱科学。

气候崩盘问题也遭遇了集中式的"马歇尔处理法"，因为多家石油企业，如埃克森美孚、壳牌公司，以及代表石油企业的行业协会（美国石油协会）最先开展气候问题的研究。[17]尽管到了今天，有数家石油巨头已公开承认人类行为的确导致了气候变化，他们却从未为之前的欺骗行为道歉，早先正是在他们的资助下，一批专门炮制气候伪科学的机构得以诞生，并至今仍在活跃行动。这里面的故事已得到多方报道，许多报道都把埃克森美孚列为最主要的推手，主导了众多的伪科学研究和宣传，否认气候崩盘。的确，埃克森美孚并不无辜，但也要看到，埃克森美孚一度是全球市值最高的公司，而既然是上市公司，埃克森美孚的行为会受到股东诉求的约束。

而科氏工业集团（Koch Industries）是全球最大的私有石油公司，这家公司才是烟草行业的最佳学徒，充分贯彻了产品辩护的精髓，并取得了很好的成效。科氏工业集团的所有者是两位兄弟——查尔斯·科赫（Charles Koch）和戴维·科赫（David Koch），他们的父亲弗雷德·科赫（Fred Koch）是科氏的创始人。在1983年，也就是弗雷德去世的16年之后，经历了万众瞩目的法庭激辩和董事会斗争，查尔斯和戴维终于从另外两位兄弟手中买下了他们的股权，获得了公司的全部控制权。这两位兄弟（伙同一批拥护自由市场的超级富豪）提供了大量的资金，集中火力打击气候科学，与他们一比,埃克森美孚真的是小巫见大巫。在《暗钱》(Dark Money)一书中,记者简·迈耶(Jane Mayer)记载了科氏与监管者之间的多次交锋,监管者的责任是保护公众,杜绝企业威胁公众安全的有害行为(例如非法排放苯、向海水中倾倒含汞的污水、操纵价格),而科氏则投入了大量的金钱,有规划、系统地攻击美国的公共保护和监管机制。[18]

内部人士杰夫·内斯比特(Jeff Nesbit)的第一手证词揭示了科氏的专属否定器是如何运作的。杰夫·内斯比特曾在1993年担任"健康经济倡议组织"的传播总监,这一组织是科氏的全资子公司,负责充当掩人耳目的"门面机构"。根据加州大学旧金山分校的研究人员的调查以及内斯比特本人的《毒茶》(Poison Tea)一书,烟草行业和科氏的捐赠网络是两大最主要的出资方,正因为他们所注入的资金,才催生了各类地区性及全国性打着"反对监管、维护自由市场"旗号的所谓学术中心、智库,或是假环保、伪绿色组织。此类机构的命名都如出一辙:自由力量组织,美国繁荣组织,抵制过度监管组织,抗议递减累进税联盟,让政府别再找我们麻烦联盟,国际气候科学协会,二氧化碳及全球变化研究中心,等等(详见图11.1)。每一家都声称是独立的草根组织或协会,但每一家事实上都是一张巨大网络中的一环,而这张网络的目的,就是鼓吹"小政府"的概念,政府应该减少干预,让人民(以及企业)不受束缚地做他们想做的事。[19]

富裕的企业齐声宣扬自由主义和小政府,主要目的无外乎这两个:对"勤劳致富的创造者"要减轻税收、减少监管;对"坐享其成的索取者"则不应提供那么多福利保障[这里引用的是米特·罗姆尼(Mitt Romney)在2012年总统大选时的名言]。在气候崩盘这个问题上,化石燃料行业充当了反抗环境保护的先锋,他们的宣传手段可谓双管齐下,有时明目张胆,有时遮遮掩掩,总之不断地制造对科学的怀疑,或者美其名曰守护"自由市场和有限政府的原则"——这是科氏所资助的一家倡议团体的原话。[20]巧的

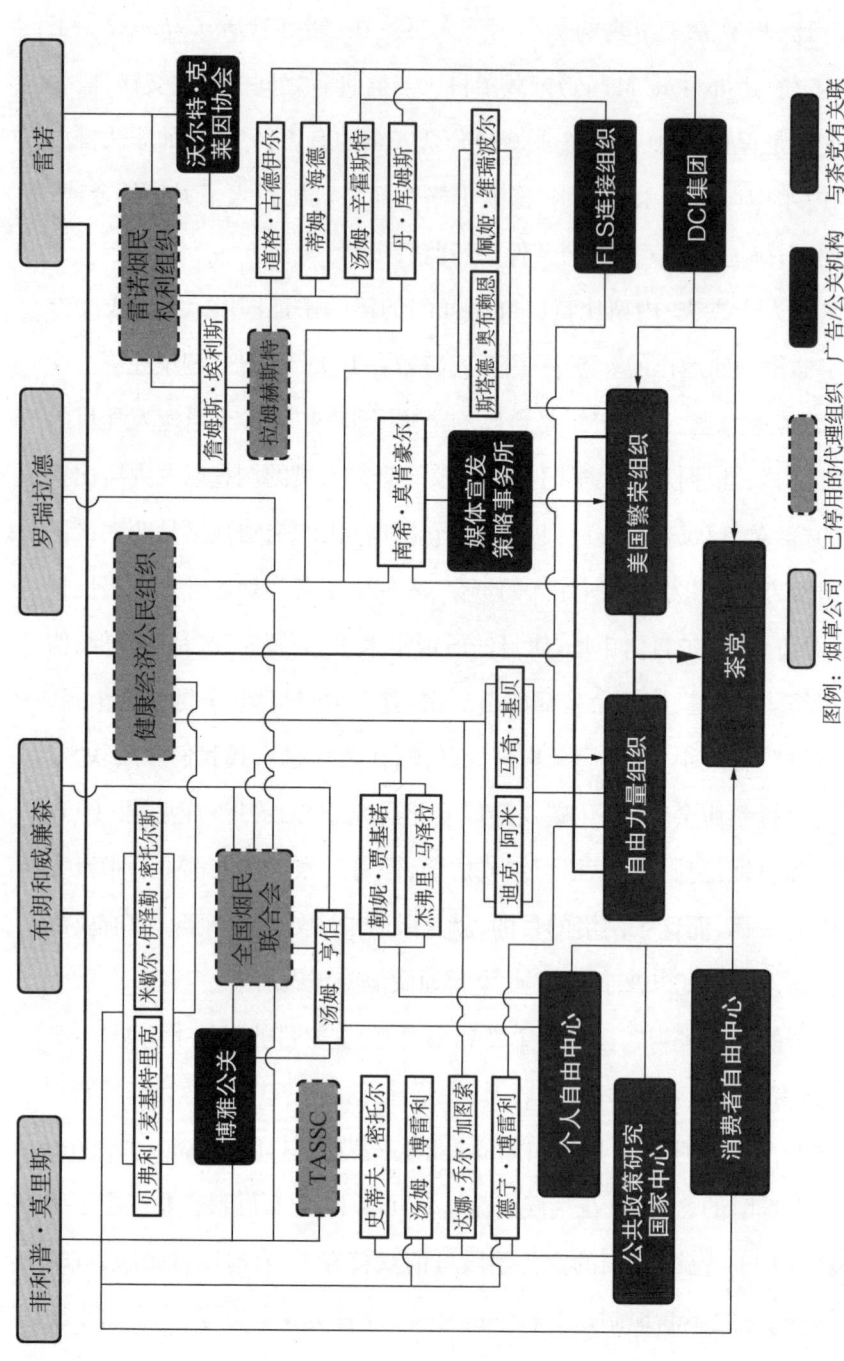

图11.1 图解（不完全统计的）科氏所把控的利滋集团，与科氏形成同盟的公关公司及政运势力。本图的信息源自 A. 法林（A. Fallin）等人所写的《烟草行业利漆党：第三方机构幕后的发号施令者》一文，该文章发表在《烟草控制》期刊上，24: 322–331 2014，已获得BMJ出版集团许可。

是，他们极力倡导的这些自由市场原则恰好可以帮助他们进一步扩大财富。这些公司所运营的石油管道泄漏了又怎样，炼油厂所排出的废气中含有致癌物质又怎样，这是他们的"自由"。事实上，科氏兄弟所拥有的企业还真做过这些事，甚至还留下了记录。这些抵制监管、倡导自由市场的超级富豪们大多继承了可观的财富，却认为自己是"白手起家"的奋斗者。他们之所以能累积下巨额的财富，很大一部分依靠的是政府采购合同，此外他们还从政府获得了上亿美元的财政补贴。[21]这样一对比，他们的立场就非常具有讽刺意味了。而为了达成目的，他们所投入的资金还产生了更深远的影响。

由于诉讼案件，数百万页（这里不是虚数，是真的多达百万页）烟草行业的内部文件在法庭上公开，我们也得以接触到这些内容，从中可以看到，烟草行业和科氏家族（通过健康经济倡议组织等中间机构）以捍卫自由、限制政府权力扩张之名，资助并导演了一起抵制监管的大型宣传抗议活动。（无独有偶，在这起诉讼案中，法庭还判定烟草行业违反了联邦法律，犯下了勒索罪。）

通过这些文件，我们才知道"茶党"并不是在2009年为了抵制奥巴马医改才自发组织起来的。菲利普·莫里斯烟草公司早在1989年就用"波士顿倾茶党"来比喻他们的草根活动，之后的整个90年代，他们也一直在宣扬这一概念。2002年，健康经济倡议组织发起了美国茶党，注册了www.usteaparty.com这一网址。几年之后，茶党突然就活跃在大众的视野中，高调抵制奥巴马总统和民主党人，原因就在于茶党早已酝酿和发展了多年，而它背后的主导势力在抗议税收、抵制烟草和温室气体的监管方面有了丰富的经验。[19]自由是他们的挡箭牌。

随着气候崩盘越来越显而易见，其恶果越来越难以忽视，科氏的否定器需要来一次升级改装，才能跟上变化。慢慢地，有一批身份是"经济学家"的人站出来说话,与单纯地一味否认气候变化的人相比,他们的言论似乎更加有理有据一些。这批人被称为"妥协派"(有时也称作"温吞水派"),其代表性人物当属丹麦政治科学家比约恩·隆伯格(Bjørn Lomborg)。这一群人如蚊子般恼人地嗡嗡作响,但又不直接攻击气候科学,只说气候变化的影响被"杞人忧天者"夸大了,其实气候变化并不是一件那么可怕的事。妥协派总是会强调"韧性",并着重点出全球变暖那些"显而易见"的好处:北极的海运航道通畅了,因为冰块融化了;虽然某些地区适合耕种的季节缩短了,但也有些地区适耕季节延长了,因此损益相抵。总而言之,他们最核心的观点是:如果为了遏制气候变化,整个经济结构从化石燃料驱动型全面转型至新能源经济,由此将产生巨大的经济成本和结构动荡,远远超过气候变化本身带来的经济成本。

这种新兴的妥协派言论用他们非凡的想象力,把地球和人类社会都折算成了明码标价的项目。自由市场的拥护者每一次抵抗政府监管时,拿出的也是相似的一套成本收益核算。所以,大堡礁的死亡与存活,损益的数额该算作多少呢?是按照澳大利亚损失的旅游业收入来计算吗?波士顿、百慕大或孟加拉国的大洪水中逝去的生命又该如何核算其成本呢?不同地区的人命,值同样的价钱吗?引用奥斯卡·王尔德(Oscar Wilde)笔下人物的一句名言,这些计算者"清楚每一件事的价格,却不了解任何一件事的价值"。所有东西进入他们的视线后都会变成一张价格标签。此外,他们习惯性地夸大可再生能源的成本,事实上可再生能源的成本正迅速下降,如果配合更有力的政策刺激,价格还会降得更快。尽管和早一代的气候恐怖分子相比,妥协派的说辞听上去有道理多了,但两代否定器的终极立场还是一致的:经济体系还是得继续依赖化石燃料,越依赖越好。继续开挖石油,不要停。

一些像埃克森美孚这样冥顽不灵的企业也改变了他们对外宣发的口

径,从极端往温和靠拢。在近期的一次股东会议上,埃克森美孚的首席执行官伍德伦(Darren Woods)表示,他"承诺在应对气候变化上尽一份力"。[22] 与此同时,埃克森美孚依然向否认气候变化的政治右翼提供大量的政治资金,只能说,伍德伦的承诺不过是嘴上说说。[23] 据社会学家罗伯特·J. 布鲁尔(Robert J. Brulle)测算,在2000至2016年间,行业大约投入了20亿美元(按2016年的美元货币价值计算)用于游说气候相关议题。投入的最高峰出现在奥巴马上任的头两年,也就是2008至2010年,按当时的风声来看,众议院可能会通过一项限制温室气体排放的法案。但随着2010年中期选举的结果揭晓*(茶党也在科氏的资助下崛起),这项法案已不可能通过,因此也没有必要为了反对此项法案而继续游说,所以游说上的投入相应减少。[24]

随着特朗普得势,行业所滋养出来的怪物变得愈加强大。这股势力的党羽占据了联邦政府的各个关键职位。迈伦·埃贝尔(Myron Ebell)是一位突出的气候变化否定论者,他曾负责领导竞争企业协会下的能源和环保中心(该机构的出资方是石油和煤炭企业)。在特朗普上台后,他负责临时领导美国国家环境保护局的过渡团队。在这一团队中,还有两位曾服务烟草行业的资深人士:曾称环保局的气候研究为"垃圾科学"的史蒂夫·米洛伊(Steve Milloy),以及气候变化否定论者克里斯·霍纳(Chris Horner),他与煤炭行业所扶植的多家智库来往密切。但凡是特朗普政府任命的人选,一定是气候变化的否定论者,这已经成了一条不败的判定法门。

在应对气候崩盘上,原本好不容易已取得了一些进步,但随着特朗普的登台,否定派又策划起了一场全方位的反攻,试图将原先的进步悉数逆

---

* 译者注:共和党在中期选举中赢得了众议院的多数席位,从民主党手中夺得了控制权。

转。他们的公关宣传所采用的口径非常明了：气候变化是假新闻，是假新闻的鼻祖，是最假的新闻。化石燃料企业所雇佣的气候否定派们天天把这句话挂在嘴边，虽然这话本身在科学上不合逻辑，但他们显然毫不在意。是否合乎科学逻辑并不重要，他们的目的是歪曲真相。特朗普总统的顾问凯莉安·康韦（Kellyanne Conway）曾这样描述特朗普退出《巴黎协定》的决定："他先有了结论，但最终的证据也证实了他的结论。"[25]

参议员谢尔登·怀特豪斯（Sheldon Whitehouse，罗得岛州民主党人）是参议院中最积极地主张限制温室气体排放的人之一，他用一个词概括了为什么气候崩盘的否定器在共和党中获得了不可撼动的政治地位："政治献金"。不可否认，在今天的政坛中，企业所投入的资金有着巨大的影响力。特别值得一提的是，企业所拿出的大笔的钱，它的流向已极大地改变了一些政客（尤其是共和党人）的生活和职责。少数几家极其慷慨的大企业为共和党候选人提供了竞选宣传所需要的全部经费，因此这些共和党人无需每天花费无数时间挨家挨户打电话、募集政治捐款。企业的捐赠网络让这些政客的生活轻松了许多（因为他们本身就不喜欢打募资电话），他们的竞选预算也充足了许多。因此，在这些政客发表观点、投票表决的时候，自然也会反应捐赠方的立场。这样的趋势在共和党中已经酝酿了有些时候了，而联邦最高法院在联合公民*一案上的判罚则让这一趋势愈演愈烈。今天，捐赠人如果想要支持某位政客参选，他们可捐献的资金数额几乎不受任何法律法规限制。再参考美国国税局的一些裁定，捐赠人甚至都无需公开身份，可以匿名捐款。暗钱成了选举的操纵者。但

---

* 译者注：联合公民（United Citizens）是一个保守派的非营利性组织，在此案中起诉联邦选举委员会的《两党选举改革法案》违宪、妨碍了公民的言论自由。最终九位大法官的投票结果为5:4，联合公民以一票获胜。最高法院判定政治献金是公民表达个人意愿的方式，像联合公民这样的非营利性组织不必公开他们的捐赠者信息，募集的政治献金不设上限。

凡有共和党人表达出一点点对气候变化的担忧，他们就会被视作异端，迅速地被扫荡出局。曾经重视气候变化问题的共和党人转变了立场，至少在公开场合已"改过自新"。[26]没有人有勇气逆流而行。最"叛逆"的共和党人，也不过是在气候论战中号召大家冷静克制，但最终到了投票的时候，他们依然是否定派。最初围追堵截气候科学的那一股金钱势力，如今已成了共和党背后的真正掌权者。

当然，他们并不是孤军奋战。在共和党的受众中，反科学的声音反而会受到欢迎，因为这群人最主要的信息来源是福克斯新闻频道、布赖特巴特新闻网、《华尔街日报》的社论版面，以及其他更为极端的右翼媒体。有些科学家写的东西登不上正规的、需同行评议的学术期刊，但右翼媒体却很乐意给他们提供版面。这些不达标的半吊子科研就这样获得了刊发和曝光，其后果是非常严重的。再加上记者执着于展现"任何故事都有正反两面"（我个人并不认同这种说法），此类宣传会造成极大危害。在媒体行业中，持右派立场的媒体大佬们也都是气候崩盘的坚定否认者。史蒂夫·班农（Steve Bannon）是原布赖特巴特新闻网的负责人，后成为特朗普的竞选经理，他曾发表文章称环保主义者是"绿色白痴"，"对气候变化真他妈屁都不懂"。[27]鲁珀特·默多克（Rupert Murdoch）的媒体帝国中，福克斯新闻频道和《华尔街日报》无疑最具代表性，虽然措辞上不像班农那么无礼，但传达的是同样的意思。根据DeSmog网站（网站名称的寓意是"破除烟幕弹"）的分析，在2012至2016年间，《华尔街日报》所刊发的有关气候变化的专栏文章中，95%的文章（即303篇中的287篇）"通篇都是具有误导性的、毫无可信度的否定论调，充斥着阴谋论和政治攻击"。[28]

这里可以举一个显著的例子：2018年，众议院科学委员会就海平面上升问题召开了会议，紧随其后，《华尔街日报》就刊发了弗雷德·辛格的专栏文章《海平面的确在升高，但并不是因为气候变化》（辛格在此报上发表过许多类似文章)。辛格学的是物理学,信奉自由市场,也是一名根深蒂固的怀疑论者。在20世纪70年代,他也公开质疑了"臭氧层空洞"一说。事实证明,在臭氧层这件事上,他的看法是错的。后来还有酸雨,还有烟草,他每一次的立场都是错的。照理来说,有了这样一串接连失误,他的可信度应该大打折扣,但显然,有些知名刊物并不介意请他定期供稿。

不过,起码辛格的专栏文章中承认了海平面在上升。对于许多共和党人来说,海平面的上升依然是天方夜谭,哪怕这一现象即将给上海、达卡、拉各斯、迈阿密等滨海城市的数百万居民带去严重的影响。在2018年众议院科学委员会的多起听证会上,原先担任委员会领导的拉马尔·史密斯(Lamar Smith,石油州*共和党人)否认海平面在上升,但与此同时,他又自相矛盾地把辛格的那篇专栏文章作为证据纳入了档案。可能是当时菲利普·达菲(Philip Duffy)的证词给他造成了压力,让他不得不发起反击。菲利普·达菲是美国伍兹霍尔研究中心的主席,他展示的数据显示了全球海平面的上升正在加速。议员莫·布鲁克斯(Mo Brooks,亚拉巴马州共和党人)随后也认同了海平面上升是事实,但认为原因是**岩石落入海中**。不难想象,这样一个委员会最后给出的报告在货真价实的科学家当中引起了不小的愤怒。[29]

美国决定退出《巴黎气候协定》,且特朗普总统和他委任的班子希望推翻先前的环保成果,废除任何有助于减缓温室气体排放的措施。在这一时刻,捍卫真正的气候科学家,守护真实的科研证据就显得尤为重要。尽管阻力重重、黑云压顶,但仍有一线曙光。在全球,国际社会在控制温室气体排放上已达成一致(当然美国除外),且已取得一些成效。可再生能源的价格仍在继续下降,因此一些污染严重、极为危险的化石燃料逐渐

---

* 译者注:此处是作者的揶揄,史密斯所代表的得克萨斯州,也是美国产油量最大的州。

失去了成本上的优势,哪怕共和党人依然一心要为化石燃料提供补贴。此外,越来越多的媒体在气候变化的议题上有了更鲜明的立场,而不是一味奉行"正反兼顾"的叙事原则。曾经,极端的否定论者还能以专家的身份在媒体上发言,如今,他们的言论被引用得越来越少,偶尔见报,也是作为非主流的外界声音,针对他们说的话,记者也会通过访谈做实事查证。面对愈发频繁和恶劣的极端天气事件,记者们也更多地将此类现象归因于气候崩盘。

此外,正如先前在多个行业看到的,诉讼案件对企业能够起到威慑作用。为了减少诉讼风险,企业会约束自己的行为。相关研究已证明,石油巨头在内部早已意识到了温室气体的不断积累,因此全国各地也出现了多起针对油企的诉讼案件,要求他们为极端天气带来的危害提供补偿,并为相关紧急预案承担成本。虽然这些案子未必都能胜诉,但从战略上来讲,它们是一股重要的力量,能够起到有效威慑的作用。企业怕的不仅仅是官司输了以后要承担高额的罚金,他们也怕一旦被牵扯进案件中,如要为自己辩解,就不得不拿出许多文件和证据,但有很多文件显然他们并不想向外界公开。类似的例子我们已经见过许多次:最关键的定罪证据,正是在官司中被揭露出来、大白天下的。我们也有理由相信,这样的故事在未来还会重演。为了避免官司,油企已经愿意坐上谈判桌,并表露出妥协的意向:如果愿意停止诉讼和调查,油企也愿意接受政府对碳燃料(包括石油)额外征税。

环保组织也引导消费者发出声音,向企业施压,呼吁企业停止资助那些臭名昭彰的气候变化否定派组织(例如哈兰学会),并退出、疏远那些否认气候崩盘的政治游说机构,例如美国商会、美国立法交流委员会(这是一家由科氏扶植起来的机构)。消费者抗议声的确换来了成效:苹果、李维斯以及数家公共事业公司均宣布退出美国商会,因为该组织在气候变化上的立场过于极端。甚至连埃克森美孚也和谷歌、英国石油公司、壳牌一同退出了美国立法交流委员会,原因是他们并不赞成该组织在气候变化上的策略。与美国立法交流委员会绝交对企业来说大有收益。许多倒行逆施的落后政策的最大推手都是美国立法交流委员会,例如鼓励持枪的《不退让法》,削减教师、消防员等公共服务人员的养老金,缩减受伤工人的抚恤金。

但是,一些好不容易取得的成果却随着特朗普的胜选而被迅速抹去。一些原本选择站到真相这一边的企业又调转了枪头,回到了否定派的阵营,希望利用这个监管缺位的空档尽可能地攫取利益,哪怕这意味着给地球带去长远的伤害。

气候所引起的灾难性事件将给许多人带来悲剧性的后果,让无数人遭受不利的影响,这已经是不争的事实。尽管如此,大部分气候学家依然相信,只要我们果断、迅速地采取大力的措施,遏制温室气体的排放,我们依然有希望避免最坏的结果。但是,化石燃料行业和他们的紧密同盟共和党依然百般阻挠,甚至让好不容易取得的进步功亏一篑。对于生活在美国的人来说,我们能做的最重要的一件事,就是支持政府立法限制石油和煤炭的燃烧。共和党如今已经变成了气候崩盘的否定党,这一点必须转变,否则牺牲的就是未来几代人的福祉。

第十二章
带来疾病的糖

1953年12月,伟达公共关系顾问公司的创始人约翰·W.希尔向他烟草行业的客户介绍了一套绝妙却恶毒的策略,通过"制造不确定因素"来动摇烟草和肺癌之间的关联。为了实施这一套策略,希尔先是成立了烟草行业研究委员会,这家机构的办公室就设在伟达楼下,同样位于帝国大厦内。烟草行业研究委员会承诺开展严格缜密的科学研究,确保把吸烟的健康影响研究透彻。还不到三周的时间,在1954年1月4日,行业就把伟达建议的策略付诸实际,大张旗鼓地买下美国各大报纸的整版广告,刊登"致吸烟者的一则真诚告知书"。公告不但宣示了烟草行业研究委员会的成立,也表示行业承诺将"研究吸烟的不同阶段,分析各阶段的健康状况",此项研究工作将由"道德高尚、享誉全国的一批科学家"领导展开,此外,还将有一批"与香烟行业无利害关系"的科学家组成顾问专家组。[1]

这则声明引起了罗伯特·C.霍基特(Robert C. Hockett)的关注。霍基特彼时刚从他原来担任科学总监的糖业研究基金会退休,该基金会是糖业在科学界的分支机构。在烟草行业的"真诚告知书"登上各大报刊的那天早晨,霍基特旋即给烟草行业的人士发出了信函(他甚至尚不知道收件人的姓名到底要写谁)。他敏锐地注意到了烟草行业创建了烟草行业研究委员会,于是果断地毛遂自荐:

十年以前,糖业研究基金会成立了,那是一个与贵组织十分相似的行业联合会。当时,精制糖被指控为糖尿病、蛀牙、小儿麻痹症、维生素B缺乏症、肥胖、早晨低血糖症等健康问题的元凶,而糖业研究基金会成立的目的就是对此类指控开展调查……

在九年的时间里,我在多家医学院、医院、大学和专科院校组织并指导了多项研究,为糖洗刷了绝大多数它本不应该背负的罪名……

目前烟草行业面临的挑战与我之间帮助糖业所对抗的挑战是如此相似,因此我不得不毛遂自荐,我的经历和背景或许能够帮到新成立的烟草行业研究委员会。[2]

霍基特的信一定是寄对了部门,他的主动请缨很快得到了回应,烟草行业研究委员会将他招致麾下,负责把他在糖业实施过的技巧运用在香烟上。他的工作目标也非常清晰:让香烟这一产品看上去更安全,至少针对"抽烟会致死"这一说法提出一些疑点。

糖业研究基金会的原负责人可以如此容易地转换角色,摇身一变成为烟草的捍卫者,足以从侧面证明糖业研究基金会的工作性质和内容大概是怎样的。的确,糖业和烟草业在发家史上有不少相似之处。2016年,加州大学旧金山分校的研究人员发现并公开了一批文件,文件显示自20世纪50年代开始(甚至可能更早),糖业就发起了一场聪明又隐蔽的欺骗宣传,误导大众的认知。

首先是在20世纪50年代,有科学证据显示心脏病风险的升高与糖的摄入存在相关性。此说一出,糖业研究基金会立刻接洽了多位营养学家,希望扭转"对糖的负面看法"。行业团体向营养学家提供了他们自己的一套研究,研究结果恰恰相反:心脏病风险上升的最主要推手是膳食脂肪,而不是糖。(这一说法真的太聪明了,糖业可以顺势鼓励消费者用糖来替代膳食结构中的脂肪,这样还不会增加热量摄入总额。)尽管谈到对科学的歪曲,烟草行业的"杰作"流传得最广,但糖业的其实比烟草这一臭名昭著的行业更早采用这一招。可以说,糖业并不是烟草业的学徒或效仿者,糖业恰恰是这一套全方位宣传模型的首创者。[3]

在20世纪的后半期,糖业可谓隐秘地操纵了美国人民的健康观。直到90年代,科学界才有更多的反面声音与糖业抗衡。在那之前,全国上下普遍的观点是,脂肪才是导致心血管疾病的元凶。事实上,糖和脂肪都会提高患心血管疾病的风险,但糖业下了血本,成功地把公众的注意力引导到了脂肪上。糖业向公众传递的信息是,虽然高糖的食物热量也高,但起码这些热量是"无害的热量"。此外,他们还宣称糖不会导致疾病,尽管糖尿病人必须减少糖的摄入,但糖尿病并不是糖引起的。心脏病也与糖无关。糖所含的热量摄入多了的确会引起肥胖,但你多锻炼锻炼不就把热量消耗掉了吗。(以上没有一句是实话。)

克里斯廷·卡恩斯(Cristin Kearns)和加州大学旧金山分校的研究人员所揭秘的文件中有一份讲话稿,讲话人是糖业研究基金会的主席亨利·哈斯(Henry Hass),而听众是美国糖用甜菜技术专家协会。讲稿的标题是《糖研究中的新发现》,讲稿中提到了要发起新一轮的公关宣传活动,因为制糖行业认为,"人们对肥胖的抗拒将成为糖消费的最大阻碍"。哈斯已经计划好了下一步的反驳口径,并为糖业找到了化险为夷的战略契机:要让美国人民意识到,膳食结构中的坏蛋是脂肪,而不是糖,一旦这样的观念得到接纳,糖的市场占有率反而会上升:

> 有一种说法,把糖说成了引发肥胖的唯一原因,这种说法让我非常不乐意……
>
> 9月21日[注:1953年],美国糖业协会的成员一致投票同

意，在最起码三年的时间里每年拨款60万美元［注：相当于2019年的550万美元］，为糖在饮食结构中的地位正名……我们希望李奥贝纳公司［注：美国顶尖的广告事务所之一，菲利普·莫里斯烟草集团后来聘请了李奥贝纳负责万宝路的广告项目，由此诞生了标志性的"万宝路男人"形象］能够帮糖业像肉业那样渡过难关。我们不讲虚的，不讲空的，只是换一种有趣的方式来展现与糖相关的事实……

各位已经见过我们做的第一则广告了，实事求是、科学正确、简单易懂，而这只是一个样品，未来会有更多类似的作品出现。最终，那些没上过一节生物化学课的人必然会明白一个道理：人类的生命维持离不开糖，糖可以让人精力充沛地面对生活中的种种问题。[4]

十多年以后，在1967年，糖业把矛头引向脂肪的战略取得了有史以来的最大成功：权威的《新英格兰医学杂志》上发表了一篇关于冠心病成因的评论文章，文章分为上下两部分，作者为哈佛大学公共卫生学院的科学家，文章认为心脏病风险的上升最主要原因在于脂肪，而糖则是次要的。文章用小到不能再小的字体写明，该研究得到了一些利益集团的资助（包括奶业特别委员会），此外还有一些非行业的资助方。资助方的名单上看不到糖业研究基金会。[5]（在这篇文章所发表的年代，期刊的编辑并不强制要求研究人员披露所有的利益关联方。）直到后来，加州大学旧金山分校的研究人员才找出证据，证实了这篇文章的作者和糖业之间的金钱关联。[3]

证据显示，糖业的势力以一种隐蔽的方式渗透了某些心血管疾病研究，这类研究会突出强调脂肪的坏处，为糖脱罪，或是说糖的健康危害"尚不确定，有待商榷"，也就是烟草行业混淆视听、制造怀疑的那一套。被曝光的证据也迅速成为全国性的新闻。参与研究的科研人员，尤其是像哈佛这样的顶级精英团队，究竟有没有在研究中掺入私利，这一点在学术界尚存争议。尽管如此，一位杰出的营养学专家是这样说的："行业出资赞助了研究，在研究开始前，其结论就已经设计好了。研究人员知道赞助方想要什么结果，也为赞助方产出了他们想看到的结果。"[6]但也有人认为，评估这些研究人员的行为时要"用历史的眼光来评估特定历史时期下的人物与行为"，如果简单地"把他们与烟草行业的维护者画上等号"，那未免言之过甚了。[7]

学术界的这两种观点并非完全对立，都有一定的道理。糖业的做法与烟草行业的确有相通之处。但这不代表哈佛的科学人员一定是为了取悦赞助方而转变了立场、隐藏了部分研究结果。或许在炮轰膳食脂肪这件事上，糖业只是轻轻地推了一把，而不是主导者。但糖业的目标，的确是把心脏病的成因尽量归结到脂肪头上。糖业和烟草业一样，秘密资助了一场宣传战，借助用钱收买的科研和公关宣传，不断模糊糖与疾病之间的关联。关于这里面的细节，我们的信息有限，我们也不知道糖业和烟草行业究竟是谁模仿了谁。对于烟草行业，由于重大的诉讼案中公开过数百万页的资料，我们才得以一窥烟草行业的秘密策略和措施。但目前，我们还暂时没有类似的机会去深入探究糖业的内部。但不可否认，两个行业存在明显的相似之处。

除了把责任都往脂肪上推，糖业还倡导这样一种说法：所有的热量都是平等的，无论来源于哪一种食物，热量就是同一种热量。换句话说，如果考虑热量对体重的影响的话，喝一大桶苏打水所产生的1000卡路里*和从其他食物，比如从鱼、色拉、花椰菜、新鲜水果所摄入的1000卡路里，对体重的影响是一样的。这是糖业主张的观点。从这一观点衍生出来的推论是，如果热量的摄入增加了，那么通过增加热量**消耗**，比如加强锻炼，就

---

* 译者注：1卡路里约为4.18焦耳。

可以抵消到多摄入的量。所以在摄入热量时根本无需节制,只要吃完以后再运动就好了,就能把多吃的消耗掉了。

这一套"热量收支平衡"的理论**听上去**很有道理,这也是可口可乐公司最爱的一套理论。随着公共卫生专家和公众越来越关心肥胖问题以及肥胖引发的其他健康问题,可口可乐公司每次遇到公关问题都会拿出这套说法。根据《纽约时报》和美国知情权组织(这一组织本身也隶属于食品行业的研究机构,资助这一组织的是有机食品行业)所揭露的电子邮件和其他文件,可口可乐公司发起并资助了一个名为"全球热量平衡网络"的非营利组织,且为该组织提供了后勤运营支持。这一组织的口号是"善用热量平衡科学,享受健康生活"。揭露的文件显示,在行业的资助下,非营利性组织无所不用其极,极力转移大众的关注焦点,他们希望在提到肥胖症、糖尿病等与饮食息息相关的健康问题时,人们的第一反应不再是哪些食物会导致这些疾病,而是多多锻炼就可以避免这些疾病。[8]

可口可乐公司也知道,与其让自己的公关部门去说这些话,倒不如请一些科学家来代替自己发声,话从后者口中说出来显然更容易获得信任。因此在2014年,时任可口可乐首席健康和科学官的罗娜·阿佩尔鲍姆(Rhona Appelbaum)向一小批学术型科学家抛出了橄榄枝,她提到,有一批"公共卫生专家中的最极端分子"居然要求"加强对特定食物的监管",这些极端分子"把某些食品企业描绘成大反派,甚至把他们比喻成烟草企业",而"某些食品企业"当中自然也包括她所供职的这家大公司。因此需要由全球热量平衡网络牵头,用相反立场的宣传来制衡这一群人。阿佩尔鲍姆给出的具体解决方法是什么呢?是砸钱。全球热量平衡网络将拿出2000万美元的研究经费,资助相关科研课题,课题需要证实的假说是"不减少热量摄入,也可以消除肥胖"。这与行业宣传的口径是相辅相成的:"抗击肥胖症的唯一可靠理论框架就是热量平衡科学。"[9]

为了启动这一套连环计划，可口可乐公司召集了一批学院派的科学家，乍一看，每一位学者的背景都很显赫，但他们的研究方向主要都是和体育运动有关的学科。全球热量平衡网络的副主席史蒂文·布莱尔(Steven Blair，当时他是南卡罗来纳大学的运动科学家)表示："媒体上的声音都是，'他们吃得太多了，吃得太多了，吃得太多了'——把矛头指向快餐、指向含糖汽水……但这些言论其实并没有充足的证据支持。"全球热量平衡网络的新闻稿中进一步指责媒体的报道方向，认为媒体乱带节奏、过于关注营养学，进而提到了布莱尔的方法"提供了另一种思路，是基于数据的理论"。[10]

显然，这些毫不掩盖真实意图的直白言论引起了外部的注意，马上有人开始询问全球热量平衡网络背后的出资方是谁。第一个提出疑问的是尤尼·弗里德霍夫(Yoni Freedhoff)，渥太华大学的肥胖症研究专家。果然，可口可乐公司留下了种种没清除干净的蛛丝马迹。尽管全球热量平衡网络的网站、Facebook页面和推文中都没有提及可口可乐公司，但其网站是注册在可口可乐名下的，网站的管理员一栏赫然写着这家汽水公司的大名。据《纽约时报》报道，该组织的两位创始人，史蒂文·布莱尔和格雷戈里·汉德(Gregory Hand，西弗吉尼亚大学公共卫生学院的院长)自2008年起，一共从可口可乐公司收到了400万美元。其中有50万美元支付给了汉德，用于筹建全球热量平衡网络，还有100万美元则支付给了科罗拉多大学医学院，也就是机构主席詹姆斯·希尔(James Hill)所供职的学院，作为机构的活动经费。[11]

这些学者所供职的学校自然不乐意被全国最大的报纸描绘成可口可乐公司的党羽。在西弗吉尼亚大学，汉德被免去了院长的职务。科罗拉多大学退回了他们收到的百万款项。由于全球热量平衡网络的假面已被撕破，信用彻底破裂，它对可口可乐公司来说也无任何利用价值了。可口可乐公司停止了资助，几个月之后，原先从这一项目获得了经费支持的学者们也纷纷撤出，他们关停了全球热量平衡网络，原因是"资源不足"。[12]

可口可乐公司居然偷偷给科学家塞钱，让科学家出来作证，说喝再多可乐也不会造成任何长期的健康危害？对于可口可乐品牌来说，这自然不是什么光彩的新闻。全球热量平衡网络的这起丑闻给这一驰名品牌蒙上了阴影。可口可乐公司承诺，未来的资助会更加透明。他们甚至公布了近期的捐款清单：向美国儿科学会捐赠300万美元；美国心脏病学会，310万美元；美国家庭医师学会，350万美元；美国癌症协会，200万美元；以及向营养与饮食学会捐赠了170万美元，该组织是美国最大的饮食学家组织。在六年的时间里，可口可乐公司一共捐出了1.2亿美元，其中有2900万的捐款用于资助学术研究。按照《纽约时报》的说法，"在含糖汽水面临一片讨伐声之时，(捐款)为可口可乐公司赢得了盟友。在可口可乐的影响渗透下，一些营养建议与警示中不再强调软饮料的害处，在谈及肥胖症的成因时，科学也不再揪着汽水不放。"[13]

但是可口可乐公司给出的捐款清单是否完整呢？牛津大学和伦敦卫生与热带医学院的研究人员表示，该公司只披露了他们向公益性质的组织的捐款，却隐瞒了他们资助的一批伪科研如何在学术期刊上宣扬"热量平衡"理论。两所大学的研究团队一共甄别出了151篇期刊论文，作者人数共计468人，这些文章刊载在约100种不同的期刊上，文章都提到了可口可乐公司或可口可乐基金会是研究的资助方之一。但在可口可乐公司公布的捐赠清单中，这些研究或作者都榜上无名。可以想象，这一批论文中不少宣扬的都是"热量平衡"一说，把愈演愈烈的肥胖趋势归咎为缺乏体育锻炼。[14]

如果真的要评判所谓"热量平衡"学说，说它"模棱两可"那都是客气的了。曾有36位一流的营养科学家签署了联名信，批评可口可乐公司和全球热量平衡网络散布"科学糟粕"。[15]当然,的确有横断面研究显示瘦的人普遍比胖的人更勤于锻炼,但由于横断面研究是不追溯因果的,所以并不能判断到底哪个是原因,哪个是结果。是锻炼让人瘦,还是瘦的人更爱锻炼呢？也有研究对实验对象做了更长期的追踪观察,或是进行了变量控制,在此类研究中,没有发现任何证据可以证明勤于锻炼的人更不容易长胖。[16]相反,有足够的确凿证据证明,饮食会给体重带去显著影响,无论是要减肥还是保持健康体重,膳食结构的改良都会起到关键作用。起码有数百项研究已经证实了这一结论。

正如烟草行业最终还是败给了真相,糖业也会最终走向同样的结局,所谓"无害的热量"终究只是谎言。时间会检验真理。

公共卫生专家一直都在关注膳食结构中糖的比重,最近几年含糖饮料的消费增长尤其引发了公共卫生专家的担忧。科学显示,目前美国及全球人民通过饮用含糖饮料摄入的糖已达到了危险的程度。减少糖的摄入可以有效防范肥胖、糖尿病和蛀牙,这已经是广泛接受的事实。而固态的、经加工的含糖食物虽然会增加糖的摄入,但起码可以充饥,相反,含糖饮料则几乎没有任何营养价值。当然,含糖饮料可以解渴,但要解渴,喝水就足够了。简而言之,含糖饮料就是一个输送糖的系统,尽管不如尼古丁那么上瘾,但显然也利用了人类嗜甜的天性。

考虑到肥胖症在全球有愈演愈烈的趋势,了解糖及含糖饮料的健康影响可谓刻不容缓。科学界已经行动起来,开展了大批的独立研究。而含糖饮料的制造商,自然也会想尽办法阻挠这类研究、拖慢科学发现的进程,领军人物就是美国饮料协会,这一行业协会的成员包括可口可乐、百事、胡椒博士(Dr Pepper)等含糖饮料制造商。原先烟草的肺癌之争,如今演变成了含糖饮料的肥胖症之争,主演也从烟草巨头变成了饮料巨头。

2012年,《新英格兰医学杂志》上发表了三则针对糖摄入的随机对照研究，以及一篇总结了研究结果的社论文章，社论中呼吁"控制含糖饮料的摄入，尤其需要防范那些低价格、超大容量的含糖饮料，否则，已呈上升趋势的儿童肥胖症还将继续恶化"。[17]

此文一出，美国饮料协会立刻发布了一条长长的声明，对三则研究做了逐一的批判，并大言不惭地给出了他们自己的观点：

> 肥胖是美国乃至全球面临的一大严肃、复杂的公共卫生问题，我们必须团结一致来解决这一问题。我们认为，肥胖并非单由某一种食物或饮品引发，这一点也已经得到了科学的证实。因此，单单把肥胖的原因归结为含糖饮料或者是其他某种单一的热量来源，这样的研究和评论文章毫无益处，无法帮助我们应对肥胖这一严肃问题……事实就是事实：含糖饮料并不是肥胖的成因。无论从哪种角度去分析，含糖饮料在美国人的饮食结构中仅仅是一个小角色，且它所占据的位置仍在缩小。[18]

碳酸饮料的生产商一面用最尖锐的言辞攻击独立的科研，另一边也在花钱张罗他们自己的研究，产出与正统科学相抗衡的反面意见（也就是我们所说的"平行宇宙中的另一种事实"）。对于后一类研究，科学界在审阅时也发出了疑问：这些研究到底出自科学人士之手，还是公关人士之手？研究的质量糟糕，方法经不起推敲，而研究结果则充满疑点。

但除了科学界会严格地审视这些研究之外，还有谁会真的去深究吗？这些受到行业资助、漏洞百出的研究所产出的结论被包装成光鲜亮丽、动听悦耳的文章，进而被推广到各类媒体上，并顺利取得了行业想要达到的效果。这些文章行文夸张，号称颠覆了"科学误区"、打破了常识，甚至提供了轻松减肥的捷径，这些劲爆的元素自然会引起关注，而并非每一位记者都有鉴别真伪科学的能力。但美联社的坎达丝·蔡（Candace Choi）显然具备这样的鉴别能力，她注意到了行业的某些夸大其词、令人汗颜的宣传,并做了甄别和公开批判。例如,行业的某篇文章标题是《研究表明:无糖饮料*比水的减肥效果更好》,这样的标题无疑会引起减肥、节食人群的关注。文章中所引述的研究果不其然是美国饮料协会赞助的。还有篇文章是《热燕麦粥能维持更长时间的饱腹感》,研究的出资方是桂格燕麦。[19]

学术期刊中也能看到大量与糖有关的研究。有些研究从美国国立卫生研究院或其他的独立方获得了经费资助,也有一些研究得到了含糖饮料生产商的赞助。不同的研究得出了天差地别的结果,而关键信息则隐藏在细节之中。如果只是单独的一项研究,自然无法面面俱到地把含糖碳酸饮料或其他含糖饮料的影响全部梳理清楚。因此研究人员(以及他们的赞助方)会收集多方的研究数据,再做审阅和综合,通常的做法是对比多项独立研究的结果及质量。不出意料,含糖饮料生产商所赞助的研究,或是与饮料业有关联的科学家所做的研究,讲述的是一个版本的故事;而与含糖饮料业无利益关联的研究讲述的是另外一个完全不同的故事。有项分析一共统计了60项单独的研究,其中有26项研究得出了否定结论(即含糖饮料和肥胖之间不存在关联),这26项研究中有25项都得到了行业的赞助;而另外34项研究则认定含糖饮料的摄入与健康状况的恶化之间存在正相关,这34项研究中只有一项得到了含糖饮料生产商的赞助。[20]这种两极分化的结果反映了"经费现象"——研究的结果取决于出资方的意愿。这一现象不仅涉及含糖饮料的研究,各式各样基于研究的评论意见也难以幸免。

针对这些评论,也有人做了汇总分析。分析的结果如何呢?最早的一次分析发表于2007年,资助方是一家基金会,而不是行业。分析显示,

---

* 译者注:此类"减肥友好型"饮料用人工甜味剂代替了配料表中原有的糖。

与没有收受过行业捐助的研究相比,收到行业资助的评论得出对行业有利结论的概率高了7倍。[21]随着时间的推移,数字上的对比也变得更为极端。一则较新的分析收录了133篇于2001至2013年间发表的与含糖饮料有关的研究,分析显示:与行业存在关联的研究更倾向于得出"饮料对健康的负面影响微乎其微"这样的结论,与独立科学家相比,与行业有关联的科学家得出"饮料无害"结论的概率要高出57倍。[22]所有从行业得到了资助的评论性文章都一致认为,那些声称"含糖饮料与疾病存在关联"的科研结论缺乏充分证据支撑,并不令人信服。[23]

可口可乐公司亦希望按照自己的立场来讲述这个故事,因此他们找到了流行病学家道格拉斯·威德(Douglas Weed),由他出面来审阅、点评那些把健康问题归咎于含糖饮料的研究。威德是个绝好的人选:他是位颇有声誉的科学家,开设了自己的咨询公司,还曾在美国国家癌症研究所担任重要职位。离开癌症研究所后,他借助自己在科学上的威望,帮助杜邦公司特氟龙产品中毒害人体健康的PFOA[24]成分以及孟山都[25]公司具有争议的除草剂产品草甘膦做过辩护。他曾代表美国化学协会撰写过一篇评论文章,批判了消费品安全委员会顾问小组针对邻苯二甲酸酯(增塑剂,可以让塑料更软、更具延展性,许多玩具和护理用品都使用了该类物质)对儿童健康影响的报告。[26]以上只是威德做过的诸多项目中的几个例子。长话短说,威德已经成功转型成为一名专职的产品辩护科学家。此次,他和两位同事受邀为可口可乐公司撰写评论文章,他们最终的结论是:早期关于含糖饮料的研究质量总体都不高。[27]如果你被威德他们的逻辑绕进去了,你就会觉得,好像含糖饮料是没什么坏处啊,到底会不会引发肥胖、心脏病、糖尿病,这些其实都还没个准数啊。那既然尚存不确定性,饮料公司马上会建议我们一切照旧,不用特意做什么改变。

但可口可乐公司并没能赢得片刻的安生。在威德的文章登上《美国临床营养学杂志》之际，一篇言辞犀利的社论也同期发布，猛烈地抨击了威德的文章。社论的作者是瓦桑蒂·马利克（Vasanti Malik）和胡丙长（Frank Hu），两位都来自哈佛大学公共卫生学院，他们写道："[威德的评论文章]非但没有在这一重大公众卫生问题上贡献任何新的发现，反而混淆视听，让含糖饮料与健康问题之间的重要关联变得不清不楚。"马利克和胡丙长说了可口可乐公司最不想听到的话。两位教授认为，饮料行业所极力抵制的那些政策，例如向含糖饮料收税，其实非常有效，也应当继续推行：

> 饮料行业通过种种手段来模糊焦点：他们资助的研究及评论极具偏向性，他们向公众散布错误信息、误导消费者。尽管如此，依然有一系列限制含糖饮料的监管策略已经到位。一些州考虑通过收税来遏制含糖饮料的消费，同时税收收入也可以抵消到一部分因为含糖饮料摄入过多而导致的医保开支。此类措施有望减少含糖饮料的消费，缓解由此导致的健康问题。[28]

2016年，隶属于美国政府的美国饮食指南顾问委员会给出建议，糖的摄入量应在每日摄入热量的10%以下，此建议一出，立刻遭到了糖业连珠炮般的诘问。与烟草行业当年的做法类似，糖业抓住了"不确定性"这一救命稻草，且充分利用了随机对照临床研究的空白。如果真的要展开随机对照临床研究，就要花费数年的时间，由一组志愿者负责在几年的时间跨度内持续摄入大量的糖，而另一组则摄入极少量或不摄入糖。除非真的能够完成这样一场规模相当（且成本高昂）的研究，不然美国的含糖饮料生产商还是会继续做他们一直在做的事：雇人帮他们写评论文章，然后抱怨政府不把他们写的文章当回事。[29]

并非只有饮料商在糖这个问题上固执抵抗。各类加工食品，比如乳制品、鸡蛋、早餐麦片、猪肉、牛肉、豆制品、营养品、果汁、蔓越莓、坚果、巧克力,也都面临过监管收紧或市场收缩,这些产品的生产者也没少花功夫来为自己辩护。纽约大学的玛丽昂·内塞(Marion Nestle)应该是在营养学和食品企业营销策略上最具发言权的学界人士了。(此处我要特别说明,虽然她姓内塞,即Nestle,她与瑞士的食品巨头雀巢Nestlé家族并无血缘联系。玛丽昂·内塞是美国人,她的姓氏发音接近于"内塞",而不是"内斯特莱"。)内塞是第一批注意到食品饮料行业那些见不得人的公关动作的人:他们操纵数据、散布对自己有利的学说、通过科研经费捐赠来换取理想的研究结果。在她的影响下,这一问题也得到了更广泛的关注。

在这些食品及饮料厂商中,要说到无耻的公关行径,常常被提到的一个例子就是巧克力,具体涉及的是玛氏(即今天的玛氏箭牌糖果有限公司)所赞助的一项研究。玛氏是一家巧克力糖果制造商,著名的M&Ms巧克力豆就是玛氏的产品。其赞助的研究声称可可黄烷醇或对动脉功能及血压有积极影响。研究人员在研究结论中称,植物代谢物"有望维持心血管健康,并对低风险人群也有帮助"。这对玛氏而言无疑是重大利好。在2015年9月27日,玛氏买下了《纽约时报》的整版广告,宣传这一研究发现。但正如内塞所言,"报纸上的宣传和广告都没有提及这一点:在巧克力的制作过程中,无论再怎么精细操作,大部分的可可黄烷醇都被破坏掉了。在宣传可可黄烷醇的好处的时候,他们甚至都没有直接提巧克力。不具备学术批评眼光的普通读者在看到这样的报道后,自然就会联想到巧克力,进而认定巧克力是有益于健康的,而伴随而来的糖和热量则可以忽略。"[30]

沃克斯新闻网(Vox)的朱莉娅·贝卢兹(Julia Belluz)找到了近20年内的100篇研究论文,这些研究均收到过玛氏的赞助或支持,且研究主题均为可可的健康功效。不出所料,几乎每一篇论文的结论都是对可可有利的,而可可又"恰好"是巧克力中的关键成分。贝卢兹表示,如果读者只读这些文章、只接触这一种信息，读者很容易就会走入误区，认为"定期摄入可可黄烷醇能够改善心情、提高认知表现，黑巧克力能改善血液循环，可可或对调节免疫系统失衡有帮助，可可粉以及黑巧克力均能对心血管疾病的防范发挥'积极效果'"。[31]

玛氏的这一番操作游走在违法的边缘。食品企业肆无忌惮地染指科研，出钱换来一些毫无科学依据的研究结论并大肆宣传，这样的行为可能被美国联邦贸易委员会判定为广告欺诈。奇妙石榴汁（POM Wonderful）就是这样一个案例，该公司在广告中宣称，他们的石榴汁可以治愈多种可怕的疾病，例如心脏病、前列腺癌、勃起功能障碍。2010年，联邦贸易委员会正式向奇妙石榴汁公司发出指控。联邦贸易委员会要求奇妙石榴汁提供最起码一项能够证明广告功效的临床实验，不然则需要撤下此类广告。奇妙石榴汁公司拒不同意并回复道："奇妙品种的石榴所具备的健康功效已得到众多科学研究的证实，我们的立场与这些研究一致。我们所使用的新型研究方式在食品饮料界中具有划时代的意义，为此我们非常自豪，我们首创的现代科学研究项目已经证实了这种古老、尊贵的水果所具备的健康功效。"[32]奇妙石榴汁公司把美国联邦贸易委员会拖上了上诉法庭，但在每一级的法庭，奇妙石榴汁都败诉了。[33]

食品生产商非常有创意。如果某样产品中含有糖，而糖出了问题，生产商可以很快地转换话题焦点。于是这款明明含糖、有损健康的产品在某种特定的语境下，反而是一种有益健康的产品了。通用磨坊公司（General Mills）在推广旗下几款含糖量极高的早餐麦片产品时（例如彩虹麦片圈、香烤肉桂脆片），大力强调这些麦片"使用了全谷物"。[34]诚然，全谷物是比精白面粉要好，但如果小朋友吃的每一口麦片中都含有极大量的糖，麦片里用的是全谷物还是精白面粉已经不那么重要了。

那么研究糖的研究人员应不应该从糖业收受捐赠呢？这个问题问得

太狭隘了。更值得思考的大问题是，**任何**食品学或营养学研究人员，是不是可以接受食品行业的捐赠？显然，为了帮助全世界人民优化饮食与营养结构，更多（且更优质）的科学研究自然不可或缺。能够提供丰富有效信息的研究往往规模大、耗时长、成本高昂。学界的科研人员要做这样的研究，自然需要经费上的支持，而至少在美国，政府对科研项目的拨款数额呈下降趋势，因此也很难开展重大、全面的研究。公平而言，食品企业的确应该掏腰包来支持科研，因为科研的结果可以帮助他们开发更新、更优的产品。对于企业而言，他们也应该拿出数据来证明自己的产品是安全的，他们既然享受了自由市场的好处，那么也应该承担这一非常合理的成本。

但行业的资金介入就会带来不可避免的利益牵扯。出资方自然可以动用种种方法，让研究的结果符合他们的心意。这里面可以玩的手段很多，但能识别这些手段的人很少，能曝光这些手段的平台也很少。企业在为研究项目招募科学家的时候，自然不会去找那些"有前科"的科学家，也就是在先前的研究中曾说某种产品不安全、没有营养价值的科学家。行业出资所支持的研究会关注行业想让他们关注的问题。这些问题所产生的研究成果往往更具营销价值，而不是营养学价值。从行业获得经费支持的科学家更倾向于产出符合赞助方预期的研究结果，无论这种倾向是有意为之还是无意之举。筹措研究经费并不容易，学者并不希望切断经费的来源。

在这个问题上，我认为答案并不是"允许"行业拨款资助营养学研究，而是应"要求"行业承担营养学研究的成本。目前学术研究中的道德控制体系应当改改了，因为这一体系的执行并无统一的标准，独立学者可以自行设计研究、申请经费、自由发表结果。在这样的模式下，行业可以选择资助对自己有利的研究人员，并干涉研究的设计，且无需对外披露任何信息。这样的体系实际上帮助行业获得了任何他们想要的结论。

而换一种思路的话，可以要求食品行业的各个企业都向一家研究机构捐款，这一研究机构把来自不同单位的捐款整合到一个大的经费池中，再由专家组负责把关，确定研究项目的工作计划，并选择资助合适的独立科学家来负责研究项目。这种由食品行业统一提供经费、成立经费池的模式已有先例，这种模式最后也有助于整个食品行业的良好发展。国会已经批准了22个研究推广理事会，理事会的经费均由行业承担，具体行业可能涉及牛肉和猪肉、奶制品和鸡蛋、各类蔬果，甚至包括为食品生产包装的纸制品企业，他们都需要向对应的研究推广理事会缴纳经费。[35]

此类研究推广理事会已经发挥出了效果，且能够提升农作物及产品的销售。理事会必须独立于捐赠方之外，由科学家领衔，且科学家不能与行业有利益关联。这样的理事会会引发争议吗？当然会。这种操作是完全不实际、不可能落实的吗？倒也不是。

哪怕在拉丁美洲、亚洲或非洲最偏远、最贫穷的村庄，你也能买到可口可乐。可乐对于他们来说自然不便宜，但也不至于太贵。含糖饮料（以及其他加工食品，但最主要的还是含糖饮料）几乎无孔不入，因此，肥胖症也是困扰全球的一个问题。

肥胖会导致医疗费用及无障碍设施的开支增加，劳动力的生产效率降低，这才是一罐可乐高昂的隐形成本。高糖饮料不但会影响人的健康，还会连带地增加城市、州和国家政府的公共开支。鉴于这样的后果，更应该思考如何更主动地推广健康饮食，或者换句话说，如何给不健康的饮食习惯设置障碍。最直截了当的做法，当然是针对某些不利于健康的产品收取额外的消费税，提高此类产品的价格，从而遏制购买欲。这里面的道理也很简单：需求是有弹性的，价格升高意味着消费降低。香烟无疑是最突出的例子，而由于香烟的成瘾性，一旦染上烟瘾就很难戒除，所以烟民最后往往需要花费相当一部分收入来满足他们的烟瘾。在吸烟问题上，一大有效的策略是通过涨价来阻止第一口烟，打消非烟民买一包烟试试的这种念头。这一策略起到了效果。美国疾控中心表示，"提高烟草产品的价格是遏制烟草消费的最有效方法。"[36]

如今，在食品领域最突出的一项实验性做法就是针对含糖饮料收取"碳酸饮料税"。饮料税的意图在于遏制含糖饮料的消费，并把税收用于补贴与糖相关的疾病医治。对于种种加工食品，如何在市场上进行干预调控，这里面是有逻辑顺序的，而含糖饮料是最容易入手的。含糖饮料几乎提供不了任何的营养，而对它们征收消费税也非常便于操作。[37]学校则更为激进，在家长委员会和营养学家的鞭策下，不少学校在食堂和自动贩售机中限制甚至下架了含糖汽水，防止学生摄入过多的糖。[38]

反对的声音自然不绝于耳。行业投入了数百万美元，试图劝说公众和立法机关放弃碳酸饮料税，他们说这一税种缺乏科学依据，肥胖与糖之间的关联从未被证实，这样的税收对于抗击肥胖症来说毫无帮助，还会导致数千人失去工作，最终对社会毫无益处。此外，政府也没有任何权利干涉自由市场。在这一连串的理由中，可能只有最后一句是实话，但从他们嘴里说出来，却虚伪无比。绝大多数消费者应该都想象不到，许多的食品，包括含有大量糖的食品，都享受着这样或那样的补贴或市场保护政策。消费者可能不知道，但生产商心里可清楚了。糖的生产商可以从大宗商品保护项目中获得补贴；而在市场竞争中，国外进口的糖需要支付关税（美国从1789年起就有了关税保护）。他们一方面享受政府补贴，一方面享受本土保护。好处都让他们占了。

烟酒产品会带来许多健康问题，但烟酒行业却并不承担这部分的成本。相反，大部分成本都被转嫁给了公共领域，尤其是医疗补助计划这一类的社会保障体系。含糖饮料和其他含糖食品也是类似的情况。他们想把两者的好处都占全了:赚取利益时讲究私有化,转嫁风险时讲究社会主义。是时候叫停这种行为了。(以烟草为例,烟草造成了数百万例肺癌、心脏病等疾病,政府的医疗补助计划需额外承担巨额的医保成本,而烟草公司对此视而不见。最终,迫于无数严峻的诉讼案件,烟草行业才最终让步,同意向政府提供小部分补偿。这会是糖业的未来吗?)

尽管抗议声不绝于耳,推行碳酸饮料税的势头却有增无减。全球多个国家已经推出了碳酸饮料税,例如巴巴多斯、比利时、智利、多米尼加、法国、英国、匈牙利、基里巴斯、毛里求斯、墨西哥、葡萄牙和汤加。而在美国,越来越多的城市也开始实施饮料税。世界卫生组织建议所有政府都实施碳酸饮料税,将含糖饮料的售价提高至少20%。[39]据观察,税收已经开始发挥作用。在墨西哥推出每升一比索的含糖饮料税之后,首年的含糖饮料销量下降了5%,第二年下降了近10%,而税收的影响在低收入社群中最为明显,那些区域的含糖饮料销售下降最为显著。[40]在美国,伯克利[41](第一个推出含糖饮料税的美国城市)和费城[42]在执行了饮料税后,含糖饮料的销量也相应地下降了。在低收入的居民区中,税收的效果尤其显著,因此可以证明,碳酸饮料税对不同收入群体的影响是不同的。富人可能并不介意为一罐汽水多付点钱,但穷人会介意。两项最为著名的特定产品消费税——香烟税和酒水税,也对穷人的冲击更大。但在计算时要看多方面的因素。对消费者来说,虽然一些产品变得昂贵了,可能更难以负担,但从长远来看,减少消费意味着疾病风险降低、饮食更为健康,这会让他们的身体和钱包都获益。此外,减少糖的摄入可以更好地规避与糖相关的疾病,从而降低医药开支。

政府在执行饮料税的时候也越来越聪明。最初一批推行饮料税的市场只是简单地提高所有含糖饮料的价格。而最近,新的饮料税开始把税率与产品中的含糖量挂钩,含糖量越高,税率也越高。[43]在英国考虑推出碳酸饮料税时，饮料行业自然发出了反对声。英国软饮料协会委托一家与牛津大学存在关联的咨询公司发布了一项报告，报告预测称，新的饮料税不会带来任何积极影响（平均每人每日摄入的热量只会下降5卡路里，几乎可以忽略不计），但会减少4000个工作岗位。[44]这套数字得到了广泛的宣传报道，许多媒体误把饮料行业的公关手段当成了正规的、不偏不倚的研究分析。[45]为了守护自己的市场份额，英国市场上的几大软饮料品牌，包括可口可乐和百事，都调整了他们的配方，大幅度地降低了产品中的含糖量。可见，相关法律甚至都还没有真正实施，只凭威慑作用，也能对糖的消费起到很大的干预作用。

糖税的反对者还指责政府的家长式统治作风。汽水商人们大声疾呼："政府不应该去管教人民该做什么、不该做什么。人民应该享受自由选择的权利！"此话听起来冠冕堂皇，事实上虚伪无比。如果要让人民自由选择，那么人民也应该享有知情权，充分知晓含糖产品的风险，但事实并非如此。原因就在于糖业投入了大量的资金，阻挠真相的流通，让很多人对糖的健康危害将信将疑。这样的戏码已经反复上演：挑起怀疑，让追求真相的脚步更慢一点，名义上要促进科学进步，事实上处处阻碍。

在本章结束之际，我想提一个折衷的建议——改革美国农业部。保护粮食供应、倡导饮食健康均是农业部的职责，但与此同时，扶植农业发展也是农业部的职责。但要同时履行这两方面的职责并不容易，可以说，美国农业部要服务两个老板——行业和公众。因此，与任何监管机构一样，农业部也面临"被行业挟持"的风险。某些行业的政治及经济势力实在太大了，监管机构迫于这样的影响力，有时不得不把公众的利益放在次要地位。于是行业成了监管机构的**实际控制方**，在历史上也出现过类似的情况，监管机构无法把两个老板都服务好，于是国会介入，把原先的机构拆分成两个分部，一个专门服务行业，另一个则保持独立，负责保障安全。如果不做这样的改变,那么当两个老板的利益存在冲突时,公众往往是吃亏的那一方,因为政府机构对企业有无限的容忍。举例来说,在2010年,"深水地平线"钻井平台的爆炸事故引发了大规模的石油泄漏,此次灾难也折射出内政部矿产管理局的尴尬处境,矿产管理局身兼二职:既负责促进海上钻井的发展,也负责监管这一行业。其结果就是,矿产管理局对海上钻井的监管非常宽松。在爆炸事故发生后的一个月内,内政部部长肯·萨拉查(Ken Salazar)把矿产管理局拆分成了三个独立机构。但哪怕设立时的出发点是让他们相互独立,但要保证这种独立性却不容易。在特朗普总统入职后,他的内阁政府迅速推翻了许多针对深海钻井平台的限制措施,这显然是受到了石油开采企业的驱使。

每一年,肥胖症和不健康的饮食习惯均会夺走数千美国人的生命。美国农业部显然无法既服务于糖业、食品行业,同时又捍卫健康的饮食标准(此类标准可能会损害某些食品生产商的利益)。当务之急就是把农业部拆分开,创造一个独立于食品生产商之外、**完完全全**负责管理健康饮食的机构。

第十三章

党派的主张

按照有些人的说法,唐纳德·特朗普"劫持"了共和党。持这种说辞的人把美国的第45位总统描绘成了一位极端的民粹主义者,他个人的观点和方法不能代表"老大党"的历史和基础意识形态。

但如果看看共和党对待科学和监管的立场,那么以上看法显然是错误的。特朗普政府的政策恰恰反映了过去半个世纪共和党的趋势:但凡有科学证据不利于共和党背后的金主,共和党对此类科学的敌意越来越强烈。特朗普的作风不过是把这种趋势换了一种表达方式。

在美国社会中,蔑视科学的风潮并不是第一次出现。在现代历史中,这一派别一直在复杂的社会构成中占据一席之地。我所指的并不是历史学家理查德·霍夫施塔特(Richard Hofstadter)在他获得普利策奖的书《美国的反智主义》(*Anti-Intellectualism in American Life*)中所描述的民粹主义和反智倾向。这是另一种形式的反智,首先由新保守主义者欧文·克里斯托尔(Irving Kristol)提出,其体现形式是:企业资本家为了维护自己的利益,会把矛头引向他们所谓的精英"新阶级"——学者、记者、科学家等,这些人希望给社会带来变革,但这些变革却会损害企业的利益。[1]在今天,这一股反智的思潮与白人民族主义交织在一起,成了共和党的主旋律,当年林肯所效忠的政党,如今走上了这样一条路。

我曾出席众议院教育与劳动委员会针对职安局政策和工作成效的听证会,在听证会上,我可谓在第一线接触并感受了共和党的意识形态思潮。当时是2018年,我已结束了我在职安局七年多的工作,重新回到大学教书。当天,参加听证会的专家组成员中,我是唯一一位民主党人,除我之外的三位证人都是共和党人,一位代表美商会,两位来自行业协会。有一回,威斯康星州共和党众议员格伦·格罗斯曼(Glenn Grothman)中途走进了听证会现场,他根本没有听到之前会上讨论的内容,仅仅是扫了一眼专家组,他就发出一声沉重的叹息:民主党人又搞了这套,又请了位教授过来。在说出"教授"一词时,他的语气带着一点嘲讽。他的观点非常明确:商界出来的人才是真正的专家,有知识、有见地,他们讲的话才值得一听,而我不过又是一个死板的学者,光有智商但压根不懂职安局的业务,哪怕我曾领导职安局七年有余。不出意料,在共和党为烟草行业摇旗呐喊时,格罗斯曼也是冲锋陷阵的一员。此前,国会拟将禁烟宣传的预算从少得可怜的1000万美元增加到3000万美元,而格罗斯曼坚决抵制这一改变:"这有什么好宣传的,人人都知道吸烟不好!"[2] 在2009年,威斯康星州计划出台法律,在酒吧和餐厅中禁烟,有少数几位共和党人投了反对票,而格罗斯曼正是其中一人。[3]

格罗斯曼的反智主义与烟草的保卫战是有关联的。在20世纪后半期,为了维护企业利润(以及政治影响力),烟草行业和化石燃料行业把科学变成了攻击的靶子,而共和党也拥抱了这种意识形态。在烟草行业近年来对政客的游说工作中,他们成功拉拢了一些盟友,其中最为有名的当属特朗普的副总统迈克·彭斯(Mike Pence)。烟草行业以及与烟草相关的一众巨头对彭斯青睐有加,其中领衔的就是科氏兄弟。

在就任副总统之前,彭斯曾是一名众议员,代表的是印第安纳州,后在众议院共和党会议担任主席,之后又担任了印第安纳州的州长。他的捐赠者向他提供了极为丰厚的政治资金，而他平步青云，也用自己的政治影响力回馈了他的支持者。在1997年，数个州的州政府（包括印第安纳州）要求烟草行业承担烟草所引发的疾病的医疗成本，向医疗补助计划清偿这部分的额外开支，时任众议员的彭斯则一直在帮烟草行业说话。最终，法庭判处烟草行业向州政府的财政部门支付共计数十亿美元的赔款。在《印第安纳波利斯星报》上，彭斯把吸烟对健康的影响比作吃糖，他抗议道："政府存在的意义并不是帮助个人戒除坏习惯。"[4]

彭斯对二手烟的受害者显然毫无同情心，在有人吸烟的环境里呼吸大概也是一种"个人坏习惯"吧。2000年，他在个人网站上发表过一篇陈述立场的意见书，他写道：

> 让我们来看看事实真相。尽管政坛和媒体中都不乏歇斯底里的声音，但事实是，吸烟并不致死。在烟民当中，三分之二的人死于与吸烟无关的疾病，十分之九的人不会得肺癌。说这话的意思不是说吸烟有好处……吸烟当然不好。如果你正一边吞云吐雾一边读这篇文章，我建议你不要抽了。真正的问题在于，对于一个国家来说，是二手烟的害处更大，还是阴险的、伪装成健康倡导者、实则想扩张权力的政府更为可怕？[5]

2009年，彭斯和89位共和党众议员（大约占到全体共和党众议员的一半）给《家庭预防吸烟和烟草控制法案》投了反对票，这一划时代的法案授予了美国食品药品监督管理局（简称食药监局）监管烟草产品的权力。

所以别搞错了，特朗普政府对待科学的态度明明与共和党一贯的态度是一致的。举例来说，在特朗普总统于2017年宣布退出《巴黎协定》之后，总统充满争议、对生态造成重大打击的行为得到了共和党民选官员一边倒的欢呼庆贺。对于有些行业来说，健康和环境方面的监管越松，他们就越能乘机获得更高的利润。为了达成这样的目的，行业总把共和党作为工具。此类企业往往是重污染企业或是高危产品的制造商,他们寄希望于共和党来削弱公共卫生监管机构的权力,让监管部门形同虚设。虽然共和党会用"自由""个人责任""自由市场企业"之类的修辞来掩盖他们的真实目的,但说到底,他们的目标就是降低企业赋税、减轻企业的"监管负担",允许制造商把有毒有害的化学物质推向市场,允许污染企业把有毒废料废水随意地排往大自然中,而不用担心监管或诉讼。这样的策略把保护公众卫生和健康的职责从政府转移到了个人,而美国的民众由于日复一日洗脑式的宣传,可能反而会把政府监管看作侵害个人自由的洪水猛兽。

但如果真的把权力从政府下放到个人,普通的消费者能分辨出哪些食品添加剂是安全的吗?能分辨出各种处方药的安全性吗?可能一小部分人在经过询问、查证之后,具有一定的分辨能力。但总体来说,公共卫生和环境问题无法通过分摊到个人来解决。对个人而言,我们保护自己及孩子安全的能力十分有限。空气污染、水污染、气候变化、食品安全等问题都是经济学家口中的"公共事务"。这些问题应由政府出面解决,而政府代表的是我们每一个人。任何想要混淆视听的说辞都是诡辩。

老大党的聪明狡猾之处在于,他们往往不会直接涉足这些肮脏的、具体的事项。他们擅长采用迂回战术,**围绕**这些事项故意挑起争论,把任何的监管措施描述成政府的过度干预与管理,提醒人民警惕这种试图接管一切的保姆式政府。也就是说,共和党人不会**直接**站出来支持烟草,他们没这么傻。如果你的论点是"人民享有随时随地吸烟的自由",你就必须否认二手烟对无辜路人的危害。如果你要维护的行业会危害人类的生命、破坏地球的环境,科学就是你的敌人。因此,为了削弱科学的力量,共和党人的方法是挑战科学界的普遍共识,质疑科学家的专业知识。以煤炭为例,煤矿的开采会对自然环境造成极大破坏,对人类健康也非常不利,可以说,这一行业的污染性与危害性无人不晓,居住在产煤区的居民更是深有感触,要再维护这样一个江河日下的行业似乎是异想天开的,但共和党却迎难而上。胆子要大,事要办好![注:来自蒙大拿州的众议员瑞安·津克(Ryan Zinke)是特朗普总统任命的内政部部长,这位共和党人后因被指控工作道德问题而下台。在他任内,津克曾枪毙掉一项美国国家科学、工程和医学研究院的研究,当时这项研究已经完成一半了,研究关注的是露天开采对人类的影响,露天开采是一种极端的采煤方式,需要把山坡夷平。]

共和党人的优势在于,他们可以动用数亿美元(甚至数十亿美元)来向科学发动进攻。在毫无透明度的情况下,科氏的关系网、烟草行业、美商会以及他们的同盟把巨资注入多个非营利机构,这些机构再用政治捐款的形式支持他们所看好的政客。这些政客的政治立场符合行业的利益,也会在相关政治议题上不遗余力地与科学抗衡。这一团体已经就烟草和环境变化问题发起过诉讼,希望阻止相关监管政策的出台。更有甚者,他们还扶植了一批联邦法官,每次的案件都会精心挑选有利于自己的法庭和法官,几乎每起诉讼遇到的法官都站在企业这一边。而这一团伙最了不起的杰作,就是把影响力渗透到了最高法院的大法官任命中,如今半数以上的大法官对关乎人类健康和环境保护的监管政策是持有敌意的。

我个人曾接触过布雷特·卡瓦诺(Brett Kavanaugh),他是特朗普总统任命的第二位最高法院大法官,以我对他的了解,他应该还会延续最高法院大部分大法官对监管的立场。在2010年冬天,我入职职安局不久,奥兰多的海洋世界公园发生了一起悲剧死亡事件。在现场观众的注目下,提里库姆——一条12 000磅(约合5.4吨)的虎鲸(也称杀人鲸)凶猛地把驯兽师唐·布兰彻(Dawn Brancheau)拖入水中,并杀死了她。虎鲸的绰号"杀人鲸"并不是毫无由来的,古罗马时期的军事将领及自然学家老普林尼(Pliny the Elder)在直布罗陀海峡附近观察到了虎鲸是如何凶残地攻击母鲸和幼鲸的,因此发出了"杀人鲸"的感叹。⁶如今我们则看到,这种生物哪怕被禁锢起来,也具有杀人的能力。在封闭的环境中,已发生过多起虎鲸伤人的事故。

由于在美国只有极少数的场所养育有虎鲸,职安局并没有专门的标准来规定雇主应该给接触这些动物的雇员提供怎样的保护。因此,政府的巡查员从职安局的一般责任条款中引用了两条内容,里面提到了雇主应确保工作场所中没有"公认的、严重的危险"。海洋世界公园的律师则发出了反对声,表示公司并不认为在工作中接触杀人鲸属于一种"危险"。最后,这个案子提交到了哥伦比亚特区的上诉法庭,由三位法官组成的小组来裁决。梅里克·加兰法官[奥巴马总统曾提名他为最高法院大法官,顶上斯卡利亚(Scalia)大法官的位置,但提名被搅黄了]和朱迪丝·罗杰斯(Judity Rogers)法官都认可了职安局规定的实用性(并认可了1.4万美元这简直不值一提的罚金)。

但卡瓦诺法官却提出了反对意见,他往往就是在这种问题上唱反调的那个人:每次涉及企业和政府之争,他都不会站在试图保护民众的政府这一边。他表示,海洋世界公园的驯兽师在接受这份工作时已经接受了相应的风险,知道自己可能在极端情况下死亡。他的说辞不但扭曲了联邦法律,也体现了他在司法上的立场——把企业的利益看得比人权更重要。

特朗普总统的当选意味着美国的民选体系选择了一位甚至不相信儿童疫苗接种必要性的总统。(在疫苗问题上,接种的好处显然**大大**超越了可能的风险。)特朗普的首席贸易顾问彼得·纳瓦罗(Peter Navarro)是这样描述自己的顾问职责的:"身为一名经济学家,我的职责就是用我的分析来为他的直觉判断提供数据支持。在这些问题上，他的直觉总是正确的。"在这个时代，经济学确实有点沉闷，但在特朗普政府，经济学是备受器重的学科，而科学则没有得到应有的认可。如果特朗普的预算方案得到通过，科学的经费将捉襟见肘。只要是他们不想听到的科学观点，他们就会冠以"粗制滥造""用心险恶"这样的罪名[7]，列举出"反面事实"来否定这些科学。

兰德公司把这种现象称之为"真相的衰变"，特朗普领导下的政府中处处可以看到这一现象。[8]宣传"反面科学"的政客被指派到各个重要政府部门担任一把手，他们本人成了这些部门开展基本工作的最大敌人。R.阿尔塔·沙罗(R. Alta Charo)是威斯康星大学麦迪逊分校的法律和生命伦理教授，据她所说，生育问题已经成了"反面科学"的重灾区。原先全国生育权委员会的说客特雷莎·曼宁(Teresa Manning)"坚持认为避孕手段是无效的，尽管已有充分证据证明，激素节育法的避孕效果达到91%，长效可逆的避孕手段(如子宫内避孕器)则99%有效"。在特朗普政府下，曼宁作为核心人物大力推进了联邦家庭生育计划项目。查梅因·约斯特(Charmaine Yoest)是美国卫生与公众服务部的副部长，负责公共事务，她的立场与曼宁类似，"坚持认为安全套对预防艾滋病或其他性传播疾病起不到任何作用(实际上安全套起码可以避免70%的艾滋病传播)"。沙罗教授还提到，约斯特的另一个主张是哪怕是用了避孕手段，人工流产的数量并没有下降，而人工流产会导致乳腺癌，她的这一派说辞又是与事实证据完全相反的。[9]

曼宁和约斯特这两个例子代表了一批说客，他们心安理得地在共和党控制的政府中扮演起科学家的角色，高谈阔论。除了这两位之外，类似的人不在少数。萨姆·克洛维斯(Sam Clovis)曾是一位右翼脱口秀的主持人，在特朗普的竞选中担任共同主席，后被提名为农业部的首席科学家。

[但他最终不得不放弃对这一职位的角逐,尽管他的确完全没有这方面的科学背景,但真正原因在于,他在竞选期间是竞选助手乔治·帕帕佐普洛斯(George Papadopoulos)的直接上司,而帕帕佐普洛斯据说在他的授意下安排了竞选团队与俄罗斯官员的会面。[10]帕帕佐普洛斯最终认罪,由于他起初对联邦调查员撒谎,没有说出他在竞选期间与俄罗斯政府接洽的实情,他被判处监禁,已在监狱中服刑。如果克洛维斯继续作为候选人去竞争农业部的职位,他就必须起誓如实回答与俄罗斯接洽的问题。]另一位获得农业部首席科学家提名的是凯瑟琳·哈特尼特−怀特(Kathleen Hartnett-White),她曾当选环境质量委员会负责人,担任特朗普总统的首席环境政策顾问。在此之前,她曾负责领导得克萨斯公共政策基金会的"燃油自由项目",这一项目的目标是"把二氧化碳从污染物中除名,消除对二氧化碳的监管"以及"宣传化石燃料在道义层面作出的贡献"。[11]"得益于化石燃料对经济的贡献,奴隶制才失去了经济基础,"哈特尼特−怀特毫无根据、自以为是地说道,"化石燃料大大提高了生产力,由于这样的进步,'人人享有人权'的概念才得到了普遍的认可和尊重。"[12]她的提名倒是走到了参议院的确认批准这一步,但在确认提名的认听证会上,她的表现非常糟糕。哈特尼特−怀特表示,气候变化到底是不是人类行为造成的,这里面的证据"非常不充足",之后,作为首席科学顾问的候选人,她却回答不了一系列最基本的科学问题,比如水温变化会不会影响海水的体积。听证会结束后,她自动退出了对这一职位的角逐,于是农业部首席科学家这一位置空缺了一年有余。

在特朗普的任命令中,他常常把完全不具备资质的候选人放到政府中重要的科学类岗位上。特朗普任命的许多人原先是说客,更多人原先是为大企业服务的科学家,或者是从事产品辩护的律师。他们在表达观点时只会陈述老套、传统的科学套话,在普通老百姓听来,这些话可能挺有道理。但事实上，他们的科学论述徒有其表、漏洞百出，其目的只是让某些产品得以继续销售，或是让某些企业避免费用高昂的诉讼案。

让浪得虚名的江湖骗子执掌重要的联邦科学机构已经非常危险了，除此之外，许多机构下设的科学顾问委员会进一步加剧了对科学的侵蚀。此前，大部分隶属于联邦政府机构的科学顾问委员会主要由学界科研人士担任小组成员。他们以志愿者的身份提供公共服务——付出大量的时间，却不收取报酬，这样的奉献态度足以表明他们对这份工作的尊重。在过去各届政府中，**大部分**联邦政府还是努力召集到了这样一批科学家顾问团队，确保政府能够获得最新、最好、不受利益驱使的科学建议。(我特意说了是"大部分"政府，因为并不是每一届政府均如此，小布什总统就是一个突出的例外。[13])而如你所知，特朗普政府对这种联邦顾问体制可谓不屑一顾。以我自己的经历为例，在我担任职安局局长的时候，我经常接洽的是四个与安全和健康有关的顾问委员会，以及一个专注于保护吹哨人的顾问委员会。按规定，每个委员会每年至少需召开两次会议。而在特朗普登台后的前两年，仅有一个委员会开过一次简短的电话会议，其余四个未曾集会。

但是，比不作为更可怕的是出馊主意。环保局向来非常器重其科学顾问理事会。在斯科特·普鲁伊特担任特朗普内阁的环保局局长时期，普鲁伊特对"利益冲突原则"进行了全新的逆向解读，规定任何在研究中得到了环保局资助的科学家不得担任科学顾问理事会成员(大概是因为能得到环保局资助的科学家都是真正优秀的科学家，他们的研究也是对环保局最有价值的研究)。凭借这一规定，普鲁伊特把理事会的几位元老成员排挤出局，再在空位上安插了几位与行业密不可分的专家，换作此前任何一届政府，哪怕是小布什都不可能批准这样一批与行业有明显利益关联的人担任环保局科学顾问。这些新成员的观点完全背离科学界的主流观点,他们作为顾问所提出的建议经不起推敲,甚至可能造成危险的后果。例如迈克尔·霍尼克特(Michael Honeycute),这位得克萨斯的首席毒理学家被普鲁伊特任命为环保局科学顾问理事会的理事长。霍尼克特历来主张放松环保局对诸多已知有害物质的监管,例如汞和砷。他认为,环保局针对臭氧的规定也是毫无必要的,因为"大部分人在90%的时间中都待在室内"。[14]

特朗普政府任命的清洁空气科学咨询委员会主席是路易斯·安东尼·考克斯,他常年为行业担任咨询顾问,坚持主张一些"离经叛道"的观点,例如他认为控制大气中的臭氧和$PM_{2.5}$并无益于公众健康。[15]考克斯的大名在劳工部可谓人尽皆知,他曾代表美国国家矿业协会作证,指认政府对可吸入煤尘的风险评估有误。[16]不仅仅是他的科学观点要打个问号,他的人品也要打个问号。他曾为拜耳辩护,支持在禽类养殖时对禽类使用抗生素,但美国食药监局认为这样的操作会导致人类感染具有抗药性的弯曲杆菌。考克斯的立场激起了食药监局对他职业道德的质疑。2005年,小布什总统的食药监局局长破天荒地作出了与这届政府的一贯立场相反的决定:把考克斯的证词排除在证据外,不纳入诉讼程序,食药监局认为他"故意断章取义地引述已发表的文章","碍于考克斯博士的可信度,他的证词并不可靠,因此不予采纳"。[17](在第八章中极力抵制职安局二氧化硅新规的依然是同一位考克斯。二氧化硅新规之争最终由联邦上诉法庭作出裁决,所有法官一致驳回了考克斯的主张。但不得不承认,考克斯这样的赏金科学家非常顽强,总有办法一次次阻拦在每一个监管机构面前。)

特朗普任命毫无资质的人担任政府关键岗位或坐镇顾问委员会,排挤、驱逐多位全国最优秀的科学家,但国会中的共和党人没有发出任何异议。当然,针对种种开倒车的行为,相关的申诉也提交到了法庭。在特朗普上台后不久,这届政府的环保局等机构就完全无视法律规定,贸然废止了现行的监管标准,针对这样的几起事件,法官都判定机构的行为是无效的,如果要废止现行的标准,必须依照国会的既定法律法规来操作。但长久来看,由于特朗普总统提名的几位联邦法官都具有鲜明的党派倾向性,他们的判罚必将偏向企业,而不是监管机构。因此前景不容乐观。

2017年6月9日,特朗普总统出现在了交通部的一次活动上,此次活动涉及交通部所倡导的基础设施投资倡议。具体而言,倡议的是在基础设施投资中减少监管和监督、降低成本。特朗普总统在发言时翻动了他面前的文件夹,然后夸张地把很厚的一叠文件扔在了地上——这叠文件是《环境影响声明》,联邦机构在开始任何大型基础设施建设项目前,都会对场地进行勘测,分析建设项目可能给周边区域带去的生态和社会影响,而这样的分析会记录在《环境影响声明》中。"一派胡言",这是特朗普的评价,"哪里需要这么厚的文件夹,简单的几页纸就足够了。"

我一直认为,《国家环境规划法案》是一部非常重要但又鲜为人知的法案,这一法案规定,任何联邦机构在规划大型建设项目时必须通过公开的方式评估项目的生态和社会影响,并探索可能的替代方案。这一流程最终产出的报告就是《环境影响声明》。法案并不要求联邦机构最终必须选择对环境伤害最小的方案,只要求在规划时把不同的替代方案作为备选项**考虑**进去。在我们看来,这样的规定是很合理的,但按照共和党的意识形态,我们的想法显然是错误的。

特朗普演的这出戏,无疑是为了达到放宽监管的目的。特朗普政府不懈地破坏规则,颠覆联邦机构评估科学的既有流程,这种做法将会带来长期的危害。联邦机构之所以要收集科学证据,是为了更好地评估各类决策对人类健康及环境的影响。《环境影响声明》这样的报告可能不会引起任何外界的关注,它们发挥的保护作用或许也不为公众所知。报告的文本往往是晦涩的，有些细节内容不那么容易理解。但正因为这样的报告，我们可能就避免了历史上最大的环境灾难。这里我特指的是20世纪90年代末期的一份报告，当时是克林顿执政的最后几年，我任职于能源部，我所领导的办公室恰好负责监督与某项工程相关的环境影响报告。早在1943年，洛斯阿拉莫斯国家实验室于新墨西哥州北部秘密建成，负责核武器的开发。50多年后，美国的核武器计划依然在推进中，这座设施也依然发挥着重要作用。由于其功用，这座实验室在50多年来一直排放出大量的钚污染废弃物。这些废弃物被存放于数千个标准的金属桶中，金属桶则存放于周边的一片归政府所有的树林中的木架子上，暴露在复杂的自然环境下。到了90年代末期，实验室考虑启动几个建设项目，于是实验室的上级机构，也就是能源部，按照标准流程对整体场地开展了环境影响评估。基于《国家环境规划法案》的规定，项目规划需要公开征集意见。在随后召开的听证会中，本地的居民提出了令人担忧的问题——如果森林起火的话，堆放在户外的有毒废弃物该怎么办。(毕竟在美国西部的森林地区，野火时有发生，近几年更是如此。)洛斯阿拉莫斯国家实验室难道自己没有想到森林大火这一点吗？无论听上去有多不可思议，他们好像的确忽略了这一点。但由于听证会上这个问题被提出来了，他们也重视了这一点。1999年12月，该项目最终的《环境影响声明》完稿并发布。(这份报告有900多页，装订成了好几个厚厚的文件夹，而近20年之后被特朗普总统炮轰的也就是这样的文件夹。)[18]

　　得益于环境影响评估这一环节，能源部的官员才首次注意到了洛斯阿拉莫斯的潜在火灾隐患。几个月之内，相关措施也很快落实到位。原先用来放置金属桶木架子换成了铝制架子，储存区域的周边也进行了清场，移除了乔木和灌木，确保场地更为开阔、安全。就在这项工作完成后不久，美国的西部就遇上了有史以来罕见的极干旱气候，经历了严重的森林大火。在2000年夏季，森林大火烧过了约700万英亩*土地。其中有一场火发生在塞罗格兰德，原本只是新墨西哥州班德利国家保护区的一场预防性的控制燃烧，而后演变成森林大火。班德利国家保护区在核武器实验室南边，距放射性核污染物的存放地不到10英里。在5月4日，强风让火势失去了控制，大火很快掠过了洛斯阿拉莫斯，蔓延的火势覆盖了5万英亩的森林及居住地，实验室所拥有的土地中也有30%的区域遭遇了火灾。大火烧毁了很多历史建筑，例如发明及测试原子弹的历史大楼，还毁掉了200户人家的房屋。火灾的烟柱一路飘到了几百英里外的俄克拉何马州狭长地带。据测算，塞罗格兰德大火的损失达到10亿美元。

但由于之前已把存放核废料的木架换成了金属架，并清理了周围的灌木，大火并没有烧到核废料的堆放区。如果那里真的起火了，后果不堪设想。大火散发的烟雾中将携带钚元素，烟柱将这一放射性污染物带到西南方向的广袤地区，辐射数百万人，增加这一群体的患癌风险。但由于《国家环境规划法案》所引发的环境影响评估，相关保护措施成功地发挥了作用，大火没有导致放射性元素的泄漏。[19]

仅有不到1%的公共建设项目（这1%是那些特别大型的项目）才需要提交《环境影响声明》。而对于这1%的项目，毋庸置疑，环境影响评估的流程还有优化的空间，可以做到更高效、更节约时间。但对于大型项目来说，涉及环境的部分非常有必要引入政府及公众的参与。如果一刀切地废除这一流程，这样的鲁莽之举会带来惨痛后果，但执政的共和党却非要一试。

共和党鼓吹的是尊重个人权力、放宽监管，而他们的这套宣传已经起到了效果。他们希望联邦政府机构放开手，把自由还给污染企业和有

---

* 译者注：1英亩约为4047平方米。

毒产品的制造商，基于这样的诉求，他们最近又新推出了一项激进的主张——环保局的《加强监管科学的透明度》提案。

既然说到了"透明度"，那我们就来谈谈这个问题。作为一名参与过多项涉及公众安全、卫生及环境的法律法规制定的科学家，我也认为科学应该是开放的，优秀的科研成果不应该束之高阁，而应该供人调取、发挥作用。但这项新的提案并不是从这个角度来看问题的。按照提案来执行的话，环保局想要借鉴科研结果来保护公众健康的难度反而加大了。提案的名称非常有误导性，名义上是增大透明度，实则是设置阻碍。这也代表了政坛右派惯用的一种手段：把"透明度"作为政治**武器**，要求科研项目对外公布原始数据，再雇佣赏金科学家用扭曲、欺骗的方式对数据做二次分析。

这样的对策是谁首创的呢？不出意料，当然还是烟草行业，之后被各式的污染企业发扬光大。回顾历史，我们会发现许多线索。在20世纪90年代中期，二手烟的危害已经是板上钉钉了，非烟民在吸入二手烟后可能患上癌症。可烟草行业依然在否认这一点（他们甚至还说尼古丁不会上瘾！），但他们也知道自己是在垂死挣扎，如果找不到新的突破口，他们是不可能翻身的。换言之，烟草行业需要运用创新的方法，阻止政府把科学发现运用到疾病防治中。环保局也很关注二手烟对环境的危害，因此环保局也是烟草行业要对付的对象。烟草行业聘请的律师克里斯·霍纳想出了一个恶毒的法子（之后的气候变化之争中霍纳也没有缺席，再次登台颠倒黑白）。雷诺烟草公司是霍纳的客户，在写给对方的信中，霍纳建议动用立法的手段，"制造流程上的繁文缛节，政府机构如果想出具科学报告，必须先一一履行流程"，这样就能有效地针对政府行为制造障碍。具体的做法是，要求环保局公布所有研究的原始数据，这些数据本用于保护公众健康，但企业却会雇佣一批听命于他们的科学家再分析原始数据，让所有不利于行业的研究结果都消失不见。霍纳也意识到,如果一开始就让人察觉出这一策略的终极目的是维护二手烟,那么这样的建议是不可能被采纳的。所以"我们的出发点是'优化程序',而不是特别针对某种物质;我们建议的程序可以运用到各个行业中,而不是特别针对某一个行业"。[20]

苦于监管束缚的行业不在少数,霍纳知道他的提议一定会得到这些行业的支持。很快,他所建议的流程优化就吸引了多个重污染行业的注意,其中就包括化石燃料生产商和火力发电厂,他们都希望尽量拖慢环保局计划出台的颗粒管理标准,哪怕这些颗粒每年都造成了数千例生命的早逝。这些企业找到了一位能在国会中起牵头作用的代表——众议员拉马尔·史密斯(得克萨斯州共和党人),在2013年,史密斯上任国会科学委员会的主席,他提出了一项法案,要求环保局在使用任何科研成果前,必须获得研究人员提交的全部原始数据、电脑程序以及分析工具,而环保局需要把这些资料全部公开在网站上。史密斯把这项提案称为《科学秘密改革法案》。

史密斯为他的提案摇旗呐喊,表示可靠的科学应该是透明的、可复制的,如果排污企业压根接触不到环保局所使用的实验原始数据,企业如何能相信政府所使用的实验结论是准确的?但这样的理由其实完全歪曲了科学的运作方式。虽然在理论上,大部分实验是**可以**通过复制来做再次推导的,但事实上却很少会这么做,因为这样实属浪费资源。因此,科学家会尝试从**不同**的角度来研究同一个问题,尝试不同的科学方法,再来对比不同的方式得出的结果是否能相互佐证。里根总统时期的环保局副局长伯纳德·戈尔茨坦(Bernard Goldstein)曾解释过,如果对某项实验用同样的分析方法反复验证,就类似于你在报纸上看到一条惊人的新闻,于是你又去买了几份相同的报纸,来验证是不是每份报纸都是这样报道的。

污染企业如果自己做过内部研究,那么他们自然可以拿出新法规所要求的任何数据或资料来为他们的产品或排污行为辩护。但对于独立研究人员来说,法案所要求的数据公开却是很多环境研究,尤其是流行病学研究所做不到的,而因为这些研究无法公开全部的原始数据,环保局也就不能把这些研究纳入证据库。这些研究原本可以发挥作用、帮助环保局保护公众和环境,现在却被判为"不予采纳"。为什么呢?因为许多研究的受试者在参与研究时,身份的保密性是重要的前置条件。研究人员已承诺不公开原始的、涉及个人身份的数据;如果环保局在采集科学证据时要求此类科研项目公开发布全部的原始数据,就会打破科学家对实验对象的承诺。此外,要加拿大或欧洲的科学家把他们的研究原始数据提交给美国的政府监管部门用于"独立审核",这里面的难度可想而知,尤其是美国环保局在国际上的名声每况愈下,所谓"独立"审核也会被打上问号。再者,一些关于重大灾难的研究是不可复制的,例如"深水地平线"和切尔诺贝利的灾难,相关的研究虽然出色,但由于不具备可复制性,按史密斯的提案,环保局对这样的研究也不予采纳。

史密斯在2015年提交了他的立法提案,这一行为立刻引发了全国多个科学机构的强烈反对,奥巴马政府的环保局也在列。但彼时众议院的多数席位已被共和党控制,史密斯的提案依然在众议院获得通过,在共和党众议员中,仅有一位投了反对票。幸好,由于民主党在参议院以阻挠议事相威胁,该提案最终止步于参议院。即便它在参议院得到了足够多的赞成票,奥巴马总统也会行使他的总统否决权。

但那是当年的情况,在2017年1月20日以后,这一切就说不准了。新总统一上台,拉马尔·史密斯就立刻重新提交了提案,但他给提案换了个名称,改叫《环保局科学工作诚实与开放新法案》,也就是俗称的《诚实法案》。为了动员科学界来抵制这一法案,《科学》杂志(美国顶级学术期刊)

的编辑邀请我和奥巴马总统时期的环保局科学顾问汤姆·伯克（Tom Burke）共同撰写一篇社论，声明我们对这一法案的反对立场。[21]为此，我们对史密斯的新提案开展了调研，也从中发现了特朗普政府计划如何来利用这一法案，他们的计划恰恰印证了我们的担忧。按照法案，环保局未来只能采纳行业所提供的研究，因为只有一部分由行业策划的研究才完全符合法案的要求。在审议史密斯提交的第一稿草案时，环保局向国会预算办公室提交了他们的成本测算报告，如果要收集、编辑并在公开网站上公布所有的原始数据，环保局计算出来的成本是每年2.5亿美元。[22]特朗普政府根据第二版的草案做了估算，执行的成本下降到了每年100万美元。这是怎么一回事呢？以下是国会预算办公室给出的直白且骇人的解释：

> 根据环保局官员向国会预算办公室作出的解释，环保局计划以最低的资金投入来执行这一法案，未来如果在决策中参照了某些科研结果，环保局也不会具体公布相关信息。在法案执行之后，环保局在未来几年内出台政策或拟议政策时，*所依据的学术研究数量将显著减少*[斜体为后期添加]。[23]

这样的说辞无疑让众议院中的共和党人喜上眉梢，他们火速就通过了《诚实法案》，当然，在种种的反对声下，232位共和党众议员中也有7人投了反对票。但接下来还有参议院这一关。因此，特朗普政府决定绕过国会，不采用国会立法，而采用行政监管条例的方式来推行这一项重大的变化。此举自然激起了更大的争议。原先就对史密斯提案持反对意见的科学组织这一次当然也发出了反对声，除此之外，美国国防部也罕见地公开表达了对此项法案的反对意见——一般来说，各个政府机构之间存在心照不宣的"潜规则"，哪怕机构之间存在意见冲突，他们也不会把冲突放到台面上、公开地唱反调。[24]（通常而言，部门与部门之间如果有不同意见，他们并不会直接反对其他部门提出的法案——因为这样"不好看",他们会把意见提给白宫,让白宫从中协调。)在此类情况下,法庭之争也是不可避免的,特朗普政府绕开国会立法的做法很有可能在法庭上被判为无效。

如今的情况非常危急。随着时间的推移,特朗普政府的行为对公共卫生及地球生物产生的后果将逐渐显露,甚至更宽泛地来说,过去几十年共和党人的种种行为已经埋下了深远的隐患。他们所造成的伤害目前还无法量化,只有时间才能证明一切。目前,为了让行业继续肆无忌惮、不计后果地运营,他们抵制科学、阻挠监管,在控制温室气体这一问题上,立法速度已经落后于最优的方案。海平面上升的后果已经显露,森林大火爆发得更为频繁,新型的以虫为媒介传播的疾病已出现,而极端天气事件几乎席卷了世界的各个角落。如果特朗普顺利地推翻了环保局的清洁空气规定,空气污染将加剧,在全美造成数万起早逝以及数十万例儿童呼吸疾病。[25]

共和党否认科学、削弱科学型的联邦监管机构,此类行为不但给健康和环境造成了显而易见的危害,也致使监管体系受到难以逆转的破坏,未来要再修复、健全监管体系将非常困难。一些最出色、最聪明的人才被逐出了联邦机构,哪怕未来体制有意愿把这样一群人吸引回来,也需要漫长的时间。资深的科学家和管理人员,拥有数十年专业经验、愿意作出牺牲投身公共服务事业的男男女女被迫离开。虽然大部分并不是被直接免职,但由于部门领导层颐指气使、无视原则,这批有志有识之辈在工作中遭遇的失望与挫败导致了他们的离开。哪怕未来美国政府的环境恢复到历史上最好、最公平的状态,要重新组建一支优质、能干的科学人才团队绝非易事。

特朗普总统和共和党的行为又对科学本身产生了怎样的伤害呢?科学中不存在"反面事实"。对于同样的一组数据,无恶意的解读者的确可能得出不同理解,但目前的情况不是这样的。对于影响重大的全球性问题,我们需要最好的科学家用最优的研究作出解答。但气候变化的否认者、进化论的否认者、二手烟的维护者以及整个产品辩护行业有他们的私利,他们会不计一切地诋毁、攻击真正的科学及科学家。新闻媒体的遭遇就是一个参照:由于特朗普本人大肆攻击基于事实的新闻报道,许多人对新闻媒体产生了怀疑,甚至敌意。同理,对科学的攻击也会助长一些危险的迷思,例如对疫苗、堕胎、气候变化等紧迫问题的误解。长此以往,人们会下意识地对科学抱有偏见和嘲讽,对基于科学的政策加以抵制。这是对人民、对环境、对未来的极大伤害。

第十四章
待价而沽的科学

纯正意义上的科学在于提出问题、设计实验、仔细研究证据,最终获得答案。本书重点关注的则是产品辩护科学家,他们全职从事这项有利可图的生意,一切都是为了制造怀疑。但纵观涉及有毒有害物品或污染物的研究,当中只有一小部分出自产品辩护科学家之手。许多研究是由学者依靠从政府、企业或基金会获得的经费开展的,甚至有些研究完全没有依靠外部经费。也有许多研究是由科学家在政府或企业下设的实验室中展开的。

当然,无论具体是谁来做研究,如果研究从私营领域获得了经费赞助,那么研究得出的结果往往会符合赞助方的期望。有关烟草的研究论文就是一大例证,烟草行业一度咬定二手烟不会增加患肺癌的风险。[1]在业内,这种情况叫作"经费赞助效应",或者讲得更尖锐一点,可以叫"金钱效应":谁出钱,谁负责制定游戏规则。从广义上来说,本书讨论的正是这一问题。在评估烟草、食品、化学物质及污染物的潜在风险时,研究中的"经费赞助效应"已经成为一种普遍现象,可以说,如果有哪一项研究的结果不符合赞助方的预期,那才令人惊讶。

之所以能注意到经费赞助效应,是因为大部分的作者会在致谢中写明经费的来源。而作者之所以会披露这部分信息,是因为学术期刊在刊登论文时有这方面的严格要求。即便如此,依然有不少研究会隐藏、略去某些赞助信息,或者故意采用引人误解的方式来披露信息。

利益冲突的披露当然非常必要,但最值得关注的问题,不应该是利益冲突本身吗?在论文发表的时候,评估所关注的是"披露",但真正影响研究的,不是信息的披露,而是实际的利益。利益冲突的披露与利益冲突本身是两个完全不同的概念,但这当中的区别却常被忽略。

经常有人问我,为什么要关注研究中的经济利益冲突。研究不应该是凭本事说话吗,到底是谁提供的经费又有什么关系呢?此话差矣。有些科学家只要能拿到钱,让他说什么话都可以。广义的"利益冲突"实际上是一个更为微妙的问题。理论上,如果按既定的方法来进行同样的实验,不同的人应该得出相同的结论。但这仅仅停留在"理论上"。对于大部分实验室实验来说,研究人员在实验过程中需要作出许多决策,而这些决策会最终影响实验的结论,对于涉及人类的实地研究更是如此。在观察世界的时候,我们免不了带着先入为主的观点(说得难听一点,也就是我们的偏见)、理论和经验,这些都会影响我们在研究中的决策。另一种新潮一点的叫法是"动机性推理"。本书的读者一定已经从书中的案例看到,研究经费的来源会对研究人员的思维推理方式产生深远的影响。如果不同的人有不同的财务考量,那么对于同一组数据,他们的解读方式必然也不会相同。

科学家之所以屡屡得出符合赞助方期望的研究结果,仅仅是因为这样的原因吗?在有些情况下,实验的设计的确是有猫腻的,实验的结论甚至在实验开始前就已经注定了。[2]但在其他情况下,科学家在看到同样一组数据后,就会有他们自己的不同见解。一个人看问题的动机和立场会影响他的思考与判断,哪怕是非常有名望的科学家,他们在分析数据时也难以逃开"动机性推理",这一点已有实验证明:有一组科学家,其中不乏业界大拿，他们当中有的人与研究议题存在利益纠葛，其他则没有，在实验的真相揭晓以前，他们对相同的数据组给出了非常不同的解读。这项实验的主角是万络（Vioxx，通用名罗非昔布，Rofecoxib），它是默沙东制药公司生产的一种非甾体抗炎药，于1999年投放市场。非甾体抗炎药是一类止痛药，而万络这一款药物是许多关节炎的患者的必备药品，因为其他的非甾体抗炎药（如阿司匹林）可能会引起某些患者的胃肠问题。默沙东把万络推向市场时大力宣传这是一种有效、安全的替代品，一款不会引发胃肠问题的止痛药，而后问题就来了。

大部分医药公司都不愿意把自己的新药与市场上已有的类似产品做直接的测试对比。哪怕新药的药效不错，但也有可能在测试中表现得**不如**既有产品。这样一来，医药公司就无法在宣传新药时理直气壮地说"我们的产品比竞争对手的那款更好"。医药公司更愿意用安慰剂做对照组，但按照美国食品药品监督管理局（简称食药监局）的规定，如果市场上已经有能起到类似疗效的药物，比如阿司匹林，那么新药必须与至少一种竞品做直接的对比测试。在这样的测试中到底选择哪一种竞品做比照对象，显然大有学问。对于万络而言，要考虑的一大因素就是阿司匹林的已知优势——能有效缓解心血管疾病，万络很难在这一点上敌过阿司匹林。综合考虑了各种因素后，默沙东最终选择的竞品是萘普生（Aleve）这款非处方药。默沙东设计了一场规模可观的随机实验，受试者达8000人。

在2000年，初步的实验结果模棱两可，用不同的角度去解读会得出截然不同的结论。从心血管的方面来看，万络组出现心血管症状的风险是萘普生组的2.4倍。这一结论来自三位与默沙东无关联的科学家，他们在2001年8月刊的《美国医学会杂志》上发表了对万络实验的分析评论。[3]显然，这一惊人的结论在默沙东的总部和实验室中都引起了不悦。

难道默沙东不能反驳吗？他们可以，也的确这样做了。默沙东表示，研究并不能证明万络对心脏不好,只能说萘普生对心脏太友好了,甚至能匹敌阿司匹林。与默沙东有关联的科学家写道:"[万络]和[萘普生]上观测到的差异可能源于后者的抗血小板聚集制剂效果。"⁴默沙东及其聘请的科学顾问宁可选择把实验数据解读为"竞品对心血管疾病有额外的防范作用",而不愿承认自己的药品会增大心脏疾病的风险。默沙东的科学家队伍(第一作者是一位学界医师,也是默沙东的咨询顾问)写道:"我们认为[独立科学家]的分析并不足以充分支撑他们的结论。"⁵

但不久以后,真相就以令人震惊且痛心的方式浮现出来。有迹象表明,万络或能预防结肠息肉,而结肠息肉是结肠癌的先兆。新的临床试验安排就绪,由于并没有竞品具有预防结肠息肉的功效,测试中使用了安慰剂作为对照。测试还没按计划进行到最后,实验人员就叫停了测试。在实验过半的时候,服用万络已逾18个月的受试者心脏病病发及卒中的次数是安慰剂组的2倍,每年每千人中,心脏病病发要多出7起。最初的实验数据究竟该如何解读,如今已不言而喻:万络会引发心脏病。实验结果迅速登上了世界各地的头版头条,万络这款药物被撤下柜台,但为时已晚。根据美国食药监局的估算,在万络于市面上销售的4年中,它大约造成了8.8万—13.9万起心脏病病发,其中约有30%—40%是致命的。⁶

毫无疑问,默沙东的确在数据的解读上耍了花招,让药物看起来比实际更安全。如果科学家真的相信萘普生可以把心脏病的风险降低60%(实际上这种说法本身就很可疑,最终也被证实的确是毫无根据的),那真有这么神奇的药,默沙东倒不如建议政府直接把萘普生添加到自来水的供水系统里。当首批独立科学家对万络提出疑问时,默沙东对他们发起了精心谋划的打击,并在发表药物测试结果时有意隐瞒部分数据,给出错误的结论,掩饰药物的风险。后经证实,多篇顶着学界人士的名字发表的关于万络的以偏概全的论文,实际上是由默沙东代笔的,由于相关文章中的错误着实恶劣，有两份知名期刊不得不专门刊登更正。[7]《新英格兰医学杂志》两次发声，称"深表担忧"，编辑批评默沙东"没有在论文的出版审核阶段准确地提供作者实际掌握的安全数据。"[8]默沙东对万络的推广和销售担上了刑事罪名，默沙东认罪，并支付了9.5亿美元的罚款。此外，万络的受害者及家属也纷纷起诉默沙东，为了达成庭外和解，默沙东共支付了近50亿美元的赔款。

尽管如此，也不能完全断定默沙东的学界科学顾问都丧失了良知。对此，我还是愿意持保留意见，所谓疑罪从无。我相信，至少我内心希望，这些科学家并不是明知药物会让心脏病的风险翻倍，却还力推这款药物。他们并非在明知真相的情况下故意撒谎（这至少是我内心的期盼）。他们的确说服了自己，让自己相信这款药物是安全的。虽然在事后看来，有关数据的指向非常明确，但在当下，他们却全然意识不到最明显的真相。

同样，我也不介意把这种无罪假定推及到产品辩护科学家身上。或许，他们不是故意要曲解数据、发布误导性结论的。在某些案例中，或许他们对数据的解读在日后被证明是准确的。但正如音乐哲人辛迪·劳珀（Cyndi Lauper）唱的，"金钱改变一切。"我们已经看到利益关联会如何改变一个人对数据的解读。如果向科学家提供了大量经费的出资方恰好是有毒有害物质的生产方，这些科学家得出的结论就不应该被当成正统的科学结论。

但我也相信，在某些情况下，的确会有科学家故意曲解数据，发布误导性的结论。毫不夸张地说，在产品辩护的研究模式下，研究人员往往是心里先有了答案，再去寻找能够支撑既定答案的解答方式。一般来说，产品辩护人士会先对**别人的**答案下手，评点他人的研究证据，或是对某项重要研究做"由果推因"式的反向二次分析，然后变魔术般地推导出赞助方所偏好的结果:所谓"有毒有害物质"的风险其实没那么大,影响也不那么糟,是先前的研究数据出了重大的错误。此类产品辩护式的研究往往被监管机构或法庭批驳得体无完肤。

接下来,我会大致总结一下产品辩护事务所的一些具体做法(以及常见的识别方式),他们对科学做"二次加工和包装",通过歪曲科学来达到自己的目的。虽然这些内容属于专业性较强的内部信息,我依然希望能提供一份实用指南,帮助大家辨别依然逍遥法外的赏金科学家和产品辩护事务所。在如今糟糕的政治环境下,如果更多人能识别他们的这些手段,那么舆论环境也会往更好的方向发展。此外,"识破诡计"也是一个有趣的小游戏。

以下,就是产品辩护行业的"剧本"。

证据的权重

产品辩护行业最爱用的一招,或许就是"审阅评估已有文献"。审阅当然有其正当意义:若要解答重要的问题,自然要全盘考虑迄今为止的各类研究数据。在监管和诉讼中均会遇到一些复杂的问题,并不是单刀直入地问"这种化学物质是否致癌、是否会导致精子数量下降或发育迟缓"这类确切的问题。公共健康议题涉及许多重要且棘手的问题,例如何种程度的暴露会引发不良后果,暴露的时长达到多久后才会显现出后果,是否存在所谓的安全界限,如果把化学物质控制在这一界限下是不是就不会引发不良后果(或者从法律角度来讲,不是"不会",而是尚未引发不良后果)。要回答这类问题,并不能单靠一项研究,因此对多方文献进行综合评估是有其合理性的。这种文献评述有时也被称为"证据权重分析",分析员会决定每一篇文献的权重。但如果你的分析工作和业务模式完全依赖于问题产品的制造商,是他们委托给你的分析工作养活了你的业务,那么你的判断是否还能做到不偏不倚呢？更具体来说，如果某一商家为了拖延监管政策的出台，或是为了在法庭上给自己辩护，出资找了一批与自己有利益关联的科学家来评估相关的文献，那这样的评估结果必然是不纯粹的，也不应该采纳为证据。我们怎么知道这些科学家在分配权重的时候，到底会不会有意或无意地因为赞助方的立场而有所偏倚呢？

我目睹了产品辩护事务所如何借助"证据权重分析"，把几乎所有常见有毒有害物质的危害性质疑了一遍，哪怕某些物质的危害性已铁证如山。举例而言，臭氧是一种看不见的气体，大气层中的臭氧可能引起呼吸道的炎症和损伤，加重哮喘、肺气肿、慢性支气管炎等疾病。无数研究已证明，如果某一区域大气层中的臭氧浓度增加了，因哮喘爆发而导致的急诊和住院人次也会有明显上升。得克萨斯州环境质量委员会的领导们却认为，臭氧等因燃料燃烧而产生的污染物，其危害性被过度夸大了。环境质量委员会本是政府机构，但其表现得却像是石油天然气行业的全资子公司（或许得克萨斯州政府的下属单位从某种意义上说的确是油气行业的子公司）。委员会的首席毒理学家迈克尔·霍尼克特后被特朗普总统任命为美国国家环境保护局科学顾问理事会的理事长，他曾公开表示，降低大气中的臭氧浓度会**增加**肺病的风险。[9]这与普遍认知是背道而驰的，也不符合得克萨斯本土及其他地区的证据。

为了缓解油气行业面临的压力，得州环境质量委员会需要找到科学上的支持证据。他们聘用了梯度咨询公司（Gradient），这家产品辩护事务所对大气臭氧富集和哮喘病发之间非常明确的因果关系提出了质疑。但哪怕是梯度咨询公司（从得州环境质量委员会拿到了逾220万美元[10]）也无法彻底推翻臭氧和哮喘病间的联系。面对排山倒海的不利证据，梯度咨询公司的"上上策"，也不过是重走烟草公司的老路，炒作不确定性：证据"并不足以证明有因果关系。在运用这些证据指导政策制定时，需要充分考虑证据本身还存在极大的不确定性"。[11]

梯度咨询公司似乎还特别擅长对空气污染领域的研究做权重分析，而在分配权重时，但凡是指出空气污染物危害性的研究，都被判断为无足轻重、存在错漏和不确定性。梯度代表电力公司行业联盟（电力公司通过燃烧化石燃料发电，向大气中排放臭氧）发表了一篇论文，标题为《长期臭氧暴露与哮喘的研究评论综述》，最终得出的结论是：现有的相关研究之间存在不一致性，需要通过更多调研，才能解答"关键的不确定性"。[12]

当然，审阅这些文献的真正目的，是阻止政府机构收紧公共卫生上的管理措施，让企业可以继续使用化石燃料，维持原先的经济和生产模式。梯度咨询的科学家表示，"已有的文献并不能证明降低大气中的臭氧浓度就能更好地保护健康"[13]，每当环保局考虑推行更严格的臭氧管理标准时，梯度咨询公司就会代表美国石油协会和得州环境质量委员会介入。[14]

梯度咨询公司还长期服务于铅污染企业，哪怕环境中只是存在少量的铅，也可能影响儿童的大脑发育。梯度的客户则是与铅存在利益关联的机构，例如全球电池协会（协会会员均是电池的生产、销售或回收企业）[15]以及对环境造成过铅污染的熔炼厂[16]，上述单位都希望证明铅的危害性其实没有大多数研究里说的那么严重，这样他们才能继续获利。在克林顿总统时期，环保局着手推行更严格的环境铅暴露管理标准，梯度的专家代表电池回收厂联盟前往白宫，表达他们的主张。在情况说明中，他们着重指出，环保局制定规则时参考的科学文献中存在"尚未完全解释清楚的数学错误"以及不确定性。[17]

也有研究显示铅暴露或与孤独症谱系障碍存在关联，[18]梯度团队则发明了另外一种观点。在一次会议上，他们发表了题为《铅暴露与孤独症谱系障碍相关性的证据权重评估》的展示报告，结论称："铅暴露与孤独症谱系障碍的形成或加剧并无关联。"[报告并未披露其背后的出资方，反而说了这样一番话："研究工作得到了一位私人客户的资助，但最后展示的观点完全来自研究作者。芭芭拉·贝克（Barbara Beck）博士为研究担任专家证人，她也充分参考了本研究的结果。"[19]]或许孤独症谱系障碍的形成的确与铅没有关系，但考虑到梯度公司做这项研究的起源，再加上他们的曾屡屡代表铅行业为铅辩护，试图淡化"铅会引起神经中毒"这一事实，如何让人相信梯度的这篇文献权重评估是完全客观、不偏不倚的？

风险评估

权重分析中用到的证据往往会包括人体以及动物实验，至于给每一项研究分配多大的权重，往往是一项主观、定性的决策。而风险评估是一种偏定量型的文献审阅方式，如果运用得当，可以大致反应不同级别的暴露浓度带来的风险。风险评估还有一项重要作用，就是反映某一化学物质的暴露水平如果控制在某一程度以下，是不是就不会造成危害。但正如环保局的首任局长威廉·拉克尔肖斯（William Ruckelshaus）的名言："风险评估如同被抓获的间谍，如果你发了狠地折磨他，他什么样的话都能招供出来。"

他说得没错，许多风险评估的结果存在很大的浮动空间。也有个人科学家或事务所可以为赞助方提供风险评估服务，确保最后评估得出的安全界限值远远高于绝大部分的实际暴露水平。如果这样的风险评估结论得到了监管部门或陪审团的认可，那么污染企业几乎不用花太多的钱整改，也不用赔偿受害者。

迈克尔·杜尔松是一位值得一提的赏金科学家，他收钱办事，受客户之托做过不少文献综述和风险评估。他是一位毒理学家，也是非营利机构特拉（TERA）的创始人兼首席。杜尔松凭借制造怀疑，开辟了一条专为有毒化学物质辩护的职业道路。一家又一家化工企业向他和特拉支付酬金,让他制造论据,支持那些过于宽松、压根起不到保护作用的公共卫生管理标准。

杜尔松的业务模式非常聪明。涉事厂家或公司会向他提供一笔经费,特拉团队会对相关研究做一轮文献分析,最后得出风险评估的结论,而不出所料,结论往往显示风险是微乎其微的,而得出的"安全"暴露水平往往会比学界或政府科学家得出的数字要宽松许多倍。有些时候,特拉出具的风险评估来自一支由"独立专家"组成的专家小组,但大部分成员显然绝对称不上"独立"。他们会把这样的评估报道当作正规的科研结果,常会发表在第二章中提到的由行业实际控制的期刊上。

这里有个例子:杜尔松和他的同事发表了一篇论文,论述了"有害垃圾处理场所的非癌症终端风险管理",关注的是应用广泛且毒性剧烈的三氯乙烯溶液。论文中,他提议了一系列的安全标准,但对于同一种化学物质,他提议的标准比环保局的宽松15倍。如果采纳这种宽松的标准,那就意味着美国化学协会的成员企业在清理有害垃圾处理场所时可以省力许多。这篇论文的经费来自哪里呢?来自"美国化学协会的赠予"。[20]

特拉的风险评估所建议的安全标准往往起不到足够的保护作用。在许多有毒化学物质上,特拉的标准比公共卫生机构测算的宽松了数百倍。特拉服务过的客户包括陶氏益农公司[Dow AgroSciences,具体涉及的是毒死蜱(Chlorpyrifos)这款杀虫剂,环保局的工作人员建议禁用这款产品,但特朗普总统任命的两位环保局局长都推翻了这一建议],科氏(石油界的可口可乐),美国化学协会的北美阻燃剂分会(阻燃成分四溴双酚A),嘉吉(Cargill),可口可乐,康尼格拉食品(ConAgra Foods),菲多利北美公司(Fritolay),通用磨坊,斯马克食品公司(J. M. Smucker Co.),蓝多湖公司(Land O'Lakes),宝洁,联合利华(丁二酮会在接触了此物的工人中引起闭塞性细支气管炎,这一疾病也称爆米花肺),当然还有第三章中提过的杜邦(涉及特氟龙生产中使用的PFAS)。以上也仅代表一小部分客户。[21]

但凡业内需要用到产品辩护性质的"科学支持",杜尔松可谓是不二人选,他总能找出方法把有毒有害化学物质的风险轻描淡写地一笔带过,倡导宽松的保护标准,而这种标准根本无力保护美国人民的健康和安全。鉴于他为化学行业立下的"汗马功劳",特朗普总统提名他为环保局的副局长,主管化学品的安全和污染防治,这一提名背后的逻辑也就很好理解了。此提名一出,全国各地的积极人士都组织了抗议活动,抵制这一提名,并把杜尔松口中基本无害的化学品的受害者请到了华盛顿。这一景象终于让部分共和党议员也受到了触动,因此如下一章中所述,杜尔松的提名最终没有成功。

二次分析

由于其特有属性,流行病学成了产品辩护行业混淆视听、质疑科学时的活靶子。流行病学的研究非常复杂,涉及繁复的统计学分析。许多分析环节需要研究人员运用他们的判断力,因此研究的动机和出发点是否纯正,对研究会产生很大的影响。到底要选择何种研究方式来分析数据,既有赖于研究人员对流行病学原理的把控,也取决于他们的学术道德水平。"二次分析"是某些产品辩护事务所使用的一项把戏,他们从一项已完成的研究中提取全部的原始数据,然后改变数据分析的方法,对数据重新分析。至于方法如何选择,往往是"向钱看"。就像笑话里说的:世界上有三种谎言,谎言、彻头彻尾的谎言,以及统计数字。

此类分析的方法选择上自然牵扯出许多关于学术道德的争论。如果一位科学家具备一些相关技能,知晓原研究的结论,且知道数据在研究中是如何分布的,那么他就可以轻而易举地设计一种研究方式,让原先的肯定结论消失不见。如果暴露在有毒物质下,会不会埋下未来患上某种疾病的隐患,这是公共卫生机构非常关心的重要问题,而二次分析恰恰可以扭转这个问题的答案,把"有"变成"没有"。而反过来,如果原先研究就显示没有风险,却很难通过事后的再分析,把"没有"变成"有",因为效用在研究所覆盖的全部人群中是等量分配的。

果不其然,二次分析这种方式和其他的产品辩护伎俩一样,也可以追溯到烟草行业。一些烟民的配偶本人不吸烟,但患上肺癌的风险却很高,为了撇清烟草的责任、规避监管,烟草行业急需通过某种方式来扭转前期的科研结论。从公共卫生的角度来看,患癌风险如果上升25%,这就是影响极其重大的事件了。而对于烟草行业来说,要让这么大的风险消失不见,也必然不是一件轻而易举的事,于是他们想到了二次分析。当然,这里还涉及烟草行业的另一重考虑:如果烟草行业自己重新再做一套研究,那需要花费数年的时间,消耗数百万美元。既然有研究给二手烟定了罪,那不如把那些研究的原始数据要过来,再修改一些基本的假设条件,改变一些参数,这里修一下那里补一下,那就可以把风险从结论中抹去。烟草行业的上述做法如今已非常普及,"二次分析"已成为产品辩护这个大行业下的一个专业分支。

这里也可举一个其他行业的早期例子。在1987年,美国国家职业安全卫生研究所(NIOSH)的罗伯特·林斯基(Robert Rinsky)和多位同事在《新英格兰医学杂志》发表了论文,文中指出,按照职安局所设定的管理标准,工作场所的苯暴露浓度不得超过1×10^{-5},但这一标准远远不够。按照林斯基等人的估算,如果终生都暴露在哪怕低于1×10^{-6}的苯环境下,患白血病的风险依然会升高。职安局以这项研究为参照,着手把1×10^{-6}设立为新的标准,这会给石油行业的财务报表带去重大影响。自那以后,石油的生产商花费了数百万美元,聘用了数家领先的产品辩护事务所,对上述研究结果做二次分析,试图让监管者和法庭相信低浓度的苯其实没有那么危险。美国石油协会(这个组织又出现了)及石油行业的另一分支机构也找到了本书中几乎每一章都会出场的那些产品辩护事务所:毅博、卡德诺学危害咨询、安博、梯度。这些事务所的任务,就是击溃林斯基的研究。上述机构起码在科学期刊上发布了九篇论文,都是为了把林斯基的研究结果压下去。[22]但所有论文采用的都是从结果推导原因的事后分析法,均不具备多大说服力。由于科学界(未被石油行业及其咨询机构渗透的那一部分)已经认定了低浓度的苯暴露与白血病之间的因果关联,这一领域已经没有任何额外的计划中或进行中的流行病学研究。有研究人员真正调研了暴露于苯环境下的工人(而不是拿别人的数据做二次分析、为金主服务),这些研究人员并没有从石油行业获得资助,他们的研究显示极低浓度的苯暴露依然会引发健康问题。[23]鉴于这些研究,欧盟宣布计划把工作场所的最大苯暴露浓度再削减95%,降低到5×10^{-8}。[24]

模拟历史

一些流行病学研究发现,低浓度的有害物质暴露依然会增加相关疾病的患病风险,于是在行业的资助下,产品辩护科学家会通过二次分析,论证原始研究中实际的暴露浓度大大高于科学家所宣称的数值。这当然是无稽之谈,但这样的招数却非常奏效:如果反过来调整暴露浓度,那么自然也会产出不一样的研究结果,把原先的致病性归因为更高的暴露浓度,也意味着调低浓度后,安全性就增加了。产品辩护科学家对这一重关系自然心知肚明,如果在暴露浓度上做手脚,他们就能通过二次分析得出想要的结果。

如果某一物质达到某种暴露浓度后,其危险性已坐实,那么涉及这一物质的厂商就会努力证明,他们的历史暴露浓度并没有达到这一浓度。具体的方式,一般是在实验室环境下还原历史的暴露水平,而要出动这种程度的证据，往往是因为企业遇上了重大的官司。因为从科学的角度来讲，重新模拟过去老旧的环境和暴露浓度，并没有什么实际的科学意义。原始的产品可能早已停产或停止使用，而为了这项实验，需要先找到这款产品，然后再模拟原告在数十年前与它接触的过程。这样的研究发表在科学期刊上的全部意义，就是让产品辩护专家可以在出庭作证时说他们的研究结果是经过了同行评议的。

可想而知，这些为了打官司而制造出来的论文在学术界没有引起任何关注，也对政策制定没有任何参考价值。此类伎俩也招致了批评，例如布朗大学的医师戴维·埃吉尔曼（David Egilman）就演示了如何在研究中做手脚——通过低估暴露浓度，可以产出赞助商想要的任何结果。埃吉尔曼引用了一则在贝克莱特（Bakelite）赞助下开展的关于石棉暴露的研究，贝克莱特（也称胶木）是美国联合碳化合物公司（Union Carbide）生产的一种合成塑料。毅博和化学危害咨询这两家产品辩护事务所模拟了历史暴露情况。[25]埃吉尔曼指出，实验人员明明就有20世纪70年代石棉暴露的实际数值，但他们毅然选择忽视真实数值，依然通过实验模拟来推导当年的暴露水平，并得出了很低的、所谓安全的数值。联合碳化合物公司为这篇论文支付了约100万美元，而这笔钱无疑是值得花的。贝克莱特论文的联合作者丹尼斯·保施滕巴赫非常擅长模拟历史这一产品辩护技巧，他曾大言不惭地吹嘘道，只要通过模拟历史环境来证明过去的暴露水平是极低的，"法庭上就没有赢不了的案子，据我所知，在美国，但凡能拿出高质量的模拟研究，还真没听说过有哪个案子是输了的"。[26]

独立的幌子

产品辩护事务所推崇的许多论文都会在信息披露部分指出，虽然作者团队中有些科学家曾为遭遇起诉的企业出庭作证，但他们的研究是完全**独立**开展的,不受企业的控制。这样的花式说辞或许能虚构出所谓的"独立"和"客观"。但几乎可以肯定的是,科学家一定从产品辩护事务所获得了经费,而这部分经费,其实包含在企业支付给事务所的服务费中,再由事务所转交给科学家。这不过是自欺欺人地演了一场戏,但这就是业界的标准操作。

化学危害咨询公司的保施滕巴赫曾给福特汽车公司的律师写过一封信,信中就赫然暴露了所谓的"独立"有多虚伪。保施滕巴赫在信中向福特索取更多的经费,他给出的理由是,他的事务所非常擅长产出有利于客户的研究,为客户创造丰厚的价值。他的原话是:"过去五年,我个人从事务所的利润中拿出了300多万美元(有现金也有软资源)投入到了石棉的研究中(我原本也可把这部分利润分配给我和我的员工),而这些研究给法庭及陪审团带去了非常有启发性的信息。之所以投资研究,是因为我相信法庭在作出最终的裁决之前,有必要知晓全面的科学信息。在我看来,我们产出的这些论文改变了法庭上的科学势力版图。最直观的效果就是,有利于原告的裁决数量变少了,和解的金额降低了。"他进而提及了一篇论文,该文发表之后90天内就被30多起诉讼案引用。炮制那篇论文花了化学危害咨询公司30万美元。[27]

无独有偶,佐治亚太平洋公司(Georgia-Pacific,简称GP)也秘密投资了600万美元,用于孵化科研论文。这家制造企业曾在20世纪六七十年代推广过一款含有石棉的接合剂,在面临指控和起诉时,GP希望能够炮制一批对自己有利的论文,用作法庭证据。他们委托毅博、环境事务所(现更名为安博)等咨询机构,开发了一张科研计划表,计划中一共包含13项研究,每一项都会从特定角度证明GP产品的风险很低。[28] 环境事务所的任务是模拟工人当年在生产这款接合剂时身处的暴露环境。毒理学家戴维·伯恩斯坦(David Bernstein)受雇开展实验室动物研究,他是多篇发表在《吸入性毒理学杂志》上论文的第一作者,论文的信息披露声明的全部信息只有这一句话:"本研究受到了佐治亚太平洋有限公司的资助。"这些论文的联合作者是斯图尔特·E. 霍尔姆(Stewart E. Holm),他是GP研究项目的负责人,但并没有任何实际的科研贡献。后来揭露的文件显示,他的所有行为都"直接、完全听命于GP的内部法务"。最终,霍尔姆向杂志发送了更正声明,承认他供职于GP(但他依然没有说明他隶属于该公司的法务团队),杂志随即刊登了致歉,表明他们原应在刊发论文时公布相关信息。[29]

霍尔姆的真实身份、相关研究与GP法务团队关联的曝光,缘起于纽约的一起法务争端。在那起案件中,佐治亚太平洋公司试图用律师—委托人保密特权来为自己开脱,表示相关研究中涉及的许多文件均收到该豁免特权的保护,因此无需公开。这一招数已经不新鲜了,通过律师—委托人保密特权来隐藏可疑的研究活动,这一招也是由烟草行业发扬光大的。但GP的说法并没有得到纽约法庭的认可:

> GP不可以一方面把专家的结论用作"矛",在学术期刊中植入大量GP赞助的研究;另一方面又把律师—委托人保密特权用作"盾",拒不公开研究的原始数据,不允许持反对意见的人审视其研究,判断其专家的结论是否真诚。[30]

有些时候专家在为行业执笔时,甚至完全舍弃了"利益冲突信息披露"这一环节,绝口不提研究可能涉及的公私利益冲突。这里也可以举一个惊人的例子,卡洛·拉·韦基亚(Carlo La Vecchia)和保罗·博费塔(Paolo Boffetta)是两位知名的意大利流行病学家,与产品辩护行业来往甚密。博费塔(如今效力于卡德诺化学危害咨询公司)曾在多家企业或行业组织的授意下,有偿为他们产出研究论文,企业进而拿着他的研究去与独立学者及研究抗争,反击致癌的指控。博费塔维护过的有毒化学物质包括但不限于铍、[31]柴油燃烧排放物、[32]甲醛、[33]苯乙烯,[34]以及用于制造特氟龙和思高

洁的不粘材料PFAS。³⁵

有一次，两位流行病学家负责分析意大利多名接触过石棉的工人的死亡是否体现出一定的规律时，他们的结论是："如果工人在过去早已接触过石棉，那么再次暴露于石棉环境下并不会增加间皮瘤的风险，而就此停止接触也不会显著地改变患病的风险。"³⁶ 简单来说，一旦接触过石棉，事后再多接触一些也无所谓了，反正风险的程度不会改变了。姑且不谈这样一种论调会在公共卫生上造成多大的影响，就企业而言，如果一些企业在近几十年涉及工作场所的石棉暴露，那么这篇论文无疑对企业（以及企业高管）是个重大的好消息：他们可以把工人患上的癌症归咎到更早年的暴露，而那些早年的暴露已经过了诉讼时效了。

拉·韦基亚和博费塔在利益冲突信息披露中写道："本研究不涉及任何利益冲突。"作者同时也指出，"本研究得到了意大利癌症研究协会的资助，项目代码为No.10068。"看起来这是一项非常正规的研究，但两位作者都曾在意大利出庭为一位涉石棉企业的高管作证，那一案件也得到了许多关注，因此在科学界，大家都知道这两位学者曾为面临犯罪指控的石棉制造商辩护。两人的研究遭到了贝内代托·泰拉奇尼（Benedetto Terracini）等意大利流行病学大家的批评。³⁷ 此外，由于作者没有如实披露利益冲突信息，作者本人及刊登论文的期刊也遭受到了诸多谴责。期刊（在两年后）发表了长篇大论的更正。更正中指出论文作者曾为受到犯罪指控的企业做过辩护工作，并撤回了"研究得到了意大利癌症研究协会的资助"这样的表述，因为意大利癌症研究协会并未资助过这项研究。³⁸

门面机构

隐藏利益关联、规避信息披露的另一种手段是扶植门面机构，许多企业会借由这些"代理人"机构来宣扬对自己有利的主张，并隐去自身与此类机构的关联。此类机构一般会以非营利的性质来组建,请某位学术型的科学家坐镇,再挂上一个善良无害的机构名,但他们的成立与运营都仰仗大公司的赞助,他们所支持开展的"科研"最终都是为了在监管政策制定时或在法庭上维护公司的立场。此外,还有一些持"企业至上"观点的智库,全力鼓吹"自由企业""自由市场""减少监管"。数十家此类智库所服务的客户几乎涵盖了美国的所有行业。每年,这些机构都会从企业收到数百万美元的经费,鼓吹放松监管,哪怕其后果是公众健康和自然环境的恶化。

若要门面机构发挥作用,就务必要把这些机构塑造成正规的、独立的科研机构。有些机构也的确会进行正规的科学研究,但与此同时,他们在另一边正做着完全服务于赞助企业的"伪科学",帮助企业推销、维护其问题产品。这是一项考验平衡能力的精细活儿。而在这类同时有着几副面孔的机构中,最成功的大概是国际生命科学协会(ILSI),一家"非营利的全球性组织,其使命是通过科学的力量促进人类的健康与福祉,保护环境"。这一协会成立于1978年,创始人亚历克斯·马拉斯皮纳(Alex Malaspina)是可口可乐公司的资深副总裁,这家机构从可口可乐公司收到了非常可观的经费捐赠。[39] 值得一提的是,ILSI并不避讳其资金来源及捐助者身份,其赞助方包括了数百家食品企业和农药企业,例如康尼格拉(ConAgra)、家乐氏(Kellogg)、卡夫(Kraft)、麦当劳、雀巢、百事、联合利华,以及农业及作物种子的生产企业拜耳(拜耳于2018年收购了孟山都)、先正达(Syngenta)和陶氏。[40] 国际植保协会(CropLife)是全球性的农药生产商行业协会,也是ILSI的主要捐助方之一。[41] ILSI的成员认为,该协会完成了马拉斯皮纳创立这一组织的初衷,做到了"团结食品行业的力量",达成了任何企业,哪怕是可口可乐这么大的企业,无法凭一己之力完成的事业。

凭借上述企业、协会等一众赞助方的赞助,ILSI也资助了一些真正的学术研究项目。它也曾召开大会、召集学者专家共同撰写研究及报告。不可否认,这当中的一些科研是具有价值的。但ILSI也打着"共商重大科学议题"的名义,提出了一些大大有利于赞助企业的主张和观点。ILSI的创立原本就与可口可乐公司存在密切关联,因此不难想象,它一直对糖业鞠躬尽瘁,但它不曾出钱让科学家去说一些过于离谱的话,比如"无限制地摄入糖也不会影响健康"。它从不正面应对,而是暗中发力。例如美国国家营养标准建议了糖的每日摄入量不应超过多少克,ILSI就会质疑这一标准是否有足够的科学依据。[42]对于国家营养标准的这一建议,ILSI对其参考的科研数据做了二次分析,资金来自协会下设的膳食碳水化合物技术委员会,委员会成员来自可口可乐、胡椒博士、百事、艾地盟(Archer Daniels Midland)、金宝汤(Campbell Soup Company)、通用磨坊、好时、家乐氏——加在一起,这些公司的产品就构成了大多数美国人日常的碳水摄入主要来源。[43]这一例子也能体现前文提到的"经费赞助效应"。ILSI认为限制这类食品的摄入并无充分的科学依据,而ILSI的批评者则非常精妙地说出了真相:ILSI不过是用垃圾科学来维护垃圾食品。[44]

第十五章
不确定的未来

纵观历史,人类的健康总是一次次让位于经济增长和产品销售。这里的产品,可以是烟草,也可以是化妆品,是婴儿配方奶粉,或是农药。在我们的体系中,企业可以先行使用、制造或排放可能存在危害的物质,至于会不会真的有危害,等出了问题再说。这一体系也就是资本主义体系,它既能产出丰厚的利润、促进经济的发展,但也会让人类与环境的健康背负沉重的成本。

今天,许多广泛使用的商品(以及商品在制造过程中所使用的化学物质)都有一个安全阈值,一旦暴露量超过了这个阈值,危害性就会显现出来。本书中提到的多种有毒物质,例如石棉、PFAS 化合物,已被确凿证据证实哪怕极低的浓度也能对人类产生伤害。如今,世界上大部分人都受到了此类物质的影响。覆水难收,有害物质波及的人群在未来只会扩大。长久来看,相当一部分人的健康会逐渐出现问题。

那还只是已知的"老毒物"。每天都有新型的化学物质面市,潜在危害层出不穷。针对每一种新的物质,我们目前并不知道(从某种程度上讲也不可能知道)它们究竟对健康有何影响,这个问题可能要等到某一物质在市场上销售几十年后才会有答案。而到了那个时候,或许已有数百万或数十亿人接触过了这种物质。

有的人认为,即便我们大幅度减少工业上对此类化学物质的使用,我们依然可以找到方式让经济继续保持增长,人们习惯的现代生活方式也不会受到太大影响。但也有人主张维持现状,这类人或许并不否认物质的毒害性,但他们认为,这些物质给消费者和经济带去的好处要高于坏处。这种冷冰冰的成本效益核算究竟建立在怎样的数字和假设条件上,他们从不曾公布详细的数字。而至于计算的方法,也通常错误百出、弯弯绕绕,不过是参考借鉴了诉讼或政府强制性项目(例如"谁污染,谁出资"项目,政府向污染主筹集"超级基金",用于清理污染场地,此类场地被有毒化学垃圾污染,周边坏境惨遭破坏)的一些数字,做了间接计算。

本书所记载的各个案例之所以发生,是因为当大公司意识到他们的产品会给消费者、员工或自然环境造成危害时,他们无一例外地选择了否认和抵抗。这种行为往轻了说是不够真诚,往重了说是不计后果。但企业光靠自己的力量是做不到的。他们会花钱雇佣赏金猎人——科学家、律师、公关专家等,共同帮助企业回击不利的科学证据、引导舆论走向、拖延政策立法,并在法庭上与疑似受到伤害的原告对抗,击退他们的指控与诉求。

上文绝对无意指责企业天性本恶,也不是说企业的领导者都是恶人。企业的种种不当行为,往往是不同的人在不同时期做了一个看似不痛不痒的决定,但一步步叠加起来,最终却导致了恶果。对于上市公司来说,他们需要持续地实现短期的利润增长,股价带来的巨大压力会极大地影响他们的行为,也会进而影响我们的生活。主张自由市场主义的经济学家米尔顿·弗里德曼(Milton Friedman)认为,上市公司的首要目标就是为股东创造最大的利益。弗里德曼甚至把企业的这一重任上升到信托责任,即除了法律与监管所规定的责任之外,企业需要履行的最高责任。也就是说,**只要不犯法**,企业就应该不计一切地争取为股东创造最大利益。在这样的企业生态环境下，如果公司的业绩表现达不到预期，他们就将面临严峻的后果。股东当中可能爆发骚乱，而对冲基金或蓄意收购者更可能借此机会发起掠夺行为，夺取企业的控制权或管理权。

当短期利润高于一切时，企业在决策时就非常容易牺牲他人的利益，只求让自己多活一天。基于这样的治理思维，无数行业的管理高层都会不惜一切代价（理论上是在不违反法律的前提下）生产对人类有害的产品。在化石燃料行业，企业高层则甘愿把整个地球所有生物的未来置于险境，只求能继续推广他们的产品。

难道就只有这一条路吗？有没有公司在观察到危险的信号后选择实事求是，立刻组织开展独立调查，如果有合理证据（但未必是绝对确凿的证据）证明某款盈利的产品的确有风险，企业就果断决定撤下这款产品？的确有少数几个例子。户外服装品牌巴塔哥尼亚（Patagonia）把自己定位为一家"致力于通过我们的业务拯救地球"的激进主义企业，在意识到自家产品的潜在危害后，这家公司就采取了开诚布公的态度。例如，当意识到人工面料中的塑料微粒和微小纤维是造成海洋污染的一大元凶后，巴塔哥尼亚非常重视，他们努力引起对这一问题的关注，并给出了解决方案。[1] 第七代（Seventh Generation）是一家生产家化用品和个人卫生护理用品的公司，在发现产品中存在潜在的有毒污染物质后，他们选择剔除这些成分，并向外界公布这一情况。这些公司的做法都值得夸赞，但把他们的做法推广到其他行业却未必轻易行得通：两家公司的目标客户群都愿意为环保产品支付更高的价格——这群人也更青睐强调企业社会责任的公司。（还有一点也值得一提，巴塔哥尼亚是一家没有上市的私有制公司；第七代公司于2016年被联合利华收购。）

有趣的是，一些在保护工人安全上表现得可圈可点的公司，一到了有毒化学物质的生产和销售上，似乎失去了最佳的判断力。例如3M公司，他们开设了全球领先的工人安全项目,而我也得到过他们的帮助:在2015年,美国职业安全与健康管理局与中国的对应单位,即中国国家安全生产监督管理总局开设了双边的合作项目,在项目中,我向3M公司咨询了他们的经验,他们也慷慨地分享了他们在中国的安全生产操作经验。但与此同时,这家公司一直到2002年都在生产PFAS化合物,哪怕他们早已知晓这一物质的危害性,却依然任由危害扩大到了无法收拾的地步。如第三章中所述,3M雇佣了数家臭名昭著的产品辩护事务所,希望借他们来洗白PFAS对水造成的污染。3M曾被明尼苏达州起诉,最终和解金额达到8亿美元,但在美国其他地区,它还面临着多起诉讼。

这种矛盾行为也体现在强生身上,数十年来,强生也在工人中实施了堪称模范的安全生产计划。[在我任职职安局期间,我指派了原强生的环境、安全和健康办公室负责人约瑟夫·范霍滕(Jospeh van Houten)领导职安局全国咨询委员会,在这一委员会中,他为许多政策和标准的出台都贡献了力量。]与此同时,强生却也出资助长了阿片类止痛药的过度推广(第七章),并在滑石粉致癌性的争议中充当了制造怀疑的主力选手(第九章)。

目前,已出现了小规模的一股变化趋势,一些企业正尝试摆脱只强调眼前利益、股东利益至上的说法,开始主张企业除了对股东负有责任外,还承担着其他使命。不少企业起码从嘴上已经开始重视可持续发展了:在满足当下的需求时,不能牺牲未来几代人的福祉。企业社会责任成为了大企业中的一个热门词汇,行动方面可能尚未形成气候,但起码这一观念已流行起来。在真正用行动来实现可持续发展之前,他们首先从观念上承认可持续发展的重要性,这也算是一种进步。每一家大型企业如今都会发布年度可持续发展报告,理论上,这样一份报告起码会督促企业采取积极举措——减少碳足迹、减少用水量,或是签署工会合同——因为这些行为都要对外披露。

　　这些都是积极的进步，但企业环境暂时还不可能发生翻天覆地式的重大变化，或者说，变化依然不够及时、不够显著。在这样的环境下，我们能做些什么呢？答案的第一条，就是通过政府的法律法规来进一步约束企业行为，因为在倡导自由市场的环境下，法律法规是能够调度企业行为的首要杠杆。此类法律不单单需要保护健康与环境，也需要规定足够高昂的处罚标准，这样才能有效制约未来的违法行为。如果犯罪成本能够被违法行为所创造的收益抵消（在很多情况下，处罚金额甚至远远达不到企业实际通过犯罪获得的利润），那么企业大可继续违法，毕竟违法了还不一定被抓到。如果要让法律发挥出切实的效果，处罚金额必须**大大**超过违法所换来的收益。

　　诚然，相关法律法规在制定之时，企业一定会加以干涉。于是，目标企业原本应该是法律的管辖对象，却参与了法律的制定，这一如同"第二十二条军规"的矛盾在此就不详细展开了，要讲的话，又是一本书的内容。本书的关注重点，依然是揭露公共卫生领域中科学所遭到的滥用。如果要建立起一个保护人民与环境的体系，我们必须仰仗独立的、不受相关利益驱使的科学家，钻研并运用现实情况下能获得的最高质量的科学。那么，如何做到这一点呢？

建立证据基础

　　在最简单的体系下，企业如果要生产某种产品或物质，企业应负责出资支持相关研究，确定该物质的安全暴露浓度，而安全暴露浓度的界定，应交由独立的机构来测评，而不是由原本就受雇于该企业的人来做。类似于政府在清理受污染场地时采取的"谁污染，谁出资"的成本报销原则，对于企业拟生产的物质，其毒害性测试及风险测评的成本也应遵循"谁生产,谁出资"原则。企业既然想通过新产品获利,那在允许产品上市之前,生产及引进这款产品的企业需要承担相应成本,证明产品的安全性。

在测试化学物质对人体影响时,实验中一般会用到动物或细胞,甚至用电脑模型来测算效果或机制,这一套实验方法已趋于高度标准化,且一般在实验室环境下开展。尽管实验室数据的解读依然可能受到金钱关系的腐蚀,但通过设立一些严格的惩罚措施来杜绝撒谎、隐瞒或造假,让制造商自行开展标准化的毒理学测试或许也是可行的。为了更有效地杜绝造假,可以要求高层领导对研究结果签字背书,这就类似于财务报表的操作——领导需要签名来担保数字的真实性,一旦发现有过失,领导本人也需要承担法律制裁。

在实验方法的选择和设计上,除了已经标准化的实验核心外,任何额外的决定都涉及主观的判断与抉择,也会影响最终的结果。科学家是实验的控制人。测试的方法和对象、暴露的方式和水平、暴露的年限、实验的时间跨度、关注的健康指标或生理指标等变量的选择权都在科学家手中。这些选择无疑对实验结果有巨大的影响:时间跨度短的实验可以揭示部分信息,但对其他一些方面则无能为力,例如证实某一物质的致癌性。

我们需要的是一个开展研究的新体系:生产者为研究提供经费,但却无权控制、影响开展实验的科学家。如果这本书真的能激发一些思考的话,我相信读者已经意识到,当一项实验的结果直接关系到某些机构未来的盈利时,如果这些机构与开展实验的科学家之间存在金钱瓜葛,这层利益就必然会影响实验。这一问题有几个解决方式。其一是把实验的主导权交予与实验结果无任何利益关系的第三方。第三章中详细记载的杜邦诉讼案就是一个例子。诉讼所引发的研究项目由杜邦出资,但负责开展研究的三位流行病学家是被告杜邦和原告律师双方共同选择的,原告律师所代表的是西弗吉尼亚州及俄亥俄州的居民,他们的水源遭到了杜邦排放的化学物质的污染。

在20世纪90年代早期,我也参与过另一起与杜邦相关的类似研究。研究涉及的是杜邦位于新泽西的钱伯斯工厂,该工厂的工人负责生产有机铅。当时我还未进入职安局,但由于职安局发现工人遭遇了异常高浓度的有机铅暴露,他们邀请我参与调查此案。(几十年前,钱伯斯工厂素有"蝴蝶之屋"的花名,因为暴露在有机铅下的工人常常出现幻觉。[2])杜邦同意出资开展研究,调查有机铅对健康的影响,研究将在公司和工会的共同监督下展开。我参与项目的薪资由杜邦支付(薪资不高),但我是工会提名的人选,杜邦不能炒掉我。与我共同领导这一项目的是伊丽莎白·坎斯(Elizabeth Karns),她是杜邦的流行病学家。我们二人密切合作,监督一系列重要实验的数据采集工作。而实验团队是约翰斯·霍普金斯大学公共卫生学院的教师团队,他们有权自行选择实验方式,无需听从杜邦或工会的指令。[3] 参与方非常多,而每一方对研究施加的影响都能受到制约。

更激进一点的方法,则是创立专门的独立研究所。新产品推向市场之前,必须得到此类独立研究所的认证。在美国,最知名的是健康影响研究所(HEI),该研究机构成立于1980年,最初的使命是调查汽车尾气排放的健康影响。环保局和汽车行业共同推动了这一机构的诞生,各承担一半预算。成立之后,HEI逐步与更多的企业及行业合作,至今仍在开展意义重大的研究工作。HEI这样的机构依然不是最完美的解决方案。研究工作所涉企业依然对机构有着不小的影响力,而他们本不该拥有这样的话语权。如果对某项研究内容或发现不满意,他们可以通过撤资来表明立场,而HEI的领导在决策时也不可能不考虑这一重因素。

是否可以由政府科学家负责开展研究,再由企业报销费用?在美国,这种操作或许并不实际。哪怕是美国国立卫生研究院这一全美最具影响力的卫生科研机构,如何确保私营领域的捐赠不会对研究的独立性和完整性造成影响,依然是他们面临的一大难题。这一机构起码已经"引火烧身"两次:第一把火来自美国职业橄榄球大联盟(第四章),第二把火来自酒类行业(第五章)。如今美国国立卫生研究院正在开展内部评估,权衡未来此类研究是否还应继续接受经费捐赠。

在中短期,我们不得不接受以下现实:科学家,尤其是服务于产品辩护行业的科学家,还将继续从企业获得研究经费。而一些研究只有产出特定的研究结果,才符合企业的利益(此类结果可能是"产品非常安全",或者起码是"产品毒害性方面的证据不足")。只要这一情况依然持续,我们就需要用一定的规则来约束由企业出资开展的研究。我有以下两个提议。

首先,任何团体在资助任何研究时,都不得通过律师来支付经费。如果企业与科学家之间的金钱往来必须通过律师事务所,这种操作背后只能有一个原因:重要信息的保密,例如哪怕研究发现了不利于企业的结果,也无需向公众、监管部门或法庭公开。如果只允许公开有利于自己的结果,那就说明公开的信息很有可能是不完整的,或者具有误导性的。

其次,叫停假模假式的数据二次分析。关于二次分析,前文中已给出诸多例子。在政府出资进行了某项研究后,产品辩护行业的流行病学家会索取原始数据,对其进行二次分析,产出符合行业利益的新结果,用以反驳原先不利于行业的结论。(根据法律规定,但凡有人向政府索取原始数据,政府就必须提供,这样的法规依然要归功于烟草行业,具体由来在第六章中已做过介绍。)此类二次分析的唯一目的就是挑起监管者或陪审团对先前不利科学证据的怀疑。流行病学领域中的业内人士都懂得数据分析的基本原理:如果已经知道了数据的最终分布,那么事后的反向推演在方法和对照组的选择上是有一些操作空间的,因此事后分析的可信度需要打折扣。一些监管者也懂分析学上的这个道理,但行业只需要骗过一部分人,就能达到他们的目的。无论是负责审阅某项监管举措的联邦法官,还是负责判断某物质是否致病的陪审团,但凡他们当中有人的观点因此而动摇了,行业的目的就达到了。还有很关键的一点,联邦政府能够用于职业和环境流行病学调查的预算非常有限,而且仍在继续缩水。在完成二次分析后,哪怕二次分析制造了更多的疑惑和不确定性,政府部门和机构却往往不愿意继续花纳税人的钱在已经做过多次研究的领域资助进一步的研究。

需要说明的是,并非所有的二次分析**都**是居心叵测的。在一些情况下,的确有开展二次分析的必要。如果由诚实的科学家以客观、透明的方式开展,二次分析也能够创造科学贡献。如果要进行正规的二次分析,研究的赞助方和执行者都必须诚实、主动地把种种复杂因素都考虑清楚。拿到某项实验的原始数据后,如何对其开展分析,这里面的方法有很多种,既有合乎道德的分析方法,也有"数据捕捞"式的专门筛选出有利数据的方法,对于某些有一定经验(且没什么职业道德)的流行病学家来说,后一种操作方法也是易如反掌的。[4]

负责解读证据的科学家不应有利益冲突

若要论证化学物质与疾病间的因果联系、探求必要的保护措施,单凭一则研究显然是不够的,需要审阅、综合各方面的科研成果。没有哪一项研究是绝对完美的,而如果盘点某一议题下的全部研究,自然会有一些不一致、不契合的地方。产品辩护行业非常擅长借助"战略性的文献综合评述"来洗清化学物质的罪名,并借这一服务赚取了高额利润。不是说做这项工作的科学家一定被金钱收买了,但这类研究毕竟是由出资方花钱开展的,很难说来自出资方的压力不会给研究结果带去任何影响。我不相信企业在选择梯度、毅博、化学风险咨询这一类产品辩护事务所的时候,是希望看到一份诚实、毫无偏见的文献综述。在选定这些事务所的时候,企业当然知道他们一贯得出的结论都是某种产品并不会引发疾病,或者起码在现行的暴露浓度下不会引发疾病。我不是说这些机构的科学家都在收到钱后为企业撒谎。让我们还是遵循"疑罪从无"的原则,姑且说是企业之所以会选择这些事务所,是因为他们历来都擅长产出有利于客户的结论,或许这些科学家本人也发自内心地相信这些结论。正如作家厄普顿·辛克莱所说:"如果一个人用来谋生的工作要求他对某些事情视而不见,那无论你怎么努力,都无法让他睁开双眼"。

在监管领域,科研上的任何金钱关系都必须清楚公开。在一个好的监管科学体系下,优秀的科学家应在相关事项上有发言权,但与此同时,也需考量他们在这一问题上是否有利益关联。世界卫生组织下设的国际癌症研究机构(IARC)就是一个例子,如果某些科学家在这问题上存在利益冲突,他们依然可以参与问题讨论、凭借自己的专业知识向专家组提供建议,但不能参与报告的撰写,也不能参与专家组的投票表决。而在更广的层面,环保局、职安局、食药监局在裁定化学物质暴露风险、出台监管政策时,采取的也是类似的流程。这些机构都有相应的规定,在审阅科学证据、界定风险等级时,参与的联邦工作人员及承包商与所涉问题不得存在金钱上的关联,至少理论上是如此。但这些机构也都人手不足、资源紧张,因此在开展研究时也捉襟见肘,研究的数量、深度均不足以全方位地捍卫空气、水、食品和工作场所的安全。

评估风险证据的其他方式也存在问题。健康影响研究所(HEI)除了负责委派研究项目之外,也会受邀检查、评估某些重要的研究结果——往往是因为行业不喜欢某一研究所产出的原始结果,于是让HEI再次调查。在行业眼中,HEI相对更值得他们信任,毕竟这一机构的一半经费是由行业提供的,行业多少有些发言权。如果HEI产出的结果是行业乐于见到的,行业就会大大肯定HEI的分析。如果研究结果是行业不愿看到的,那他们的反应也几乎是模式化的:行业拒绝承认HEI的分析结果,然后聘用更多的产品辩护专家,由他们负责攻击对行业不利的证据。大气污染六城调研和柴油机废气矿工调研(第六章)就是两个例子,这两则研究的结论就遭到了行业的抵制。尽管如此,也不代表HEI模式就应废止。只能说,排污企业出于自身的利益,总有动机来颠覆真相,因此他们会尽可能地在科学问题上扰乱视听、制造不确定性,从而规避监管约束。

完全公开经费来源和控制权

所有的科学和医学期刊都要求论文作者披露研究的经费来源,声明作者是否有利益冲突(有时也叫竞争利益)。这样的要求已经成为一种普遍共识,没有什么商量或争辩的余地。每一篇得到刊发的论文,都需要同时刊登一篇作者声明,列出所有的经费来源,以及作者与相关方之间可能构成利益冲突的财物关联。但信息公开与研究的公正性是两回事。结症依然在于是否存在利益冲突,而不是信息公开是否到位。但信息公开起码可以让读者注意到可能存在的问题,从而用更加审慎的眼光来看待研究的内容。

在信息披露中,常见的一种情况是,某一家产品辩护事务所声明其参与了涉及某一起消费者诉讼案的咨询工作,但自行出资开展了研究,言下之意是这当中并无利益冲突。产品辩护事务所的确应该公开他们针对诉讼案件所做的咨询活动,这样的坦白值得鼓励,但还是那句话,信息公开不代表不涉及利益冲突。这样的信息主要是提醒读者,这家事务所的研究工作帮助他们获得或维持了来自企业的资助,而相应企业的产品需要辩护服务。这样的资助显然会影响事务所对研究项目的选择,以及产出的研究结果。

尽管学术期刊要求作者公布其财务上可能存在的公私利益冲突,美

第十五章
不确定的未来

国联邦政府在为政策制定公开征集意见时，提交意见的人却无需披露其利益冲突。这样的做法应当改进，政府应当要求提出意见的人披露其利益关联。

在奥巴马政府时期，职安局着力推进二氧化硅的管理新规，在负责这项工作时，我发布了一条行政规定，要求所有提交上来的意见都附上财务利益关联披露。对于公开征集到的意见，职安局也深知我们无法强求每一位作者都公布其研究的资金来源，因为按照《行政流程法案》，我们有义务把收到的每一条意见都纳入考量。但我们依然尝试索取每一条意见背后的资金信息，而对方提供的信息（或者拒不提供信息），也会影响我们对每一条意见的权重分配。了解某一观点背后的资金来源能够帮助我们更好地判断这一观点的可靠程度，而如果提交上来的某条意见不愿意公布其赞助商信息，这可能就会触发我们的警惕，我们也会对这条意见进行格外认真的判定。

对于那些希望制造不确定性、拖慢监管政策出台的行业，一旦刺破他们的隐秘伪装，他们就会急得跳脚。在二氧化硅的管理上，当我们提出了建议的新标准以及意见征集期的新要求后，我收到了一封由16位共和党参议员签署的信函，他们提出了抗议："如果要求提交科学或技术证据的人公开其经费来源，他们可能会担心职安局因此对他们的意见产生偏见，甚至可能打消相关方参与意见征集的积极性。"参议员们还召开了一场会议，要求我到场给出解释。所幸，我得到了奥巴马政府的强有力支持，也得到了科学界的声援。《自然》杂志很快刊登了一篇社论，题为《全面信息披露：监管部门在参考研究结果时必须要求研究方公布利益关联信息》。[5] 我没有退缩，我们所要求的信息披露条款也保留了下来。我们收集到的大部分意见都提供了我们所要求的信息。（2015年8月，我们拟推出新的铍管理标准，也成功沿用了信息披露方面的部分条款。）

新闻、专栏和其他评论文章的作者,也应该有义务披露其涉及利益冲突的信息。过去已有无数例子,企业和产品辩护公司聘请了所谓的"独立"专家,为他们撰写这一类文章,或者直接由枪手写好文章,再冠上专家的名字,却不披露真实的出资方。当然,在暗钱涌动的时代,为了规避公众越来越敏锐的洞察力,金钱的交易也越来越隐蔽,因此如果只是在表面上假意披露一些信息,也没有任何实质意义。烟草大厂、科氏工业等化石燃料企业、化工企业、食品饮料企业、危险物品的生产企业都用掩人耳目的方式把资金秘密注入了门面机构,再由这些机构代为出面,为他们争取利益。美国科学与健康协会这样的门面组织拒绝透露他们的赞助方。但当赞助方信息真的公开之后,你会发现这些机构所维护的就是出钱养活他们的企业。

在有些情况下,科学家本人,甚至是被用作"门面机构"的某一组织,都不知道赞助方的真实身份。目前,美国正在争取2022年足球世界杯的举办权。丹尼斯·科茨(Dennis Coates)是一位学术型经济学家,与马里兰大学和莫卡特斯中心(一家智库,常为其企业赞助方提供有利的研究)都有关联,他收到了一份委托,要求他有偿撰写一篇报道及至少两篇专栏评论,对美国申办世界杯的财物模型提出疑问。他写道:"对于这样一场昂贵、不透明的世界杯,美国的纳税人应该把它拒之门外。"之后,伦敦《泰晤士报》对此事开展了调查,发现美国的这一场反对申办世界杯的宣传背后推手其实是卡塔尔政府。科茨所收到的佣金是由一家纽约的公关公司支付的,科茨本人表示对资金的最终来源并不知情。即便如此,科茨也没有在文中披露他从公关公司收到资金的这一事实,这一点本身就暴露了问题。[6]信息披露应当更为全面,就像科茨的例子一样,如果仅仅透露最后一个环节是谁把钱交到你手上的,这依然不足以说明问题。科学家在收到经费时,必须寻根溯源,了解资金的来源,并把信息公示出来。如果资金一路上经过了多人之手,则需要说明真正的出资方是谁。

对化学物品实施分类管理,不拘泥于单一的化学物质

美国的法律奉行"无罪推定"原则,除非有证据证明了此人的罪行,不然就默认此人是无辜的。但产品,尤其是化学物质,本不应享有人权。但化工企业却没少花心思,通过制造怀疑,企业和势力强大的行业团体希望营造一种产品的"无罪推定",用来保护它们的产品不受追责。尽管在我们的刑事司法体系中,公民在罪名证实前都应被视为是无辜的,但产品不是人,"不可剥夺的人权"也不应该推及产品。为什么要把无罪假定运用在化学物质或其他具有潜在危害的产品上?如果只是等待进一步证据、不采取任何措施,这实际上就是默许了危害的进一步发生。

目前,有数万种化学物质用于商业用途。职安局对作业标准的管理只涉及其中的一小部分。且按照现行的规定,如果职安局要对任何一种化学物质出台新的管理标准,就需要动用大量的资源和数年的时间。虽然对于大多数化学物质的毒性,我们所知的信息还非常有限,但也有一些物质,我们对它的毒性已经有了很充分的了解。基于了解到的这些信息,我们显然不能对这些已知毒物的同族亲戚们掉以轻心,哪怕这些亲戚目前还没有受到监管。举例而言,我们对PFAS化合物的危害已有不少的了解,它会伤害儿童的免疫系统,提升成年人患多种癌症的概率,等等。但除了PFAS外,还有4500多种与它类似的化合物,它们对健康有何影响呢?对于其中的大多数,目前还没有直接证据显示其危害性,但也没有证据证明它们是安全的,因为它们从来没有接受过测试。[7]

面对这样的窘境,解决方法就是不要仅对单一的化学物质出台管理标准,而应该管理一整类的物质。在劳工的保护上,这种管理方法叫作"分类控制",也就是针对一整类相似的化学物质出台同一套标准,落实相同的保护措施,哪怕这一类中部分物质的危害情况尚不明确。

分类管理自然会引起化学物质生产商的抗议,对于这种预防性的措施,他们依然要看到证据。2017年9月,美国消费品安全委员会召开听证会,计划禁止所有的有机卤系阻燃物质——这一类化合物中不断出现有毒的物质,但生产商所使用的对策是,通过改变物质的某些性状,把它变成一种新的化合物,既然是新物质,检测又回到了原点。在听证会上,消费品安全委员会的会长罗伯特·阿德勒(Robert Adler)向美国化学协会的代表询问,美国化学协会是否能提供一张"白名单",罗列所有他们认为安全的有机卤系物质。[8]截止到2019年,阿德勒会长依然没有等来这份清单。[9]

进一步发挥诉讼在保护公共卫生上的作用

美国的监管体系对企业的生产行为发挥着重要的调控作用,敦促企业为其生产的产品、排放的废料废水废气主动承担责任。但监管体系起作用的方式只有以下三种:缓慢,非常缓慢,或者根本不起作用。监管无法做到敏捷灵活。当政府监管者真的抓到心怀不轨、暗度陈仓的企业时,处罚力度也不构成任何实际的伤害。杜邦曾隐藏了一系列研究证据,掩盖C8/PFOA在西弗吉尼亚州造成的健康危害,罪状坐实之后,环保局向这家巨型企业开出了1650万美元的罚单,这不过是杜邦从特氟龙中获取利润的零头。有些事件甚至压根都没有产生罚金。在六价铬的问题上,我与同事发现,全美最大的六价铬生产商所聘请的产品辩护科学家曾对一份重要的科研报告做手脚,研究原本显示低浓度的六价铬暴露也会提升肺癌风险,但他们却抹去了这一结论。[10]环保局的主审行政法官向六价铬厂商开出了250万美元的罚单,事由是没有申报研究结果。但厂商发起了申诉,在申诉时,原先判处的罚金被驳回了,主要理由是铬的致癌性已有记载,虽然原先记录的暴露浓度并不如本案研究中那么低。[11]与此同时,环境遭受破坏,居民承受伤害,甚至有人因此丧生。

在劳工群体中,如果工人患上疾病,且有研究证明疾病与他们工作中接触的化学物质存在关联,目前的工人赔偿机制并不能给工人提供足够的保护,而且绝大部分患上职业病的工人压根从未收到过赔偿。在这样的体系下,工人无法起诉他们的雇主。

因此,如果要对企业的不良行为进行有效的威慑,就需要依靠另一股力量:企业对诉讼的恐惧心理。如果工人在工作中接触了尚未纳入监管的化学物质,工人无法凭此来起诉他们的雇主,但他们**可以**起诉化学产品的制造商。如果制造商明明知道产品的危害,却没有发出警告,那就罪加一等。居民和消费者也可以发起此类性质的诉讼。如果企业曾把有毒有害产品的风险转嫁给了消费者和社区,那么通过诉讼,可以把成本重新归结到真正的源头。

此类诉讼专门有个名字,叫"有毒物质侵害诉讼",在诉讼伊始,首先进入的是发现环节,原告律师会代表疑受有毒物质危害的一方向被告企业索取相关文件,而被告则须提供文件。正是由于这一环节所披露出来的文件,我们才得以知晓烟草等行业原来早就知道自己产品的危害性,却在长达数年的时间里极力隐瞒他们所获得的数据,继续向监管者及消费者宣扬其产品的安全性。这些文件都在法庭上发挥出了本垒打般的效果。如果能证明原告的疾病是由有毒物质引发的,那么企业就需要支付赔偿金、报销直接成本。对于原告来说,这部分的赔偿非常重要,但对于大企业来说,这一笔钱其实无关痛痒。但如果法庭认定被告的行事方式不负责任(这一点往往靠曝光的文件揭露出来),陪审团可以要求被告支付惩罚性赔偿金,从"惩罚"二字就能看出,这笔钱的意义在于教育和警示,让企业知道自己肆无忌惮的行为是要承担后果的。惩罚性赔偿的金额往往会数倍于抚恤性赔偿,而且企业的确会吃到教训——他们的股价必定会大跌。强生、拜耳都经历过这样的教训,第九章中已详述了滑石粉和草甘膦这两个案例,两家企业各被判罚了大额的惩罚性赔偿。烟草行业的历史也非常相似,烟草也遭到了多方的起诉,多个州政府也把烟草公司告上法庭,要求他们承担医保开支的上涨,而不是把成本转嫁给纳税人,让政府用纳税人的钱为烟草相关疾病买单。这些诉讼案件终于逼得烟草巨头们有所收敛,并开始研发替代香烟的其他尼古丁摄入方式。

以上这类方式有时会成为"以诉讼代监管",企业自然对它深恶痛绝。我也不是说通过这种有针对性的案件来行使正义就是最公平的。大多数由环境暴露所引发的疾病从临床上来看,与未接触暴露源、自然形成的疾病并无二致,因此的确无法百分百断定某例病发一定是因为接触了这种化学物质。我们能做到的,也就是给出一个概率。诉讼也是一把双刃剑,伴随而来的还有诉讼的"摩擦成本":代表原告的律师可谓不成功便成仁,如果胜诉,他们可以得到可观的报酬,如果败诉,他们什么都得不到。但代表被告律师无论官司输赢都会得到大笔的报酬。此类官司也给产品辩护行业带去可观的利润,驱动着这一行业的运转。许多专家和事务所的特长,就是在特定领域帮助客户赢得官司,企业也会按自己的需求去找到对口的专家帮他们打官司。(我们之所以知道这部分信息,当然也是因为官司中解密的文件。)

毋庸置疑,如果有一个体系能更好地威慑、防范企业的不道德行为,并且直接把合理的赔偿赔付给受害者、免去法庭的纷争,那么各方都能从这一体系受益。但我们并没有这样的体系。我们的监管部门力量薄弱、四面受敌,其最大的反对力量来自不愿接受监管的企业。因此,法庭反而能比真正的监管机构更快、更有效地发挥出监管作用。职安局就是一个显著的例子。2000年,公共卫生官员注意到了双乙酰的问题,双乙酰是一种人工调味剂,能够增添微波炉爆米花的黄油味,但暴露在双乙酰下的工人出现了闭塞性细支气管炎,这是一种可怕的肺部疾病。职安局开始了缓慢的监管标准制定流程,限制工作场所的暴露浓度,但进展真的非常缓慢。与此同时,数十名患病工人起诉了生产商。双乙酰的制造商聘请了毅博和化学危害咨询公司,为双乙酰做辩护工作。[12]辩护工作可能的确帮厂商压低了诉讼的成本,但最终他们还是付出了1亿美元的和解费,随后,调味品行业淘汰了双乙酰这种添加剂。

在我加入职安局之后,对于一种已经被市场淘汰了的物质,自然也没有必要再投入原本就有限的资源,去制定监管标准。行业不再使用双乙酰,而是转向了一种替代品——2,3-戊二酮。对于这种新型的添加剂,我们对它的毒性知之甚少,因此职安局也不会考虑立刻出台监管标准。但由于行业已经在双乙酰上吃了官司,或许他们会更仔细地研究这种新的替代物,并尽可能地限制工人与它接触。

在我任职能源部期间,我完成了一项令我引以为傲的工作:我们出台了一套核辐射受害劳工的赔偿体系,受害者往后无须依靠律师或诉讼,只需按照这套体系,就能获得赔偿。在克林顿总统任职期间,我担任美国能源部助理部长,负责环境、安全和健康,在那一岗位上,我提交过一份关于工人补偿计划的提案。在二战及冷战期间,核武器制造厂的工人为国家生产核武器,如果他们因辐射、铍、二氧化硅或其他危险因素而患病甚至死亡,那么工人或已故工人的家人可以通过这一机制获得补偿。我把提案一路护送到了国会,提案在2000年几乎以全票获得通过,进而由劳工部负责执行。在这一项目下,提出索赔的一方可以选择不请律师(且一般没有必要请律师)。项目已向受害工人或家庭提供了共计160亿美元的补偿和医药费报销。

可惜,在涉及个人安危及联邦监管的事件上,核武器工人的赔偿机制是一次突出的例外事件,而不是常规事件。如果美国仍不采纳一套有力、可靠的监管体系,企业依然会肆无忌惮地掩盖证据,用虚假的宣传维护他们的产品。要大力发挥诉讼的力量,帮助我们抵御有害物质的威胁。受害者通过走法律途径,的确能争取到金钱赔偿,把原先由无辜个人承担的风险重新归还给源头企业。同样甚至更为重要的是,此类诉讼也能在公共卫生领域发挥价值:对企业起到威慑作用,让他们在销售或排放有毒有害物、隐藏证据前三思而后行。

组织筹划

大部分关于有毒有害物质暴露危害的研究都是大学学者及非政府组织所聘请的科学家开展的,他们的研究成果推动了清洁空气、清洁水源、食品安全和工作场所安全的倡议运动。在疾病、伤害和早逝的防范上,这批科学家发挥着重大、不可替代的社会作用。他们出席听证会作证、为监管条例撰写意见、在本地报纸上发表专栏文章,并协助环保组织、社区组织和劳工组织降低相关场景的化学物质暴露。这批科学家是英雄。他们在强大的势力面前坚持真理,揭露大企业是如何操纵科学、掩盖真相、阻挠监管、妨碍公共卫生的保护。

但这样的英勇之举,不是一位科学家单枪匹马就能完成的。单靠某位公民、某个工会或某家非政府组织,也不可能确保地球上的环境是清洁的、食品是无害的、工作场合是安全的。这些问题需要靠全社会的力量去解决,而政府必须发挥出领导作用,强化公共卫生和环境保护措施。

如今的挑战在于如何敦促立法机关和行政机关加大对涉事企业的管理力度,叫停企业对毒害产品的生产和销售活动,并要求企业打扫他们原先留下的烂摊子。要推动变革,科学上的进步当然至关重要,但光靠科学的力量还不够,变革需要组织筹划。如果环保、公共卫生、社区类的组织能够给予独立科学家更多的支持,那他们不偏不倚的科学见地也会更有分量、更广为人知。而上述组织原先一直就是推动公共卫生保护进步的重要力量。历史上，工会一直是捍卫工作场所安全的中坚力量，但在最近几十年，工会的势力日渐式微。如果科学家能与工会团结起来，公共卫生和全社会都能从中受益。

在揭露危害物品的真相（以及揭露企业对真相的隐瞒行为）上，积极热心的公民也发挥了重要的作用，哪怕他们当中一部分并不具备科学背景或资质。通过团结一致并与非政府组织合作，或者参与非政府组织的工作，热心公民也能显著地影响政府政策和企业行为。以下是两个值得一提的例子。

杰里·恩斯明格（Jerry Ensminger）原是一名海军，曾在北卡罗来纳州的列尊营（Camp Lejeune）服役。在此期间，他女儿珍妮（Janey）患上了白血病，她于1983年确诊，时年6岁，后于1985年去世。后来，杰里·恩斯明格得知营地的饮用水被多种溶剂污染，其中就包括营地中使用的除油剂三氯乙烯。他发动了一起倡议活动，向海军陆战队施压，要求军队调查营地的化学物质暴露情况以及危害。正由于恩斯明格坚持不懈地发声，相关科学研究得以落实。研究发现营地居民的患癌率高于常规。国会通过了《珍妮·恩斯明格法案》，向列尊营可能因饮用水污染而患上疾病的海军及家人提供救济。不出所料，美国化学协会又聘请了业内一流的产品辩护团队——迈克尔·杜尔松以及他的公司特拉，这一团队应美国化学协会之托，对三氯乙烯开展了调查。杜尔松的研究结果想必你也能猜得到：列尊营的暴露水平处于安全的区间内。[13]多年后，杰里·恩斯明格听闻迈克尔·杜尔松获得了特朗普总统的提名，将任职环保局，负责化学品安全。恩斯明格动身前往华盛顿，向北卡罗来纳州的两位参议员发起了游说，动员他们反对特朗普总统的提名。恩斯明格的华盛顿之行结束后没多久，共和党参议员理查德·伯尔（Richard Burr）和汤姆·蒂利什（Thom Tillis）宣布他们将在杜尔松的任命上投反对票。失去了党内的这两票,这一提名也打了水漂。

2017年初,伊利诺伊州的威洛布鲁克居民注意到,他们所居住区域的环氧乙烷浓度远高于环保局设定的限制标准,而环氧乙烷是一种致癌物。污染源位于一家医疗设备消毒工厂,工厂隶属于施洁医疗技术公司(Sterigenics)。施洁联合了多家使用环氧乙烷的企业,动用了行业协会的力量(美国化学协会),聘请了毅博和安博为他们辩护,宣称先前关于环氧乙烷危害性的研究是错误的,工厂的暴露浓度是安全的。[14]在威洛布鲁克,一些人的孩子出现症状,一些人则看到邻居遭遇疾病,他们认为这些病症与化学物品暴露有关,因此以加布里埃拉·特赫达-里奥斯(Gabriela Tejeda-Rios)、内林加·祖曼修斯(Neringa Zymancius)为代表的居民组成了一支有力的团队,拒不接受产品辩护事务所给出的解释,并成功说服了伊利诺伊州州长关停了消毒厂。工厂关闭之后,威洛布鲁克镇空气中的环氧乙烷浓度立刻显著下降。原先施洁公司表示消毒厂并非当地环氧乙烷污染的主要来源,这种说法也因此被证伪。居民所担心的健康问题也不幸被证实:伊利诺伊州公共卫生局发布的报告显示,居住在消毒厂周围的妇女和女孩患癌率更高。[15]

如果污染主找到产品辩护专家为其作证,把现有的暴露水平归结为低风险水平,受害者如何判断这些专家说的是良心发现的实话,还是利欲熏心的谎话?有几个网站发挥了数字图书馆的作用,汇集了各类诉讼案件中曝光的文件,这些证据积累、叠加起来,就具有极大的威力。此类资料库的先驱是"烟草行业真相文件库"(Truth Tobacco Industry Documents,原名 Legacy Tobacco Documents Library,即烟草行业历史文件图书馆),这是该类资料库中历史最悠久、知名度最高的,资料库设在加州大学旧金山分校。最初,烟草行业内部的吹哨人把一批"罪证"发送到了这一资料库,文件大多来自各州的诉讼案件，也有一部分来自著名的司法部诉烟草公司一案，烟草公司在这一全国大案中被判诈骗罪。吹哨人最早的匿名行为播撒下了火种，资料库慢慢发展了起来，如今已包含9000万页的内容，能够绘声绘色地反映企业在一系列问题上的应对方式，学者在研究企业行为时，这一数据库也是重要的资料来源。文件记录了企业如何向儿童推销含糖饮料，烟草行业如何操纵、滥用《美国残疾人法》。[16]加州大学旧金山分校意识到了总结、公布法庭文件的重要价值，因此把数据库的内容从烟草行业向更广的领域拓展，纳入了化学、医药和食品行业的曝光文件。杜邦与PFAS、孟山都与农药草甘膦、壳牌石油公司与苯、可口可乐与含糖饮料，这些案件中企业的种种行径也都收录在资料库中。

另外一个新兴的资料库则是"毒文件"（Toxic Docs），创始人当中有两位来自哥伦比亚大学梅尔曼公共卫生学院，他们是历史学家戴维·罗斯纳和梅林·周关匀（Merlin Chowkwanyun），还有一位是来自纽约城市大学的杰拉尔德·马科维茨。毒文件的资料非常丰富，涵盖了铅、石棉、二氧化硅、滑石粉、氯乙烯、多氯联苯、杀虫剂等多种危险产品（本书中引用的未公开发表的文件主要来自Toxicdocs.org）。

当我想具体了解某一位科学家的时候，我会先搜索他们发表过的论文，看一下文章中是否诚实地披露了利益关联信息。然后，我会再去上面两个资料库中搜索这位科学家，因为如果某位专家出面为某一行业辩护，这往往不是第一次，也不是最后一次。他们的专长是"产品辩护"，而这种技能可以举一反三地运用于多个行业。他们的研究结果无外乎"证据不足，还不能对产品的毒害性下定论，因此无须采取保护措施，也无须向暴露于该物质之下的人支付赔偿"。

为了更好地评估一位科学家或一家事务所，我总是会借助这个问题：他们是否曾为烟草行业效力？如果有，这就可以侧面反映他们的道德标准。但也要看到,烟草行业的确曾资助过不少有意义的事项,哪怕背后的真实目的是一己私利。因此如果看到某位学者曾受到过烟草公司的资助,我也会仔细看一下研究的目标和内容。举例而言,烟草行业曾经资助过倡导累进税的团体。原因在于,如果实施消费税,香烟的价格上涨是一刀切式的,因此对穷人的冲击比对富人的冲击更大。尽管烟草行业有自己的私心,但他们所资助的团体确实是在努力倡导更加公平的税收体系。

本书中提到的事务所大多曾为烟草公司提供服务——卡德诺化学危害咨询、毅博、梯度、安博环境事务所、特拉、路易斯·安东尼·考克斯的考克斯事务所、温伯格咨询集团等等,都参与过这样那样的工作,试图用轻描淡写的方式把二手烟的危害糊弄过去,阻挠环保局、食药监局、职安局等政府部门出台监管措施。他们的首席专家大多曾出庭为烟草行业作证,给出有利于烟草行业的证词。但时至今日,从未有一家公司出来道歉。迈克尔·杜尔松是这样解释的:"耶稣也和妓女及征税员来往,他甚至还和他们共进晚餐。我们是一家独立的机构,我们为三教九流提供最好的科学研究服务。只要对方需要我们的帮助,我们有什么理由拒绝、排斥对方?"[17]

在经济学领域,也有一批与上述科学家如出一辙的经济学家,他们的主张是,减税可以促进经济增长,而这部分增长可以抵消减税所带来的财政收入下降,如果提高对富人的税收,经济会崩盘。诺贝尔奖得主保罗·克鲁格曼(Paul Krugman)把这批人称作"巫毒经济学的僵尸"——他们的观点早该入土为安了,但却动不动就诈尸。[18]散布怀疑论的科学家所支持的观点最终往往被学术研究证伪(届时的科研已更完善),但到了那个时候,他们原先的观点已发挥了该发挥的历史作用,而他们本人业已投身于某种新产品的辩护工作中了,早先的案子已被抛之脑后。

监管可以保护市场

在美国，有许多不亚于恐怖故事的真实事件均体现了强化、扩大公共医疗监管体系的必要性。芝加哥屠宰场的黑暗内幕[参见小说家厄普顿·辛克莱的纪实作品《屠场》(*The Jungle*)]、烟草、石棉、气候崩盘、PFAS广泛渗透饮用水系统，每一个事例都是这样一个恐怖故事。企业制造出有害产品，却让全社会买单。诉讼一直以来是为公众讨回公道的重要渠道，但却无法从根源上解决问题，往往只有事情发生了，才有诉讼的用武之地。真的等到发出诉状的那一天，已经有许多人生病、受伤，甚至失去性命，而自然坏境承担的危害更是无法衡量。

正由于市场本身无法杜绝此类有害行为，监管体系才应运而生。新出台的法律、新设立的职能部门不仅仅负责叫停已经发生的有害行为、防范未来再出现类似行为，他们更是自由市场体系的捍卫者。尽管许多自由市场经济学的信徒拒接承认这种逻辑，但我们经济体系运转所依赖的基础，正是法律与规则。市场结构、物权、个人自由的都离不开法律的保护，而如何保证一部分人的物权不侵犯另一部分人的自由，这也需要法律和监管的介入。如果没有国家机器履行监管职能，我们的现代经济根本无法存续。正因为有国家，市场才有了一个安全的生存、成长环境。[19]

我们都注重自由，这一点尤其体现在我们是否能按自己所选择的方式自由地生活。如果我们被迫承担着他人施加的伤害，那自由又从何谈起？在现代社会，个人消费者的话语权无法撬动有毒物质的生产商。我们对大多数物质的毒性可谓一无所知，甚至连自己暴露在有毒物质下都不知道。我们投票选举出来的代表和官员有责任为我们争取法律上的保护，通过颁布、执行法律来保护个人与集体的安全，这既包括保护我们免遭暴力、抢劫，也包括保护我们远离有毒食品、被污染的空气和水、不安全的药品，以及工作场所的有害暴露。

公共卫生和环境保护的举措均源于科学。监管体系制定政策的基本原则就是以现有的最佳科学证据为依据。产品辩护科学不但试图钻自由市场的空子，还试图阻碍政府履行其基本义务，这无异于抹杀政府存在的基本意义。政府的首要职能之一，就是协助部分人（也包括企业主）在不影响其他人自由及福祉的前提下，通过其生产活动获益。司法体系也是按照这一原则设立的，公共卫生和环境保护事业也是基于这样一种思路。加强监管不是因为我们不重视自由，而是因为如果不加强来自国家的保护，我们的自由会受到伤害。我们需要确信我们呼吸的空气是安全的，吃的食物是安全的，我们工作的地方不会损害我们的健康。这都是最基本的生存要求，却也是挑战所在。

信息披露与致谢

正如书中所述,部分科学家在发表作品时并未如实披露他们的经费来源,也未公开他们与某些利益相关方之间的利益往来。因此,我有必要以身作则,在此透明地披露我个人的信息。

在撰写本书期间,我是乔治·华盛顿大学米尔肯公共卫生学院的全职教员。公共卫生学院院长林恩·戈德曼以及全体同事在我完成职安局的工作后均欢迎我重新回到学校,并帮助我顺利地完成了角色过渡。我的部分薪水来自学校从连翘基金会(Forsythia Foundation)、途径基金会(Passport Foundation)、缅因州社区基金会(Maine Community Foundation)的广博用途基金(Broad Reach Fund)以及鲍曼基金会(Bauman Foundation)收到的捐款。此外,在我开始这本书的写作时,我获得了洛克菲勒基金会贝拉焦中心提供的学术居所。我非常感谢上述基金会对本人写作工作的慷慨支持,以上基金会均未对本书的内容提出任何要求。

许多学术期刊要求作者披露从开始写作到文章发表期间可能被视作利益冲突的利益往来。此外,有些期刊(例如《美国医学会杂志》)要求作者披露过去三年的全部财务活动或财务关联。

对我而言,要披露过去十年的财务关联信息都是件直截了当的事。在我担任职安局局长期间(2009—2017),按照法律的要求,我不能有任何的利益冲突。作为总统任命、参议院批准的公职人员,除了这份公职之外,不得从事任何其他有偿劳动,原因有二,首先,原则上你的24小时都应为联邦政府效力,其次,你发表的任何言论也会被视作在政府立场上的官方发言。

自我于2017年1月卸任之后,我以专家证人顾问的身份参与了六起诉讼案件,案件的原告均是疑受到有毒物质伤害的个人。其中一起案件涉及的是接触过邻甲苯胺、身患膀胱癌的工人,原告律师聘请了我。其余五起案件均与石棉暴露后的间皮瘤有关,其中有三起案件是被告律师来聘请我的,另外两起则是原告律师。在上述六起案件中,我最终都没有出庭作证或在证词采集环节给出证词。

在第九章中我也写到,我曾收到传票,要求我担任案件的事实证人(而非专家证人)。案件的原告是一批患上卵巢癌的女性,她们认为滑石粉中的石棉状纤维导致了自己的疾病。作为事实证人,我没有收取任何经济上的报酬。

许多人参与了本书的编辑和整理,我对他们每一位都深怀感激之情。我需要完成我在职安局的工作之后才能动笔写书,而我的编辑——牛津大学出版社的查德·齐默尔曼,也耐心地等了我那么多年。他用心的编辑修改大大地提升了本书。迈克·布赖恩在手稿上给予了我帮助,让文字不那么枯燥,也希望本书的确比大部分学术文章读起来更生动一些。我的学生兼研究助理亚历山德拉·安曼、萨布丽娜·戴维斯、德莱尼·麦克马思和奥姆博兰勒·奥诗努斯帮助我对书中涉及的事实做了确认,并整理了引用文献的格式,安妮塔·德斯坎做了宝贵的工作,收集并总结了许多项研究。也要感谢我的经纪人乔·施皮勒让这本书得以面市。

在职安局的七年多时间,我有幸与一支心系职安局使命的公职人员团队共事。感谢以下职安局工作人员对我工作的不懈支持:职安局任职时间最长的副助理局长乔丹·巴拉布,多年来与我搭档,在各项工作上给了我许多协助,黛比·伯科威茨和多萝西·多尔蒂是我任期间的两位杰出律师,还要感谢乔·伍德沃德和安·罗森塔尔。特别要感谢劳联产联的安全和健康部门负责人佩格·塞米纳里奥,这位不知疲倦的工作者可谓是全国最尽心尽力为劳工安全奔走的人了,他总能给我富有见地的明智建议,也给予了我极大的鼓舞与支持。感谢变革谋胜工会联合会(Change to Win)的安全与健康负责人埃里克·弗鲁明,以及美国钢铁工人联合会的安全与健康负责人克尔·赖特,两位均给予了我宝贵的点拨和指导,还有美国国家职业安全卫生研究所的所长约翰·霍华德,他是一位杰出的同事和拍档。

在职安局,我们但求竭尽微薄之力,保护全美劳工的安全与健康,而在履行职责时,我们有幸得到了奥巴马政府劳工部领导层的大力支持,感谢劳动部部长汤姆·佩雷斯和希尔达·索利斯,副部长卢沛宁和塞思·哈里斯,以及其他与工人保护相关的各部门领导者莎伦·布洛克、菲利斯·博尔齐、乔·梅因、帕特·水、帕特丽夏·史密斯、梅根·乌兹尔以及戴维·威尔。

许多朋友、同事、家人曾经读过某些章节的书稿,向我提供过材料,或者以其他方式帮助了本书的撰写。在此,也向他们表达谢意,如有无心遗漏,还望海涵。除了上面已提到的各位,他们还包括罗伯特·阿德勒、苏珊·安南伯格、迈克尔·阿特菲尔德、苔丝·伯德、琳达·比恩鲍姆、凯利·布朗内尔、盖尔·德拉奇、托尼·弗莱彻、戴维·高德曼、罗伯特·哈里森、史蒂芬·霍雷尔、乔尔·考夫曼、德鲁·科贾克、莎朗·勒纳、彼得·卢里、史蒂文·马科维兹、莱拉·迈克尔斯、理查德·米勒、塞莱斯特·蒙福顿、皮特·迈尔斯、内奥米·奥利斯克斯、梅丽莎·佩里、马克·佩蒂克鲁、兰斯·普莱斯、乔什·沙夫斯泰因、黛布拉·西尔弗曼、达瓦·索贝尔、艾米莉·斯皮勒、凯尔·斯滕兰德、格雷格·瓦格纳、温迪·瓦格纳和汤姆·韦伯斯特。

尽管获得了这么多优秀人士的无私帮助与支持,这本书肯定仍然会有缺陷。任何错误,都算在我本人头上。

要培养一个孩子,可能需要集结全村的力量。而我在第八章中也记录过,要出台一套职安局的新规,也需要集结一个大型专家团队的力量。降低工作场所二氧化硅浓度上限的这项工作前前后后跨越了20年。借由这本书,我也想感谢参与这项工作的联邦政府工作人员,他们倾注的无数个小时会在未来拯救数百条人命。在职安局,除了上文提到过的同事,我还想感谢参与二氧化硅新规制定的皮特·安德鲁斯、BJ·阿尔布雷希特、保罗·加比·阿尔科斯、比尔·鲍曼、乔纳森·比尔·芭芭拉·贝纳莱斯、罗伯特·比克希尔弗、达维纳·布朗、罗伯特·伯特·珍妮特·卡特·乔·科布尔、罗斯·达比、尼尔·戴维斯、蒂芙尼·迪福·帕蒂·唐斯·凯瑟琳·费根、卡西米罗·卡什·古兹曼、米沙里·汉布尔、迈克尔·霍奇森、安妮特·安努奇、丹·约翰森、格雷格·库楚拉、布莱恩·林肯·汤姆·莫克勒、道尔顿·摩尔、戴维·奥康纳、托德·欧文、林恩·佩尼曼、比尔·佩里、萨顿·普利亚、汤姆·兰德尔、丽贝卡·莱因德尔、莫琳·拉斯金·柯克·桑德·瓦尔·谢弗、史蒂夫·谢耶、杰西卡·希法诺、雷切尔·肖沃特、杰西卡·斯通、罗伯特·斯通、克劳迪娅·瑟伯、瑞恩·特里梅因、戴维·瓦利安特及米歇尔·沃克。劳工事务律师罗宾·阿克曼、苏珊·布林克霍夫、理查德·埃韦尔、安妮·戈多伊、苏珊·哈迪尔、劳伦·古德曼、斯科特·赫克、查克·詹姆斯、艾莉森·克拉默、克里斯汀·林德伯格、胡安·洛佩兹、伊恩·摩尔、金·罗宾逊、内特·斯皮勒、伊芙·斯托克、拉达·毗湿奴瓦贾拉及霍尔达纳·威尔逊。来自政策办公室的哈维·福特、帕梅拉·彼得斯及斯蒂芬妮·斯沃斯基。来自新闻办公室的南希·克莱兰、阿曼达·克拉夫特、杰西·劳德、阿曼达·麦克卢尔、劳拉·麦金尼斯和弗兰克·梅林格。经济学家海蒂·谢尔霍兹(首席经济学家)和帕特里克·奥克福德。来自我们的姐妹机构国家职业安全卫生研究所的安德鲁·塞卡拉、克里斯·科菲、杰伊·科林特、艾伦·埃希特、马特·吉伦、马丁·哈珀、弗兰克·希尔、罗莎·基-舒瓦茨、麦克斯·基弗·罗伯特·帕克、费耶·赖斯、保罗·舒尔特和戴维·魏斯曼。

我还想感谢律师加里·迪穆齐奥、迈克尔·梅尔克森和马克·兰尼尔，他们为我提供的文件是本书宝贵的参考资料，还要感谢哥伦比亚大学梅尔曼公共卫生学院的戴维·罗斯纳和梅林·周关匀，以及纽约城市大学的杰拉尔德·马科维茨，他们把上述文件及其他文件公布在了毒文件网站上，提供了公开查阅这些文件的渠道。

这本书自然也离不开我的妻子盖尔·德拉奇、我的两个孩子乔尔和莱拉·迈克尔斯给予我的爱、鼓励和全力支持。写这本书，是为了他们，也是为了往后的每一代人。希望他们能够善用科学的巨大力量，去营造一个更加安全、健康、宜居的环境，让每一位居住者、每一种生物都能更好地生活，这才是我们最需要的，而这一点，容不得任何怀疑。

参考文献

第一章

1. T. W. Wells, B. S. Karp, and L. L. Reisner, *Investigative Report Concerning Footballs Used During the A.F.C. Championship Game on January 18, 2015*, May 6, 2015. https://s3.amazonaws.com/s3.documentcloud.org/documents/2073730/investigative-report-on-a-f-c-championship-game.pdf
2. J. Leonard, "Tom Brady Has Done His Time for Deflategate, but the Science Says He's Not Guilty," *Sports Illustrated*, October 4, 2016. https://www.si.com/nfl/2016/10/04/tom-brady-deflategate-ideal-gas-law
3. J. Leonard, "MIT Professor Debunks Deflategate." https://www.youtube.com/watch?v=wwxXsEltyas
4. S. Jenkins, "NFL Deflated the Truth—and Owes the Court a Correction," *Washington Post*, March 8, 2016.
5. D. J. Paustenbach, A. K. Madl, and J. F. Greene, "Identifying an Appropriate Occupational Exposure Limit (OEL) for Beryllium: Data Gaps and Current Research Initiatives," *Applied Occupational and Environmental Hygiene*, 2001; 16 (5): 527—538. doi: 10.1080/10473220121280
6. Brown and Williamson, *Smoking and Health Proposal*, 1969, Brown and Williamson document no. 680561778—1786. http://legacy.library.ucsf.edu/tid/nvs40f00
7. D. J. Paustenbach, "Clever Deception: Judging Science by Funding Source Instead of Intellectual Content," PowerPoint Presentation, March 20, 2009. https://cdn.toxic-docs.org/rp/rpdrDkOXB55vK5D1NKyonRKXV/rpdrDkOXB55vK5D1NKyonRKXV.pdf
8. D. Michaels, "7 Ways to Improve Operations without Sacrificing Worker Safety," *Harvard Business Review*, March 21, 2018.
9. P. Zoibro, "Hasbro to Make Play-Doh American Again," *Wall Street Journal*, February 25, 2017.

第二章

1. A. Ochsner, "My First Recognition of the Relationship of Smoking and Lung Cancer," *Preventive Medicine*, 1973; 2(4): 611—614. doi: 10.1016/0091-7435(73)90059-5
2. The history of the development of knowledge of carcinogenicity of cigarette smoke, and the role of the tobacco industry in manufacturing uncertainty about the risks associated with smoking, are detailed in A. M. Brandt, *The Cigarette Century*, New York: Basic Books, 2007 and R. N. Proctor, *Golden Holocaust*, Berkeley: University of California Press, 2011.
3. Hill and Knowlton Division of Scientific, Technical and Environmental Affairs circa 1989.https://cdn.toxicdocs.org/2J/2J97E3bKN4Dpbgw44N3XgYKZ7/2J97E3bKN4Dbgw44N3XgYKZ7.pdf
4. Roper Organization, Inc., *A Study of Public Attitudes Toward Cigarette Smoking and the Tobacco Industry in 1978*, vol. 1. Brown and Williamson document no. 501000285/0340, May 1978. http://legacy.library.ucsf.edu/tid/cns10f00
5. T. Hirayama, "Non-Smoking Wives of Heavy Smokers Have a Higher Risk of Lung Cancer: A Study from Japan," *British Medical Journal*, 1981; 282(6259): 183—85.
6. Tobacco Merchants Association, "Tobacco: Its Economic Performance. Part VIII: Government Impact on Consumption: Executive Summary," October 28, 1983. Lorillard document no. 93137245/7256. http://legacy.library.ucsf.edu/tid/cbc60e00 and "Workplace Smoking Restrictions: Communications and Lobbying Support Program," February 1984. Brown and Williamson document no. 521046145/6174. http://legacy.library.ucsf.edu/tid/soc43f00
7. P. N. Lee, "'Marriage to a Smoker' May Not Be a Valid Marker of Exposure in Studies Relating Environmental Tobacco Smoke to Risk of Lung Cancer in Japanese Non-Smoking Women," *International Archives of Occupational and Environmental Health*, 1995; 67(5): 287—94.
8. M.K. Hong and L.A. Bero, "How the Tobacco Industry Responded to an Influential Study of the Health Effects of Secondhand Smoke," *British Medical Journal*, 2002; 325(7377): 1413—16.
9. M.E. Ward, R.J. Reynolds Tobacco Co. to J. Rupp J, Covington and Burling. March 22, 1988. http://legacy.library.ucsf.edu/tid/moq21e00. Accessed February 26, 2019. G.B.Oldaker III, Center for Indoor Air Research to J.V. Rodricks, ENVIRON Corp. July 14, 1988.http://legacy.library.ucsf.edu/tid/cme04d00. Accessed February 26, 2019. J.R.Viren, R.J. Reynolds to J.A. Goold JA, R.J. Reynolds. "Status report: June

to the present". July 18, 1988. http://legacy.library.ucsf.edu/tid/ezj95a00

10. E. T. Fontham, P. Correa, A. Williams et al., "Lung Cancer in Nonsmoking Women: A Multicenter Case-Control Study," *Cancer Epidemiology, Biomarkers & Prevention*, 1991; 1(1): 35—43.

11. A. Baba, D. M. Cook, T. O. McGarity et al. "Legislating 'Sound Science': The Role of the Tobacco Industry," *American Journal of Public Health*, 2005; 95(suppl 1): S20—S27.

12. Meeting transcript: National Toxicology Program Board of Scientific Counselors' Report on Carcinogens subcommittee meeting. December 2—3, 1998. http://legacy.library.ucsf.edu/tid/epw60d00

13. L. P. Dreyer, Wash Tech Conference Call (Handwritten notes of Philip Morris in-house memorializing meeting between Philip Morris in-house counsel and Philip Morris regulatory consultants regarding proposed OSHA rulemaking), April 12, 1994, Philip Morris document no. 2023896207. http://legacy.library.ucsf.edu/tid/cfn12a00

14. J. E. Gulick to R. A. Foos et al. Hill and Knowlton Environmental Public Relations (including attachments), February 23, 1989. https://cdn.toxicdocs.org/4J/4JDomXYQBk18R05pdyvVoxwOe/4JDomXYQBk18R05pdyvVoxwOe.pdf

15. @Weinberggroup. "Evaluating Product Risk in a Rapidly Changing Environment: bit.ly?QiKfj7 #FDA #productdefense," September 4, 2012. https://twitter.com/weinberggroup/status/243074955464548352

16. H. D. Roth, P. S. Levy, L. Shi, and E. Post, "Alcoholic Beverages and Breast Cancer: Some Observations on Published Case-Control Studies," *Journal of Clinical Epidemiology*, 1994; 47(2): 207—16. doi: 10.1016/0895-4356(94)90026-4

17. North Dakota State Government, LMFS-96-23 *A Survey of Health Effects: Mercury Emissions from North Dakota Lignite-Fired Power Plants*. http://www.nd.gov/ndic/Lrc/Lrcinfo/lmfs-23.pdf

18. Ramboll Foundation, "Our Legacy," 2016. https://www.rambollfonden.com/wp-content/uploads/2017/02/ramboll_foundation_our_legacy_low.pdf

19. P. D. Thacker, "Inside the Academic Journal That Corporations Love," *PacificStandard*, March 28, 2017. https://psmag.com/news/inside-the-academic-journal-that-corporations-love

20. J. J. Zou, "Brokers of Junk Science?" *Center for Public Integrity*, February 18, 2016. https://publicintegrity.org/environment/brokers-of-junk-science/

第三章

1. The story of DuPont's contamination of the drinking water around its facility in Parkersburg, the subsequent health effects activities, and the community's efforts to insist DuPont clean up their waste and compensate their victims has been powerfully recounted by several authors. For more on this subject see M. Blake, "Welcome to Beautiful Parkersburg, West Virginia: Home to One of the Most Brazen, Deadly Corporate Gambits in U.S. History," *Huffington Post Highline*, August 2015, https://highline.huffingtonpost.com/articles/en/welcome-to-beautiful-parkersburg/; C. Lyons, *Stain-Resistant, Nonstick, Waterproof, and Lethal*, Westport, CT [u.a.]: Praeger; 2007, 1; S. Kelly, "Dupont's Deadly Deceit: the Decades-Long Cover-Up Behind the 'World's Most Slippery Material,'" *Salon*, January 4, 2016. https://www.salon.com/2016/01/04/teflons_toxic_legacy_partner/; and Sharon Lerner's series of articles at the Intercept: https://theintercept.com/collections/bad-chemistry/

2. T. Karry and C. Cannon, "Cancer-Linked Chemicals Manufactured by 3M Are Turning Up in Drinking Water," *Bloomberg*, November 2, 2018. https://www.bloomberg.com/graphics/2018-3M-groundwater-pollution-problem/

3. L. Birnbaum, "The Federal Role in the Toxic PFAS Chemical Crisis," September 26, 2018. https://www.niehs.nih.gov/about/assets/docs/hearing_on_the_federal_role_in_the_toxic_pfas_chemical_crisis_508.pdf

4. Environmental Working Group, "PFCS: Global Contaminants: PFOA Is a Pervasive Pollutant in Human Blood, As Are Other PFCS," April 3, 2003. https://www.ewg.org/research/pfcs-global-contaminants/pfoa-pervasive-pollutant-human-blood-are-other-pfcs

5. Centers for Disease Control and Prevention, *Fourth National Report on Human Exposure to Environmental Chemicals*, 2018.

6. N. Rich, "The Lawyer Who Became DuPont's Worst Nightmare," *New York Times*, January 6, 2016. https://www.nytimes.com/2016/01/10/magazine/the-lawyer-who-became-duponts-worst-nightmare.html

7. D. J. Paustenbach, J. M. Panko, P. K. Scott, and K. M. Unice, "A Methodology for Estimating Human Exposure to Perfluorooctanoic Acid (PFOA): A Retrospective Exposure Assessment of a Community (1951—2003)," *Journal of Toxicology and Environmental Health*, Part A, 2006; 70(1): 28—57. doi: 10.1080/15287390600748815

8. S. Lerner, "Trump's EPA Chemical Safety Nominee Was in the 'Business of Blessing' Pollution," *The Intercept*, July 21, 2017. https://theintercept.com/2017/07/21/

trumps-epa-chemical-safety-nominee-was-in-the-business-of-blessing-pollution/

9. P. D. Thacker, "The Weinberg Proposal: a Scientific Consulting Firm Says That It Aids Companies in Trouble, but Critics Say That It Manufactures Uncertainty and Undermines Science," *Environmental Science & Technology*, February 21, 2006. https://www.sourcewatch.org/images/6/67/Weinberg.pdf; A copy of the letter is available at:https://cdn.toxicdocs.org/QX/QXnogko6Eaqd8wNkE3Mj7rvRo/QXnogko6Eaqd8wNkE3Mj7rvRo.pdf

10. S. Lerner, "How DuPont Slipped Past the EPA," *The Intercept*, August 20, 2015. https://theintercept.com/2015/08/20/teflon-toxin-dupont-slipped-past-epa/

11. S. J. Frisbee, A. P. Brooks Jr, A. Maher, et al., "The C8 Health Project: Design, Methods, and Participants." Environmental Health Perspectives 2009; 117(12): 1873—82. doi: 10.1289/ehp.0800379

12. C8 Science Panel, "C8 Probable Link Reports." http://www.c8sciencepanel.org/prob_link.html

13. J. Mordock, "DuPont, Chemours to pay $670M over PFOA suits," *Delaware Online*, February 13, 2017. https://www.delawareonline.com/story/news/2017/02/13/dupont-and-chemours-pay-670m-settle-pfoa-litigation/97842870/

14. P. Grandjean, E. W. Andersen, E. Budtz-Jørgensen et al., "Serum Vaccine Antibody Concentrations in Children Exposed to Perfluorinated Compounds," *Journal of the American Medical Association*, 2012; 307(4): 391—397. doi: 10.1001/jama.2011.2034

15. L. R. Zobel, G. W. Olsen, and J. L. Butenhoff, "Perfluorinated Compounds and Immunotoxicity in Children," *Journal of the American Medical Association*, 2012; 307(18): 1910—1911. doi: 10.1001/jama.2012.3599

16. H. Mongilio, "Hidden Studies from Decades Ago Could Have Curbed PFAS Problem: Scientist," *Environmental Health News*, July 31, 2018. https://www.ehn.org/hidden-studies-from-decades-ago-could-have-curbed-pfas-problem-2591289696.html

17. S. Lerner, "Bad Chemistry." https://theintercept.com/collections/bad-chemistry/

18. TP (National Toxicology Program). Monograph on Immunotoxicity Associated with Exposure to Perfluorooctanoic acid (PFOA) and perfluorooctane sulfonate (PFOS). Research Triangle Park, NC: National Toxicology Program. September 2016 https://ntp.niehs.nih.gov/ntp/ohat/pfoa_pfos/pfoa_pfosmonograph_508.pdf

19. American Council of Science and Health, "Regulating Mercury Emissions From

Power Plants: Will It Protect Our Health?" September 9, 2005. https://www.acsh.org/news/2005/09/09/regulating-mercury-emissions-from-power-plants-will-it-protect-our-health

20. American Council of Science and Health, "Don't Fear Diesel Fumes," June 13, 2012. https://www.acsh.org/news/2012/06/13/dont-fear-diesel-fumes

21. A. Berezow, "Meet The Scientific Outcasts And Mavericks," June 3, 2016. https://www.acsh.org/news/2016/06/03/meet-the-scientific-outcasts-and-mavericks

22. M. Nestle, "Food Politics," October 15, 2009. https://www.foodpolitics.com/tag/acshamerican-council-on-science-and-health/

23. A. Berezow, "New Alcohol Study Is Mostly Hype: Journal, Authors, Media to Blame," April 13, 2018. https://www.acsh.org/news/2018/04/13/new-alcohol-study-mostly-hype-journal-authors-media-blame-12839

24. American Council on Science and Health, "Teflon and Human Health: Do the Charges Stick?" March 18, 2005. https://www.acsh.org/news/2005/03/18/teflon-and-human-health-do-the-charges-stick

25. American Council of Science and Health, "DuPont Loses Bellwether C8 Teflon Case," July 7, 2016. https://www.acsh.org/news/2016/07/07/dupont-loses-bellwether-c8-teflon-case

26. D. Mondal, R. H. Weldon, B. G. Armstrong, L. J. Gibson, M. J. Lopez-Espinosa, H. M. Shin, and T. Fletcher, "Breastfeeding: A Potential Excretion Route for Mothers and Implications for Infant Exposure to Perfluoroalkyl Acids, *Environmental Health Perspectives*, 2014; 122(2): 187—92.

27. P. Grandjean, C. Heilmann, P. Weihe et al., "Estimated Exposures to Perfluorinated Compounds in Infancy Predict Attenuated Vaccine Antibody Concentrations at Age 5-Years," *Journal of Immunotoxicology*, 2017; 14(1): 188—95.

28. H. K. Knutsen, J. Alexander, L. Barregård et al., "Risk to Human Health Related to the Presence of Perfluorooctane Sulfonic Acid and Perfluorooctanoic Acid in Food," *EFSA Journal*, 2018; 16(12): n/a. doi: 10.2903/j.efsa.2018.5194

29. U.S. Environmental Protection Agency, PFOA & PFOS Drinking Water HealthAdvisories, November 2016. https://www.epa.gov/sites/production/files/2016-06/documents/drinkingwaterhealthadvisories_pfoa_pfos_updated_5.31.16.pdf

30. A. Di Nisio, I. Sabovic, U. Valente et al. "Endocrine Disruption of Androgenic Activity by Perfluoroalkyl Substances: Clinical and Experimental Evidence," *Journal of Clinical Endocrinology & Metabolism*, 2018. doi: 10.1210/jc.2018-01855

31. A. Snider. "White House, EPA Headed Off Chemical Pollution Study," *Politico*,

May 14, 2018, https://www.politico.com/story/2018/05/14/emails-white-house-interfered-with-science-study-536950.

32. Agency for Toxic Substances and Disease Registry, "Per- and Polyfluoroalkyl Substances (PFAS) and Your Health," November 2018. https://www.atsdr.cdc.gov/pfas/mrl_pfas.html

33. S. Lerner, "Lawsuits Charge That 3M Knew About the Dangers of Its Chemicals," *The Intercept*, April 11, 2016. https://theintercept.com/2016/04/11/lawsuits-charge-that-3m-knew-about-the-dangers-of-pfcs

34. State of Minnesota vs. 3M Company. Memorandum in Support of the Plaintiff State of Minnesota's Motion to Amend Complaint. November 17, 2017.https://cdn.toxicdocs.org/OE/OEw5RB2dwanx2vkdJOozxJK2L/OEw5RB2dwanx2vkdJOozxJK2L.pdf

35. *Expert Report of Barbara D. Beck, Ph.D., DABT, ATS, ERT in the Matter of State of Minnesota vs. 3M Company*. November 3, 2017.https://cdn.toxicdocs.org/Rp/RpyyeQY3o2XjBzbOaKvaX8e0a/RpyyeQY3o2XjBzbOaKvaX8e0a.pdf

36. National Toxicology Program. Comments Regarding the Systematic Review of Immunotoxicity Associated with Perfluorooctanoic Acid (PFOA) and Perfluorooctane Sulfonate (PFOS): Prepared on behalf of 3M.https://ntp.niehs.nih.gov/ntp/about_ntp/monopeerrvw/2016/july/publiccomm/gradient20160705_508.pdf. July 5, 2016. E.T Chang, H. Adami, P. Boffetta, H. J. Wedner, J.S. Mandel. A critical review of perfluorooctanoate and perfluorooctanesulfonate exposure and immunological health conditions in humans. *Crit Rev Toxicol*. 2016;46(4):279—331. doi: 10.3109/10408444.2015.1122573

37. S. Lerner, Lawsuit reveals how paid expert helped 3m "command the science" on dangerous chemicals. *The Intercept*. https://theintercept.com/2018/02/23/3m-lawsuit-pfcs-pollution/. February 23, 2018. Also seehttps://www.documentcloud.org/documents/4405489-2004-2005-Project-Priorities.html

38. C. Hogue, "What's GenX Still Doing in the Water Downstream of a Chemours Plant?" *Chemical & Engineering News*, February 12, 2018; 96(7). https://cen.acs.org/articles/96/i7/whats-genx-still-doing-in-the-water-downstream-of-a-chemours-plant.html

39. V. Hagerty, "Deal Would Require Toxicity Studies for 5 Chemicals Released at NC Plant," *Carolina Public Press*, December 11, 2018. https://carolinapublicpress.org/28397/deal-would-require-toxicity-studies-for-5-chemicals-released-at-nc-plant

40. Z. Wang, J. C. DeWitt, C. P. Higgins, and I. T. Cousins. "A Never-Ending Story of

Per- and Polyfluoroalkyl Substances (PFASs)?" *Environmental Science & Technology*, 2017; 51(5): 2508—2518. doi: 10.1021/acs.est.6b04806

41. CWAG New Mexico, "Polyfluoroalkyl Substances: Best Practices for Science Policy Decisions," July 24, 2018. https://cdn.toxicdocs.org/xz/xzNVdnjjVqKnaKgJZzgZ3QNwG/xzNVdnjjVqKnaKgJZzgZ3QNwG.pdf

第四章

1. A. M. Finkel and K. F. Bieniek, "A Quantitative Risk Assessment for Chronic Traumatic Encephalopathy (CTE) in Football: How Public Health Science Evaluates Evidence," *Human and Ecological Risk Assessment: An International Journal*, 2018: 1–26. doi: 10.1080/10807039.2018.1456899
2. J. Mez, D. H. Daneshvar, P. T. Kiernan et al., "Clinicopathological Evaluation of Chronic Traumatic Encephalopathy in Players of American Football," *Journal of the American Medical Association*, 2017; 318(4): 360—370. doi: 10.1001/jama.2017.8334
3. R. O'Brien, "Scorecard," *Sports Illustrated Vault*, December 26, 1994. https://www.si.com/vault/1994/12/26/106787493/scorecard
4. E. J. Pellman, D. C. Viano, A. M. Tucker, I. R. Casson, and J. F. Waeckerle, "Concussion in Professional Football: Reconstruction of Game Impacts and Injuries," *Neurosurgery*, 2003; 53(4): 799—814. doi: 10.1093/neurosurgery/53.3.799
5. E. J. Pellman and D. C. Viano, Concussion in professional football. *Neurosurgical Focus*. 2006; 21(4):1—10. doi: 10.3171/foc.2006.21.4.13
6. M. Fainaru-Wada and S. Fainaru, *League of Denial: The NFL, Concussions, and the Battle for Truth*, New York: Random House, 2013.
7. D. C. Viano, I. R. Casson, E. J. Pellman, L. Zhang, A. I. King, and K. H. Yang, "Concussion in Professional Football: Brain Responses by Finite Element Analysis: Part 9," *Neurosurgery*, 2005; 57(5): 891—916.
8. A. Kingsbury, "What Time Is the A.F.C. Championship Game?" *New York Times*, January 18, 2019.
9. D. R. Weir, J. S. Jackson, and A. Sonnega, *Study of Retired NFL Players*, National Football League Player Care Foundation, University of Michigan Institute for Social Research, September 10, 2009. http://ns.umich.edu/Releases/2009/Sep09/FinalReport.pdf
10. A. Schwarz, "Dementia Risk Seen in Players in N.F.L. Study," *New York Times*, September 30, 2009.
11. B. I. Omalu, S. T. DeKosky, R. L. Minster, M. I. Kamboh, R. L. Hamilton, and C.

H. Wecht, "Chronic Traumatic Encephalopathy in a National Football League Player," *Neurosurgery*, 2005; 57(1): 128—134.
12. J. D. Silver, "A Life Off-Center: Mike Webster's Battles," *Pittsburgh Post-Gazette*, July 24, 1997.
13. I. R. Casson, E. J. Pellman, and D. C. Viano, "Chronic Traumatic Encephalopathy in a National Football League Player," *Neurosurgery*, 2006; 59(5): E1152. doi: 10.1227/01.NEU.0000249026.95877.F8
14. B. I. Omalu, S. T. DeKosky, R. L. Hamilton et al., "Chronic Traumatic Encephalopathy in a National Football League Player: Part II," *Neurosurgery*, 2006; 59(5): 1086.
15. A. Hamberger, D. C. Viano, A. Saljo, and H. Bolouri, "Concussion in Professional Football: Morphology of Brain Injuries in the NFL Concussion Model, Part 16," *Neurosurgery*, 2009; 64(6): 82; discussion 1182.
16. *In Re National Football Players' Concussion Injury Litigation. Plaintiff's Master Administrative Long-Form Complaint*. June 7, 2012. http://nflconcussionlitigation.com/wp-content/uploads/2012/01/NFL-Master-Complaint1.pdf
17. Tribune News Service, "Supreme Court Leaves $1B NFL Concussion Settlement in Place," *Chicago Tribune*, December 12, 2016.
18. National Football League, "NFL donates $30 million to National Institutes of Health." September 5, 2012. http://www.nfl.com/news/story/0ap1000000058447/article/nfl-donates-30-million-to-national-institutes-of-health
19. US House of Representatives Energy and Commerce Committee, *The National Football League's Attempt to Influence Funding Decisions at the National Institutes of Health*, May 2016, Democratic Staff Report.https://democrats- energycommerce.house.gov/sites/democrats.energycommerce.house.gov/files/Democratic%20Staff%20Report%20on%20NFL%20NIH%20Investigation%205.23.2016.pdf
20. L. Wamsley, "NFL, NIH End Partnership for Concussion Research with $16M Unspent," *National Public Radio*, July 29, 2017.
21. K. Belson, "Sony Altered "Concussion" Film to Prevent N.F.L. Protests, Emails Show," *New York Times*, September 1, 2015.
22. J. Macur, "The N.H.L.'s Problem with Science," *New York Times*, February 8, 2017.
23. G. B. Bettman to Senator Richard Blumenthal, July 22, 2016. https://assets.documentcloud.org/documents/2998884/Commissioner-Bettman-s-C-T-E-Response.pdf

第五章

1. World Health Organization, *Global Status Report on Alcohol and Health*—*2018*. http://apps.who.int/iris/bitstream/handle/10665/274603/9789241565639-eng.pdf?ua=1
2. Centers for Disease Control and Prevention, "Tobacco Related Mortality," May 17, 2017. https://www.cdc.gov/tobacco/data_statistics/fact_sheets/health_effects/tobacco_related_mortality/index.htm
3. T. B. Turner and V. L. Bennett. *Forward Together*, Baltimore, MD: Alcoholic Beverage Medical Research Foundation, 1993, 61.
4. T. B. Turner, V. L. Bennett, and H. Hernandez, "The Beneficial Side of Moderate Alcohol Use," *Johns Hopkins Medical Journal*, 1981; 148(2): 53.
5. T. B. Turner, E. Mezey, and A. W. Kimball. "Measurement of Alcohol-Related Effects in Man: Chronic Effects in Relation to Levels of Alcohol Consumption. Part A," *Johns Hopkins Medical Journal*, 1977; 141. doi:10.1097/00006534- 197812000-00111
6. P. M. Boffey, "Less Illness Found in Beer Drinkers," *New York Times*, December 18, 1985.
7. A. Richman and R. A. Warren. "Alcohol Consumption and Morbidity in the Canada Health Survey: Inter-Beverage Differences," *Drug & Alcohol Dependence*, 1985; 15 (3): 255—282. doi:10.1016/0376-8716(85)90005-5
8. T. F. Babor, "Alcohol Research and the Alcoholic Beverage Industry: Issues, Concerns and Conflicts of Interest," *Addiction* 104, (2009): 34—47. doi:10.1111/j.1360-0443.2008.02433.x.
9. T. F. Babor and K. Robaina, "Public Health, Academic Medicine, and the Alcohol Industry's Corporate Social Responsibility Activities," *American Journal of Public Health*, 2013; 103(2): 206—214. doi: 10.2105/AJPH.2012.300847
10. R. C. Ellison and M. Martinic, "The Harms and Benefits of Moderate Drinking: Summary of Findings of an International Symposium: Special Issue," *Annals of Epidemiology*, 2007 (17): 1—12.
11. K. M. Fillmore, T. Stockwell, T. Chikritzhs, A. Bostrom, and W. C. Kerr, "Debate: Alcohol and Coronary Heart Disease," *American Journal of Medicine*, 2008; 121 (2): e25. doi://doi.org/10.1016/j.amjmed.2007.09.015
12. International Alliance for Responsible Drinking, "Guide to Creating Integrative Alcohol Policies," January 2016. http://www.iard.org/wp-content/uploads/2016/01/TK-Creating-Integrative-Policies.pdf
13. B. MacMahon, S. Yen, D. Trichopoulos, K. Warren, and G. Nardi, "Coffee and Can-

cer of the Pancreas," *New England Journal of Medicine*, 1981; 304(11): 630—633. doi: 10.1056/NEJM198103123041102

14. M. Shuster, J. Vigna, G. Sinha, and M. Tontonoz, Scientific American Biology for a Changing World. New York: W. H. Freeman and Company, 2012.

15. T. Stockwell, J. Zhao, S. Panwar, A. Roemer, T. Naimi, and T. Chikritzhs, "Do 'Moderate' Drinkers Have Reduced Mortality Risk? A Systematic Review and Meta-Analysis of Alcohol Consumption and All-Cause Mortality," *Journal of Studies on Alcohol and Drugs*, 2016; 77(2): 185—198.

16. F. Prial, "Wine Talk," *New York Times*, December 25, 1991.

17. A. M. Wood, S. Kaptoge, A. S. Butterworth et al., "Risk Thresholds for Alcohol Consumption: Combined Analysis of Individual-Participant Data for 599,912 Current Drinkers in 83 Prospective Studies," *Lancet*, 2018; 391(10129): 1513—1523.

18. M. H. Forouzanfar, L. Alexander, H. R. Anderson et al., "Global, Regional, and National Comparative Risk Assessment of 79 Behavioural, Environmental and Occupational, and Metabolic Risks or Clusters of Risks in 188 Countries, 1990—2013: A Systematic Analysis for the Global Burden of Disease Study 2013," *Lancet*. 2015; 386: 2287—323. and R. Burton and N. Sheron, "No Level of Alcohol Consumption Improves Health," *Lancet*, 2018; 392(10152): 987—988. doi: 10.1016/S0140-6736(18)31571-X

19. R. C. Rabin, "Is Alcohol Good for You? An Industry-Backed Study Seeks Answers," *New York Times*, July 3, 2017.

20. NIH Advisory Committee to the Director, *ACD Working Group for Review of the Moderate Alcohol and Cardiovascular Health Trial*, 2018. https://acd.od.nih.gov/documents/presentations/06152018Tabak-B.pdf

21. ABinBev Foundation, "Our Advisors and Partners." https://abinbevfoundation.org/advisors-partners/

22. U.S. National Library of Medicine, *Moderate Alcohol and Cardiovascular Health Trial (MACH15)*, May 30, 2017. https://clinicaltrials.gov/ct2/show/NCT031%369530

23. R. C. Rabin, "Federal Agency Courted Alcohol Industry to Fund Study on Benefits of Moderate Drinking," *New York Times*, March 3, 2017.

24. International Agency for Research on Cancer, Monographs on the evaluation of the carcinogenic risks to humans. Alcohol Drinking. Volume 44 [Internet]. Lyon, France: International Agency for Research on Cancer (IARC); 1988. Report No.: Volume 44. Available from: https://monographs.iarc.fr/ENG/Monographs/vol44/mono44.pdf "Alcohol Drinking." 1988. http://www.inchem.org/documents/iarc/

vol44/44.html

25. National Toxicology Program. *Alcoholic Beverage Consumption*, vol. 14, 2016. https://ntp.niehs.nih.gov/ntp/roc/content/profiles/alcoholicbeverageconsumption.pdf

26. International Agency for Research on Cancer, *IARC Monographs on the Evaluation of Carcinogenic Risks to Humans*, vol. 96, 2010. https://monographs.iarc.fr/wp-content/uploads/2018/06/mono96.pdf and B. Secretan, K. Straif, R. Baan et al., "A Review of Human Carcinogens—Part E: Tobacco, Areca Nut, Alcohol, Coal Smoke, and Salted Fish," *The Lancet Oncology*, 2009; 10(11): 1033—1034.

27. V. Bagnardi, M. Rota, E. Botteri et al., "Alcohol Consumption and Site-Specific Cancer Risk: a Comprehensive Dose-Response Meta-Analysis," *British Journal of Cancer*, 2015; 112(3): 580—93. On this subject I want to give a special shout-out to a great piece in *Mother Jones* entitled "Did Drinking Give Me Breast Cancer?" by Stephanie Mencimer. https://www.motherjones.com/politics/2018/04/did-drinking-give-me-breast-cancer

28. American Society for Clinical Oncology, "Alcohol Linked to Cancer According to Major Oncology Organization: ASCO Cites Evidence and Calls for Reduced Alcohol Consumption," November 27, 2017.https://www.asco.org/about-asco/press-center/news-releases/statement-alcohol-linked-to-cancer-november-2017

29. P. Buykx, J. Li, L. Gavens et al., "Public Awareness of the Link Between Alcohol and Cancer in England in 2015: A Population-Based Survey," *BMC Public Health*, 2016; 16(1): 1194. doi: 10.1186/s12889-016-3855-6

30. H. D. Roth, P. S. Levy, L. Shi, and E. Post, "Alcoholic Beverages and Breast Cancer: Some Observations on Published Case-Control Studies," *Journal of Clinical Epidemiology*, 1994; 47(2): 207—216. doi: 10.1016/0895-4356(94)90026-4

31. S. Zakhari, "To Say Moderate Alcohol Use Causes Cancer is Wrong," *Dominion Post*, July 22, 2015.

32. J. Connor, "Alcohol Consumption as a Cause of Cancer," *Addiction*, 2016; 112(2): 222—228. doi: 10.1111/add.13477

33. W. Evans, "Alcohol Causes 7 Types of Cancer, New Analysis Confirms," *Deseret News*, July 23, 2016.

34. M. Petticrew, N. Maani Hessari, C. Knai, and E. Weiderpass, "How Alcohol Industry Organisations Mislead the Public About Alcohol and Cancer," *Drug and Alcohol Review*, 2018; 37(3): 293—303. doi: 10.1111/dar.12596

35. National Institute on Alcohol Abuse and Alcoholism, "Women." https://www.niaaa.nih.gov/alcohol-health/special-populations-co-occurring-disorders/women

第六章

1. S. C. Anenberg, J. Miller, D. Henze, and R. Minjares, "A Global Snapshot of the Air Pollution-Related Health Impacts of Transportation Sector Emissions in 2010 and 2015," Washington, DC: International Council on Clean Transportation, February 26, 2019. https://www.theicct.org/publications/health-impacts-transport-emissions-2010-2015

2. National Research Council, *Health Effects of Exposure to Diesel Exhaust: The Report of the Health Effects Panel of the Diesel Impacts Study Committee*, Washington, DC: National Academy Press, 1981.

3. C. Monforton, "Weight of the Evidence or Wait for the Evidence? Protecting Underground Miners from Diesel Particulate Matter," *American Journal of Public Health*, 2006; 96（2）: 271—276.http://ajph.aphapublications.org/cgi/content/abstract/96/2/271; doi: 10.2105/AJPH.2005.064410

4. United States Department of Labor, Federal Mine Safety and Health Act. 1977. https://arlweb.msha.gov/REGS/ACT/ACT1.HTM#1

5. B. Furlow, "A New Study Suggests New Mexico's Miners May Be at Risk-but Will Anyone Take Action?" *Santa Fe Reporter*, March 27, 2017. https://www.sfreporter.com/news/2012/03/27/carbon-wars/

6. Mine Safety and Health Administration, "Diesel Particulate Matter Exposure of Underground Metal and Nonmetal Miners," 67 *Federal Register*, 47296（July 20, 2002）.

7. D. T. Silverman, C. Samanic, J. H. Lubin et al., "The Diesel Exhaust in Miners study: A Nested Case-Control Study of Lung Cancer and Diesel Exhaust," *Journal of the National Cancer Institute*, 2012; 104（11）: 855—868. doi: 10.1093/jnci/djs034 and M. D. Attfield, P. L. Schleiff, J. H. Lubin et al., "The Diesel Exhaust in Miners study: A Cohort Mortality Study with Emphasis on Lung Cancer," *Journal of the National Cancer Institute*, 2012; 104（11）: 869—883. doi: 10.1093/jnci/djs035

8. J. Borak, W. B. Bunn, G. R. Chase et al., "Comments on the Diesel Exhaust in Miners Study," *Annals of Occupational Hygiene*, 2011; 55（3）: 339—342. http://dx.doi.org/10.1093/annhyg/mer005

9. B. Furlow, "Industry Group 'Threatens' Journals to Delay Publications," *Lancet Oncology*, 2012; 13（4）: 337. https://doi.org/10.1016/S1470-2045（12）70094-3

10. S. Kean, "Journals Warned to Keep a Tight Lid on Diesel Exposure Data," *Science*, February 17, 2012. http://www.sciencemag.org/news/2012/02/journals-warned-keep-tight-lid-diesel-exposure-data

11. W. B. Bunn., T. W. Hesterberg, P. A. Valberg, T. J. Slavin, G. Hart, and C. A. Lapin, "A Reevaluation of the Literature Regarding the Health Assessment of Diesel Engine Ex-

haust," Inhalation Toxicology. 2004;16(14):889—900. doi: 10.1080/08958370490883783 And T. W. Hesterberg, W. B. Bunn, G. R. Chase et al, "A Critical Assessment of Studies on the Carcinogenic Potential of Diesel Exhaust," CRC Critical Reviews in Toxicology. 2006;36(9):727—776. doi: 10.1080/10408440600908821

12. E. Garshick, F. Laden, J. E. Hart, M. E. Davis, E. A. Eisen, and T. J. Smith, "Lung Cancer and Elemental Carbon Exposure in Trucking Industry Workers," *Environmental Health Perspectives*, 2012; 120(9): 1301—1306. doi: 10.1289/ehp.1204989

13. L Benbrahim-Tallaa, R. A. Baan, Y. Grosse, et al. Carcinogenicity of diesel-engine and gasoline-engine exhausts and some nitroarenes. Lancet Oncology. 2012;13(7):663-664. doi: 10.1016/S1470-2045(12)70280-2

14. Occupational Safety and Health Administration, "OSHA/MSHA Hazard Alert, Diesel Exhaust/Diesel Particulate Matter." https://www.osha.gov/dts/hazardalerts/diesel_exhaust_hazard_alert.html

15. R. O. McClellan, T. W. Hesterberg, and J. C. Wall, "Evaluation of Carcinogenic Hazard of Diesel Engine Exhaust Needs to Consider Revolutionary Changes in Diesel Technology," *Regulatory Toxicology and Pharmacology*, 2012; 63(2): 225—258. doi: 10.1016/j.yrtph.2012.04.005

16. D. W. Dockery, C. A. Pope, X. Xu et al., "An Association Between Air Pollution and Mortality in Six U.S. Cities," *New England Journal of Medicine*, 1993; 329(24): 1753—1759. doi: 10.1056/NEJM199312093292401

17. A. G. Elaine, "Prevailing Winds," *Harvard Public Health Magazine*, Fall 2012.

18. D. Krewski, R. T. Burnett, M. S. Goldberg et al., "Validation of the Harvard Six Cities Study of Air Pollution and Mortality," *New England Journal of Medicine*, 2004; 350: 198—199. And HEI Diesel Epidemiology Panel, *Diesel Emissions and Lung Cancer: An Evaluation of Recent Epidemiological Evidence for Quantitative Risk Assessment* (Special Report 19), Boston, MA: Health Effects Institute, 2015.s

19. A. Baba, D. M. Cook, T. O. McGarity, and L. A. Bero, "Legislating 'Sound Science': The Role of the Tobacco Industry," *American Journal of Public Health*, 2005; 95(S1): S20. doi: 10.2105/AJPH.2004.050963

20. H. G. Miller and W. H. Baldwin, "A Terse Amendment Produces Broad Change in Data Access," *American Journal of Public Health*, 2001; 91(5): 824—825. doi: 10.2105/AJPH.91.5.824

21. R.O. McClellan. Critique of Health Effects Institute Special Report 19, "Diesel Emissions and Lung Cancer: An Evaluation of Recent Epidemiological Evidence for Quantitative Risk Assessment" (November 2015) https://cdn.ymaws.com/www.imana.org/resource/resmgr/Diesel/IMA-NA_ATTACHMENT_10_-_Criti.pdf

22. E. T. Chang, E. C. Lau, C. Van Landingham, K. S. Crump, R. O. McClellan, and S. H. Moolgavkar, "Reanalysis of Diesel Engine Exhaust and Lung Cancer Mortality in the Diesel Exhaust in Miners Study Cohort Using Alternative Exposure Estimates and Radon Adjustment," *American Journal of Epidemiology*, 2018; 187(6): 1210—1219. doi: 10.1093/aje/kwy038; K. S. Crump, C. Van Landingham, S. H. Moolgavkar, and R. McClellan, "Reanalysis of the DEMS Nested Case-Control Study of Lung Cancer and Diesel Exhaust: Suitability for Quantitative Risk Assessment," *Risk Analysis*, 2015; 35(4): 676—700. doi: 10.1111/risa.12371; S. H. Moolgavkar, E. T. Chang, G. Luebeck et al., "Diesel Engine Exhaust and Lung Cancer Mortality: Time-Related Factors in Exposure and Risk," *Risk Analysis*, 2015; 35(4): 663—675. doi: 10.1111/risa.12315; and K. S. Crump, C. Van Landingham, and R. O. McClellan, "Influence of Alternative Exposure Estimates in the Diesel Exhaust Miners Study: Diesel Exhaust and Lung Cancer," *Risk Analysis*, 2016; 36(9): 1803—1812. doi: 10.1111/risa.12556
23. K. S. Crump, C. Van Landingham, S. H. Moolgavkar, and R. McClellan, "Reanalysis of the DEMS Nested Case-Control Study of Lung Cancer and Diesel Exhaust: Suitability for Quantitative Risk Assessment," *Risk Analysis*, 2015; 35(4):676—700. doi: 10.1111/risa.12371
24. J. F. Gamble, M. J. Nicolich, and P. Boffetta, "Lung Cancer and Diesel Exhaust: an Updated Critical Review of the Occupational Epidemiology Literature," *Critical Reviews in Toxicology*, August 2012; 42(7): 549—98. doi: 10.3109/10408444.2012.690725
25. J. F. Gamble, "PM2.5 and Mortality in Long-Term Prospective Cohort Studies: Cause-Effect or Statistical Associations?" *Environmental Health Perspectives*, 1998; 106(9): 535—549. doi: 10.1289/ehp.98106535
26. P. Taxell and T. Santonen, "149. Diesel Engine Exhaust," The Nordic Expert Group for Criteria Documentation of Health Risks from Chemicals and the Dutch Expert Committee on Occupational Safety. Arbete och Hälsa (*Work and Health*), June 8, 2016; 49(6). http://hdl.handle.net/2077/44340
27. L. Latifovic, P. J. Villeneuve, M. Parent, K. C. Johnson, L. Kachuri, and S. A. Harris, "Bladder Cancer and Occupational Exposure to Diesel and Gasoline Engine Emissions Among Canadian Men," *Cancer Medicine*, 2015; 4(12): 1948—1962. doi: 10.1002/cam4.544
28. United States Senate Health, Education and Labor Committee. *Report on the August 6, 2007 Disaster at Crandall Canyon Mine*, March 6, 2008. https://eagcg.org/common/pdf/CrandallCanyon.pdf
29. Comment from Edward M. Green, Crowell Moring., Re: RIN 1219-AB86; Docket No. MSHA-2014-0031, Request for Information on Exposure of Underground Miners to Die-

sel Exhaust Comments of Murray Energy Corporation, the Bituminous Coal Operators' Association, and Interwest Mining Company. https://www.regulations.gov/document?D=MSHA-2014-0031-0069

30. United State Environmental Protection Agency. "Repeal of Emission Requirements for Glider Vehicles, Glider Engines, and Glider Kits," *Federal Register* 2017; 82:53442.-53449.
31. T. C. Fitzgerald, D. Petersen, and D. Keener to S. Pruitt, Administrator of Environmental Protection Agency, "Re: Petition for Reconsideration of Application of the Final Rule Entitled 'Greenhouse Gas Emissions and Fuel Efficiency Standards for Medium-and-Heavy- duty Engines and Vehicles - Phase 2 Final Rule' to Gliders," July 10, 2017. https://www.epa.gov/sites/production/files/2017-07/documents/hd-ghg-fr-fitzgerald-recons-petition-2017-07-10.pdf
32. E. Lipton, "University Pulls Back on Pollution Study That Supported Benefactor,". *New York Times*, February 22, 2018.
33. D. Cutler and F. Dominici, "A Breath of Bad Air: Cost of the Trump Environmental Agenda May Lead to 80,000 Extra Deaths Per Decade," *Journal of the American Medical Association*, 2018; 319(22): 2261—2262. doi: 10.1001/jama.2018.7351 (note: this should be inserted at the end of the first sentence of chapter 6, paragraph 77, on page 100.)

第七章

1. B. Meier, *Pain Killer*, New York: Random House, 2018.
2. J. Porter and H. Jick, "Addiction Rare in Patients Treated with Narcotics," *New England Journal of Medicine*, 1980; 302(2): 123. doi: 10.1056/NEJM198001103020221
3. P. T. M. Leung, E. M. Macdonald, M. B. Stanbrook, I. A. Dhalla, and D. N. Juurlink, "A 1980 Letter on the Risk of Opioid Addiction," *New England Journal of Medicine*, 2017; 376(22): 2194—2195. doi: 10.1056/NEJMc1700150
4. S. Quinones, *Dreamland*, New York: Bloomsbury Press, 2016.
5. Painful words: How a 1980 letter fueled the opioid epidemic. Stat May 31,2017. https://www.statnews.com/2017/05/31/opioid-epidemic-nejm-letter/
6. *County of Greenville, South Carolina, v. Rite Aid of South Carolina et al.*, C.A. No.: 2018-CP-23-01294, lawsuit, 2018.
7. *State of Ohio vs. Purdue Pharma et al.*, lawsuit, 2017. https://www.ohioattorneygeneral.gov/Files/Briefing- Room/News- Releases/Consumer- Protection/2017- 05- 31- Final-Complaint-with-Sig-Page.aspx
8. M. S. Greene and R. A. Chambers, "Pseudoaddiction: Fact or Fiction? An Investigation of

the Medical Literature," *Current Addiction Reports*, 2015; 2(4): 310—317. doi: 10.1007/s40429-015-0074-7

9. H. Ryan, L. Girion, and S. Glover, "You Want a Description of Hell?" OxyContin's 12-Hour Problem," *Los Angeles Times*, May 5, 2016.

10. C. Conrad, H. M. Bradley, D. Broz et al., "Community Outbreak of HIV Infection Linked to Injection Drug Use of Oxymorphone—Indiana, 2015,"*Morbidity and Mortality Weekly Report*, 2015; 64:1.

11. A. Schwartz and M. Smith, "Needle Exchange Is Allowed After H.I.V. Outbreak in an Indiana County," *New York Times*, March 26, 2015.

12. United States Food and Drug Administration, "FDA Requests Removal of Opana ER for Risks Related to Abuse," June 8, 2017. Available from:https://www.fda.gov/newsevents/newsroom/pressannouncements/ucm562401.htm

13. T. Caton and E. Perez, "A Pain-Drug Champion Has Second Thoughts," *Wall Street Journal*, December 17, 2012.

14. C. Ornstein and R. G. Jones, "Opioid Makers, Blamed for Overdose Epidemic, Cut Back on Marketing Payments to Doctors," *ProPublica*, June 28, 2018. https://www.propublica.org/article/opioid-makers-blamed-for-overdose-epidemic-cut-back-on-marketing-payments-to-doctors

15. A. Kessler, E. Chen, and K. Grise, "The More Opioids Doctors Prescribe, the More Money They Make," *CNN*, March 12, 2018. https://www.cnn.com/2018/03/11/health/prescription-opioid-payments-eprise

16. G. Chai, J. Xu, J. Osterhout et al., "New Opioid Analgesic Approvals and Outpatient Utilization of Opioid Analgesics in the United States, 1997 Through 2015," *Anesthesiology*, 2018; 128(5): 953—966. doi: 10.1097/ALN.0000000000002187

17. C. Peterson-Withorn, "Fortune of Family behind OxyContin Drops amid Declining Prescriptions," *Forbes*, January 29, 2016.

18. L. Scholl, P. Seth, M. Kariisa, N. Wilson, and G. Baldwin, "Drug and Opioid-Involved Overdose Deaths—United States, 2013—2017," *MMWR. Morbidity and Mortality Weekly Report*, 2018; 67(5152). doi: 10.15585/mmwr.mm6751521e1

19. G. M. Franklin, J. Mai, T. Wickizer, J. A. Turner, D. Fulton-Kehoe, and L. Grant, "Opioid Dosing Trends and Mortality in Washington State Workers' Compensation, 1996-2002," *American Journal of Industrial Medicine*, 2005; 48: 91—99.

20. J. Egan, "Children of the Opioid Epidemic," *New York Times*, May 9, 2018.

21. L. Radel, M. Baldwin, G. Crouse, R. Ghertner, and A. Waters, "Substance Use, the Opioid Epidemic, and the Child Welfare System: Key Findings from a Mixed Methods Study, *United States Department of Health and Human Services*, March 7, 2018. https://

aspe.hhs.gov/system/files/pdf/258836/SubstanceUseChildWelfareOverview.pdf
22. E. Birnbaum and M. Lora, "Opioid Crisis Sending Thousands of Children into Foster Care," *The Hill*, June 20, 2018.
23. D. Michaels and C. Levine. Estimates of the Number of Motherless Youth Orphaned by AIDS in the United States. *JAMA* 268:3456—3461, 1992.
24. *Commonwealth of Massachusetts v. Purdue Pharma L.P. et al., First Amended Complaint and Jury Demand*. https://www.documentcloud.org/documents/5715954-Massachusetts-AGO-Amended-Complaint-2019-01-31.html
25. M. K. Delgado, Y. Huang, Z. Meisel et al., "National Variation in Opioid Prescribing and Risk of Prolonged Use for Opioid-Naive Patients Treated in the Emergency Department for Ankle Sprains," *Annals of Emergency Medicine*, 2018. doi://doi.org/10.1016/j.annemergmed.2018.06.003
26. C. M. Jones, P. G. Lurie, and D. C. Throckmorton, "Effect of US Drug Enforcement Administration's Rescheduling of Hydrocodone Combination Analgesic Products on Opioid Analgesic Prescribing," *JAMA Internal Medicine*, 2016; 176 (3): 399—402. doi: 10.1001/jamainternmed.2015.7799

第八章

1. D. Michaels, "It Takes a Tragedy," *The Pump Handle*, April 20, 2007. https://thepumphandle.wordpress.com/2007/04/20/it-takes-a-tragedy/
2. J. Haughey, "Can Obama's Anti-Gun OSHA Pick Be Stopped?" *Outdoor Life*, September 2009. https://www.outdoorlife.com/blogs/gun-shots/2009/09/can-obamas-anti-gun-osha-pick-be-stopped
3. Occupational Safety and Health Administration, "Permissible Exposure Limits—Annotated Tables." https://www.osha.gov/dsg/annotated-pels/
4. G. Markowitz and D. Rosner, "The Reawakening of National Concerns About Silicosis," *Public Health Reports*, 1998; 113(4): 302—311.https://www.ncbi.nlm.nih.gov/pmc/articles/PMC1308386/
5. IARC Working Group on the Evaluation of Carcinogenic Risks to Humans, "Silica, Some Silicates, Coal Dust and Para-Aramid Fibrils: Lyon, 15—22 October 1996," *IARC Monographs on the Evaluation of Carcinogenic Risks to Humans*, 1997; 68: 1—475.
6. National Toxicology Program, *9th Report on Carcinogens*, Research Triangle Park, NC, 2000.
7. P. Hessel, J. Gamble, J. Gee et al., "Silica, Silicosis, and Lung Cancer: A Response to a Recent Working Group Report," *Journal of Occupational and Environmental Medicine*, 2000; 42(7): 704—720. doi: 10.1097/00043764-200007000-00005

8. P. A. Hessel, J. F. Gamble, and M. Nicolich, "Relationship Between Silicosis and Smoking," *Scandinavian Journal of Work, Environment & Health*, 2003; 29(5): 329—336. doi: 739 [pii]
9. Y. Liu, K. Steenland, Y. Rong et al., "Exposure-Response Analysis and Risk Assessment for Lung Cancer in Relationship to Silica Exposure: A 44-Year Cohort Study of 34,018 Workers," *American Journal of Epidemiology*, 2013; 178(9): 1424—1433. doi: 10.1093/aje/kwt139 [doi]
10. C. Monforton, "Congressman Tells OSHA Chief Not to Use "Buzz" Words Like Cancer," *The Pump Handle*, October 10, 2011.http://www.thepumphandle.org/2011/10/10/congressman-tells-osha-chief-n/#.XBu-5VVKiUl
11. Ibid.
12. K. Steenland and E. Ward, "Silica: A Lung Carcinogen," *CA: A Cancer Journal for Clinicians*, 2014; 64(1): 63—69. doi: 10.3322/caac.21214
13. L. Heinzerling, "Inside EPA: A Former Insider's Reflections on the Relationship Between the Obama EPA and the Obama White House," *Pace Environmental Law (PELR) Review*, 2013; 31 (325): 1—35. https://papers.ssrn.com/sol3/papers.cfm?abstract_id=2262337
14. J. Morris, "OSHA Rules on Workplace Toxics Stalled," May 19, 2014. https://publicintegrity.org/workers-rights/osha-rules-on-workplace-toxics-stalled
15. "The Dukes of Workplace Hazard," *Wall Street Journal*, February 10, 2014.
16. Comments of the American Chemistry Council Crystalline Chemistry Panel February 11, 2014.https://cdn.toxicdocs.org/Jr/Jr600RDOwr7xjGboXx1L6BRQv/Jr600RDOwr7xjGbo-Xx1L6BRQv.pdf
17. J. Plautz, "Trump's Air Pollution Adviser Actually Said That Clean Air Saves No Lives." Mother Jones October 27,2018.https://www.motherjones.com/environment/2018/10/tony-cox-trumps-air-pollution-adviser-clean-air-saves-no-lives/
18. Environmental Protection Agency, "Acting Administrator Wheeler Announces Science Advisors for Key Clean Air Act Committee," EPA Press release, October 10, 2018.
19. S. L. Sessions letter to J. Morrill, "Preliminary Letter Report of Environomics to the American Chemistry Council's Crystalline Silica Panel Regarding the Economic Impact of the Occupational Safety and Health Administration's Proposed Standard for Occupational Exposure to Respirable Crystalline Silica," February 7, 2014. https://cdn.toxicdocs.org/np/npGvj08kDEBb9LQqm3KaYa19G/npGvj08kDEBb9LQqm3KaYa19G.pdf
20. U.S. Congress, Office of Technology Assessment. Gauging control technology and regulatory impacts in occupational safety and health: An appraisal of OSHA's analytic approach OTA-ENV-635. Washington, DC: U.S. Government Printing Office, 1995.

21. K. A. Mundt, T. Birk, W. Parsons, et al., "Respirable Crystalline Silica Exposure-Response Evaluation of Silicosis Morbidity and Lung Cancer Mortality in the German Porcelain Industry Cohort," *Journal of Occupational and Environmental Medicine*, 2011; 53 (3): 282—289. doi: 10.1097/JOM.0b013e31820c2bff [doi]
22. See https://www.documentcloud.org/documents/2816931-Expert-Report-of-Mundt-in-Tobacco-Case.html
23. D. Michaels, C. Monforton, and P. Lurie, "Selected Science: An Industry Campaign to Undermine an OSHA Hexavalent Chromium Standard," *Environmental Health: A Global Access Science Source*, 2006; 5(1): 5.
24. Letter from Construction Safety Coalition to author, March 25, 2015. https://www.nahb.org/~/media/Sites/,-w-,NAHB%20Tagging/,-w-,NewFileUploadsSince2-4-15/243455-1-CISCNewReportreOccupationalExposuretoCrystallineSilica_DocketNo_20150326090937.ashx
25. J. F. Werling, "Crystalline Silica Preliminary Economic Analysis: Industry and Macroeconomic Impacts," *Inforum*, November 30, 2011. https://www.osha.gov/silica/Employment_Analysis.pdf
26. 2 North America's Building Trades Unions v. Occupational Safety and Health Admin., et al., No. 16—1105 (D.C. Cir. Dec. 22, 2017), available athttps://www.cadc.uscourts.gov/internet/opinions.nsf/03C747A5AB141C90852581FE0055A642/$file/16-1105-1710179.pdf
27. H. Berkes, H. Jingnan and R. Benincasa, "An Epidemic Is Killing Thousands of Coal Miners. Regulators Could Have Stopped It," *All Things Considered*, December 18, 2018. https://www.npr.org/2018/12/18/675253856/an-epidemic-is-killing-thousands-of-coal-miners-regulators-could-have-stopped-it

第九章

1. Technology Planning and Management Corporation, *Draft Report on Carcinogens Background Document for Talc Asbestiform and Non-Asbestiform*, December 2000, https://ntp.niehs.nih.gov/ntp/roc/zarchive/talc/roctalcbg20001213.pdf
2. R. Patric. "Talc Cancer Verdict of $4.6 Billion from St. Louis Jury Sends 'Very Powerful Message.'" *St. Louis Post-Dispatch*, July 13, 2018.
3. G. Lichtenstein. "High Levels of Asbestos Found in 3 Paints and 2 Talcums Here," *New York Times*, June 6, 1972.
4. R. C. Rabin and T. Hsu, "Johnson & Johnson Feared Baby Powder's Possible Asbestos Link for Years," *New York Times*, December 14, 2018.
5. For the investigative reports, see: L. Girion, "Johnson & Johnson Knew for Decades That

Asbestos Lurked in Its Baby Powder," *Reuters*, December 14, 2018; R. C. Rabin, T. Hsu, "Johnson & Johnson Feared Baby Powder's Possible Asbestos Link for Years," *New York Times*, December 14, 2018; and S. Berfield, J. Feeley, and M. C. Fisk, "Johnson & Johnson Has a Baby Powder Problem," *Bloomberg Business Week*, March 31, 2016.

6. D. Cramer, W. Welch, R. Scully, and C. Wojciechowski, "Ovarian Cancer and Talc: A Case - Control Study," *Obstetrical & Gynecological Survey*, 1982; 37 (11): 686. doi: 10.1097/00006254-198211000-00018

7. International Agency for Research on Cancer IARC monographs on the evaluation of carcinogenic risk of chemicals to humans, Vol. 42, Silica and some silicates. IARC, Lyon 1987.

8. National Toxicology Program, "Toxicology and Carcinogenesis Studies of Talc (CAS No. 14807-96-6)(Non-Asbestiform) in F344/N Rats and B6C3F1 Mice (Inhalation Studies)," TR-421, Research Triangle Park, NC, 1993.

9. S. Jarvis, "Narrative Talc—NTP Regulatory Challenge," undated.https://cdn.toxicdocs.org/Ex/Exmq1jEdzYROem001v62NM7Jx/Exmq1jEdzYROem001v62NM7Jx.pdf

10. E. K. Ong and S. A. Glantz, "Constructing 'Sound Science' and 'Good Epidemiology': Tobacco, Lawyers, and Public Relations Firms," *American Journal of Public Health*, 2001; 91(11): 1749-1757. doi: 10.2105/AJPH.91.11.1749

11. R. Zazenski to R. Bernstein, R. Meli, and E. Turner, "CTFA Conference Call Minutes," October 18, 2000.https://cdn.toxicdocs.org/6R/6ROa8EoRzQzdgMXkLNb8QjEaE/6ROa8EoRzQzdgMXkLNb8QjEaE.pdf and D. L. Peters to E. D. Holland, *Ingham, et al. v. Johnson & Johnson, et al.*, December 1, 2016 (containing invoice of months October 2000 through January 2001.) https://cdn.toxicdocs.org/j8/j82NDep9kDm950MxOZY71pQR/j82NDep9kDm950MxOZY71pQR.pdf

12. S. D. Gettings to A. P. Wehner, October 18, 1993. https://cdn.toxicdocs.org/Ex/Exwp6yBYEkDZJkd7mnneGjq4g/Exwp6yBYEkDZJkd7mnneGjq4g.pdf

13. For a sample of Wehner's work for the tobacco industry, see: E. I. Alpen, M. G. Bissell, M. J. Cline et al., "Critiques of EPA External Review Draft 600/6-90/006A. Health Effects of Passive Smoking: Assessment of Lung Cancer in Adults and Respiratory Disorders in Children," Biomedical & Environmental Consultants, Inc., 1991. https://www.toxicdocs.org/d/xz3EKkKZ5LkXwXmaMYebLr7q0; and T. Hockaday to H. Bryan, GCI Group London. International Meeting in Europe on Sound Science, May 9, 1994.https://www.industrydocumentslibrary.ucsf.edu/tobacco/docs/#id=yrwb0084. and Biomedical & Engineering Consults, Inc. Proposal to the R.J. Reynolds Tobacco Company, November 11, 1990.https://cdn.toxicdocs.org/qk/qkgwZOv8V1M6YwnDJqxzMaK3k/qkgwZOv8V1M6YwnDJqxzMaK3k.pdf

14. A. P. Wehner, "Biological Effects of Cosmetic Talc," *Food and Chemical Toxicology*, 1994; 32(12): 1173—1184.
15. A. P. Wehner to L. J. Loretz. November 2, 2000. https://cdn.toxicdocs.org/Qg/QgnNaYnDkV23B8k61XL9xbRG6/QgnNaYnDkV23B8k61XL9xbRG6.pdf
16. R. Zazenski to E. Turner, "RE: Drafting of the EUROTALC submission to NTP," November 13, 2000. https://cdn.toxicdocs.org/3J/3JmOnNyr5wqdb683EMBV4yagE/3JmOnNyr5wqdb683EMBV4yagE.pdf
17. Daniel M. Cook, Lisa A. Bero, "Identifying Carcinogens: the Tobacco Industry and Regulatory Politics in the United States," *International Journal of Health Services: Planning, Administration, Evaluation*, 2006; 36(4): 747—766.
18. J. J. Tozzi to R. J. Zazenski. November 27, 2000. https://cdn.toxicdocs.org/OJ/OJD7EoyJz1oYg64nkvKz4ExzK/OJD7EoyJz1oYg64nkvKz4ExzK.pdf
19. S. Sharma to M. Greene, "RE: Contractors," October 3, 2011. https://cdn.toxicdocs.org/5k/5kk8RLXp637w98Jv5mVM7JGZe/5kk8RLXp637w98Jv5mVM7JGZe.pdf
20. P. K. Mills, D. G. Riordan, R. D. Cress, and H. A. Young, "Perineal Talc Exposure and Epithelial Ovarian Cancer Risk in the Central Valley of California," *International Journal of Cancer*, 2004; 112(3): 458—464. doi: 10.1002/ijc.20434; also, see H. Langseth, S. E. Hankinson, J. Siemiatycki, E. Weiderpass, "Perineal Use of Talc and Risk of Ovarian Cancer," *Journal of Epidemiology and Community Health* (1979-). 2008; 62(4): 358-360. doi: 10.1136/jech.2006.047894
21. W. G. Kelly Jr. to M. S. Wolfe. November 29, 2000. https://cdn.toxicdocs.org/DG/DGEyeM5kjoYznQYw8qX9xexVQ/DGEyeM5kjoYznQYw8qX9xexVQ.pdf
22. National Toxicology Program, *Summary Minutes of the National Toxicology Program Board of Scientific Counselors Report on Carcinogens Subcommittee Meeting*, December 2000. https://ntp.niehs.nih.gov/ntp/roc/twelfth/draftbackgrounddocs/minutes20001213.pdf
23. R. Bernstein to R. Zazenski, "RE: Summary of CRE Meeting—Dec. 15," January 4, 2001. https://cdn.toxicdocs.org/v2/v2OjXgqx4DZ5mgjKjp06Vav8/v2OjXgqx4DZ5mgjKjp06Vav8.pdf
24. S. Mann to S. Colamarino, C. Linares, and K. O'Shaughnessy, "FW: Talc/NTP-Zazenski," October 7, 2004. https://cdn.toxicdocs.org/KG/KG5nNveQGVvBYnz6159dwBkBN/KG5nNveQGVvBYnz6159dwBkBN.pdf
25. S. Jarvis, "Narrative Talc—NTP Regulatory Challenge," undated. https://cdn.toxicdocs.org/Ex/Exmq1jEdzYROem001v62NM7Jx/Exmq1jEdzYROem001v62NM7Jx.pdf
26. R. Bernstein R to Zazenski R. "RE: Summary of CRE Meeting—Dec. 15." January 4, 2001. https://cdn.toxicdocs.org/v2/v2OjXgqx4DZ5mgjKjp06Vav8/v2OjXgqx4DZ5mgjKjp

06Vav8.pdf
27. C. Stenneler to E. Turner, R. Zazenski, D. Harris, J. Godla, and J. Roeser. "RE: Confidential—NTP Update and Issues," October 29, 2001. https://cdn.toxicdocs.org/Oz/OzQJ852aB186ZJ5qpd3vxj0e/OzQJ852aB186ZJ5qpd3vxj0e.pdf
28. J. J. Tozzi to K. Olden, April 15, 2002. https://cdn.toxicdocs.org/12/120LJwKn2dmjKgb290nk28OZ/120LJwKn2dmjKgb290nk28OZ.pdf
29. W. G. Kelly Jr. to K. Weems, U.S. Department of Health and Human Services. March 3, 2004. https://cdn.toxicdocs.org/X1/X18pkxM5oeadVkMVZj7RMKkG/X18pkxM5oeadVkMVZj7RMKkG.pdf
30. R. Zazenski to S. Mann, "OMB Letter." January 6, 2005. https://cdn.toxicdocs.org/8R/8R7XZwmeOOGqReNXeMm1qxLy5/8R7XZwmeOOGqReNXeMm1qxLy5.pdf
31. A. P. Wehner, "Cosmetic Talc Should Not Be Listed as a Carcinogen: Comments on NTP's Deliberations to List Talc as a Carcinogen," *Regulatory Toxicology and Pharmacology: RTP*, 2002; 36(1): 40–50.
32. R. Zazenski to S. Mann, "More Intelligence," January 12, 2005. https://cdn.toxicdocs.org/2J/2J84VLm4nRj99bonq17e4rKwL/2J84VLm4nRj99bonq17e4rKwL.pdf
33. P. Sterchele to S. Mann, "FW: NTP Withdraws Talc Nomination," October 19, 2005. https://cdn.toxicdocs.org/wg/wgoJwXXbnZ5pm5MRXjgJjEpN4/wgoJwXXbnZ5pm5MRXjgJjEpN4.pdf
34. R. Penninkilampi and G. Eslick, "Perineal Talc Use and Ovarian Cancer: A Systematic Review and Meta-Analysis," *Epidemiology*, 2018; 29 (1): 41—49. doi: 10.1097/EDE.0000000000000745
35. R. Bernstein to R. Zazenski, "RE: Summary of CRE Meeting—Dec. 15." January 4, 2001. https://cdn.toxicdocs.org/v2/v2OjXgqx4DZ5mgjKjp06Vav8/v2OjXgqx4DZ5mgjKjp06Vav8.pdf
36. Statista, "Market Value of Glyphosate Worldwide from 2016 to 2022," Statista, the Statistics Portal, 2018. https://www.statista.com/statistics/791062/global-glyphosate-market-value
37. Monsanto, "Exhibit 42—IARC Carcinogen Rating of Glyphosate Preparedness and Engagement Plan," UCSF Library, Chemical Industry Documents, 2015. https://www.industrydocumentslibrary.ucsf.edu/chemical/docs/#id=xhmn0226
38. K. Z. Guyton, D. Loomis, Y. Grosse, et al. "Carcinogenicity of Tetrachlorvinphos, Parathion, Malathion, Diazinon, and Glyphosate," *Lancet Oncology* 2015; 16(5): 490—491.
39. C. Gillam, *Whitewash. The Story of a Weed Killer, Cancer, and the Corruption of Science*, Island Press, 2017.
40. S. Foucart and S. Horel, "Glyphosate: How Monsanto Conducts Its Media War," *Le*

Monde, January 31, 2019.

41. Spinning Science & Silencing Scientists: A Case Study in How the Chemical Industry Attempts to Influence Science. Minority Staff Report, Prepared for Members of the Committee on Science, Space & Technology U.S. House of Representatives February 2018. https://science.house.gov/sites/democrats.science.house.gov/files/documents/02.06.18%20-%20Spinning%20Science%20and%20Silencing%20Scientists_0.pdf Many documents detailing Monsanto's efforts to counter IARC's conclusion are posted on the web. For example, see: https://tobacco.ucsf.edu/ucsf-chemical-industry-documents-adds-monsanto-papers-and-agrichemical-industry-documents

42. C. Hiar, "Under Fire by U.S. Politicians, World Health Organization Defends Its Claim That an Herbicide Causes Cancer," *Science*, February 2018. http://www.sciencemag.org/news/2018/02/who-rebuts-house-committee-criticisms-about-glyphosate-cancer-warning

43. California Office of Environmental Health Hazard Assessment. "Final Statement of Reasons: Glyphosate," https://oehha.ca.gov/media/downloads/crnr/glyphosatensrlfsor041018.pdf

44. E. T. Chang and E. Delzell, "Systematic Review and Meta-Analysis of Glyphosate Exposure and Risk of Lymphohematopoietic Cancers," *Journal of Environmental Science and Health. Part B, Pesticides, Food Contaminants, and Agricultural Wastes*. 2016; 51(6): 402—434.

45. N. Donley, B. Freese, E. Marquez et al. to Editors of *Critical Reviews in Toxicology*. "Dear Editors of *Critical Reviews in Toxicology*." https://www.biologicaldiversity.org/campaigns/pesticides_reduction/pdfs/Retraction_letter_to_Critical_Reviews_in_Toxicology.pdf

46. J. Rosenblatt, P. Waldman, and L. Mulvany, "Monsanto's Role in Roundup Safety Study Is Corrected by Journal," *Bloomberg*. September 27, 2018.

47. Editor-in-Chief and Publisher "Expression of Concern," *Critical Reviews in Toxicology*, DOI: 10.1080/10408444.2018.1522786

第十章

1. Q. Di, Y. Wang, Y. Wang et al., "Air Pollution and Mortality in the Medicare Population," *New England Journal of Medicine*, 2017; 376(26): 2513—2522. doi: 10.1056/NEJMoa1702747

2. J. Ewing, *Faster, Higher, Farther*, New York; London: W. W. Norton & Company, 2017.

3. G. P. Chossière, R. Malina, A. Ashok, et al., "Public Health Impacts of Excess NOx Emissions from Volkswagen Diesel Passenger Vehicles in Germany," 2017. doi: 10.1088/

1748-9326/aa5987

4. S. R. H. Barrett, R. L. Speth, S. D. Eastham et al., "Impact of the Volkswagen Emissions Control Defeat Device on US Public Health," *Environmental Research Letters*, 2015, 10 (11): 114005. doi: 10.1088/1748-9326/10/11/114005

5. J. Ewing, "Audi, Admitting to Role in Diesel-Cheating Scheme, Agrees to Pay Major Fine," *New York Times*, October 16, 2018.

6. E. C. Evarts, "VW Bought Back 300,000 Cars After Its Dieselgate Scandal—and Now They're Sitting in 37 Parking Lots Around the US," *Business Insider*, April 18, 2018.

7. C. Rauwald, "VW Agrees to $1.2 Billion Fine as Diesel Crisis Grinds On," *Bloomberg Wire Service*, June 14, 2018.

8. H. Dae-sun, "Audi Volkswagen Korea Criticized After Publically Apologizing for Emissions Scandal," *Hankyoreh*, April 8, 2018.

9. R. Muncrief, "NOx Emissions from Heavy-Duty and Light-Duty Diesel Vehicles in the EU: Comparison of Real-World Performance and Current Type-Approval Requirements," *International Council on Clean Transportation*, 2017. https://www.theicct.org/sites/default/files/publications/Euro-VI-versus-6_ICCT_briefing_06012017.pdf

10. United States Environmental Protection Agency, "News Releases from Headquarters: EPA Notifies Fiat Chrysler of Clean Air Act Violations," January 2017. https://19january2017snapshot.epa.gov/newsreleases/epa-notifies-fiat-chrysler-clean-air-act-violations_.html

11. G. Guillaume and L. Frost, "Renault CEO Ghosn Targeted in French Diesel Probe," *Reuters*, March 15, 2017.

12. A. Sage, "Peugeot Chiefs 'Approved Cheat Devices on 2m Vehicles,'" *Times* (London, England), September 9, 2017.

13. A. White, "VW, BMW, Daimler Face EU Probe Over Clean-Car Collusion," *Bloomberg*, September 18, 2018.

14. European Research Group on Environment and Health in the Transport Sector, "Our Task," EUGT, August 2013.http://web.archive.org/web/20130831020508/http://eugt.org/index.php/start-en.html

15. F. Dohmen, V. Hackenbroch, S, Hage, N. Klawitter, H. Knuth, and G. Traufetter, "A Monkey on Their Back: German Carmakers Have Lost All Moral Standing," *Spiegel Online*, February 2, 2018.

16. M. Spallek to J. McDonald, "AW:," June 11, 2013. https://cdn.toxicdocs.org/yr/yr4rBk6Z8Kykk2ZNXyMeL4E9d/yr4rBk6Z8Kykk2ZNXyMeL4E9d.pdf

17. P. Morfeld, D. A. Groneberg, and M. F. Spallek, "Effectiveness of Low Emission Zones: Large Scale Analysis of Changes in Environmental NO2, NO and NOx Concentrations in

17 German Cities," *PLoS ONE*, 2014; 9 (8): e102999. https://doi.org/10.1371/journal.pone.0102999

18. For information on European Low Emissions Zones, see Urban Access Regulations in Europe website: http://urbanaccessregulations.eu/

19. K. S. Crump, C. Van Landingham, S. H. Moolgavkar et al., "Reanalysis of the DEMS Nested Case-Control Study of Lung Cancer and Diesel Exhaust: Suitability for Quantitative Risk Assessment," *Risk Analysis*, 2015; 35(4): 676—700.

20. P. Morfeld, "Diesel Exhaust in Miners Study: How to Understand the Findings?" *Journal of Occupational Medicine and Toxicology*, 2012; 7(1): 10. doi: 10.1186/1745-6673-7-10 and [20] D. Pallapies, D. Taeger, F. Bochmann, and P. Morfeld, "Comment: Carcinogenicity of Diesel-Engine Exhaust (DE),"*Archives of Toxicology*, 2013; 87(3): 547—549. doi: 10.1007/s00204-012-0955-7

21. B. Stertz to L. Kata and S. Johnson, "FW: Diesel WHO Report Reaction?" June 12, 2012.https://cdn.toxicdocs.org/Em/EmvoKX47veXVqnB3vegnyV9N/EmvoKX47veXVqnB3vegnyV9N.pdf

22. F. Dohmen, V. Hackenbroch, S, Hage, N. Klawitter, H. Knuth, and G. Traufetter, "A Monkey on Their Back: German Carmakers Have Lost All Moral Standing," *Spiegel Online*, February 2, 2018.

23. Signed agreement between the Europäische Forschungsvereinigung für Umwelt und Gesundheit im Transportsektor (EUGT) and the Lovelace Respiratory Research Institute (LRRI) https://cdn.toxicdocs.org/x5/x52QJ3k0b271gZM2DRpyaNLk6/x52QJ3k0b271gZM2DRpyaNLk6.pdf

24. F. Davidoff, C. D. DeAngelis, J. M. Drazen et al. "Sponsorship, Authorship, and Accountability," *New England Journal of Medicine*, 2001; 345 (11): 825—827. doi: 10.1056/NEJMed010093

25. J. Ewing, "10 Monkeys and a Beetle: Inside VW's Campaign for 'Clean Diesel,'" *New York Times*, January 25, 2018.

26. J. McDonald to M. Spallek, "RE: Scanned Image from Gilligan," April 10, 2014.https://cdn.toxicdocs.org/jy/jyOqMYbRz1jGpnxRrwdQbzYqp/jyOqMYbRz1jGpnxRrwdQbzYqp.pdf

27. H. Irshad to J. McDonald, "FW: Drive Recorder-Signal Booster." November 10, 2014. https://cdn.toxicdocs.org/zd/zdoX80pbmJkyN3ZKGedMOVwog/zdoX80pbmJkyN3ZKGedMOVwog.pdf

28. Deposition of S. Johnson, August 8, 2017. https://cdn.toxicdocs.org/qk/qknpOabpodnYR22DaL3DYvGaR/qknpOabpodnYR22DaL3DYvGaR.pdf

29. Depositionof J.McDonald, August 16, 2017. https://cdn.toxicdocs.org/4J/4JVgzao-

ZLMK0pYmGEJVy5NnrR/4JVgzaoZLMK0pYmGEJVy5NnrR.pdf
30. F. Dohmen, V. Hackenbroch, S, Hage, N. Klawitter, H. Knuth, and G. Traufetter, "A Monkey on Their Back: German Carmakers Have Lost All Moral Standing," *Spiegel Online*, February 2, 2018.
31. J. Brower to M. Doyle-Eisele, H. Irshad, and J. McDonald, "RE: EUGT abstract," October 7, 2015.https://cdn.toxicdocs.org/2a/2aw95Q83bQQxgXLyKeQ6KwmN/2aw95Q83bQQxgXLyKeQ6KwmN.pdf
32. J. Brower, H. Irshad, M. Doyle-Eisele, Y. Tesfaigzi and J. McDonald, "Exposures to Old Technology Diesel Emissions to Evaluate Biological Response in Non-Human Primates." Society of Toxicology 2016 Annual Meeting Abstract Supplement: Late Breaking Abstract Submissions.http://www.toxicology.org/events/am/AM2016/docs/2016_LB_Supplement.pdf
33. J. Brower to J. McDonald, "EUGT Report" November 25, 2015.https://cdn.toxicdocs.org/3N/3N98BRQE3oj5pdDpMpxEmY16y/3N98BRQE3oj5pdDpMpxEmY16y.pdf
34. P. Morfeld and M. Spallek, "Diesel Engine Exhaust and Lung Cancer Risks Evaluation of the Meta-Analysis by Vermeulen et al. 2014," *Journal of Occupational Medicine and Toxicology*, 2015; 10(1): 31. doi: 10.1186/s12995-015-0073-6 and P. Morfeld, U. Keil, and M. Spallek, "The European 'Year of the Air': Fact, Fake or Vision?" *Archives of Toxicology*, 2013; 87(12): 2051—2055. doi: 10.1007/s00204-013-1140-3
35. N. Sawyer to J. Maestas, "EUGT," August 17, 2016. https://cdn.toxicdocs.org/Rj/RjXvedQJeJyjLboRGEyRO9Q8/RjXvedQJeJyjLboRGEyRO9Q8.pdf
36. Deposition of J. McDonald, October 31, 2017. https://cdn.toxicdocs.org/4J/4JVgzaoZLMK0pYmGEJVy5NnrR/4JVgzaoZLMK0pYmGEJVy5NnrR.pdf
37. J. McDonald to M. J. Campen, "FY14-050_EUGT NHP Diesel Report_23Nov2015," August 29, 2016.https://cdn.toxicdocs.org/a1/a1ZkgEm1RKXDzjQ1rqVDJoe0M/a1ZkgEm1RKXDzjQ1rqVDJoe0M.pdf
38. J. McDonald to M. Spallek, "RE: New Proposal Diesel Inhalation Study," February 8, 2017.https://cdn.toxicdocs.org/oe/oeYXgXqdkk5pEdEV6Xm6LzZbD/oeYXgXqdkk5pEdEV6Xm6LzZbD.pdf
39. J. Ewing, "10 Monkeys and a Beetle: Inside VW's Campaign for 'Clean Diesel,'" *New York Times*, January 25, 2018.
40. J. McDonald to S. Johnson, June 30, 2017. https://cdn.toxicdocs.org/vB/vBVNdJpxv12QrVkb3gJGqg5Oq/vBVNdJpxv12QrVkb3gJGqg5Oq.pdf
41. "VW, BMW and Daimler Denounce Toxic Diesel Fume Tests on Monkeys," *Deutsche Welle*, January 28, 2018.
42. S. Marks, and J. Posaner, "Monkeygate Doctor Says Car Firms Were Not Kept in

Dark," *Politico*, January 31, 2018. And "Automanager Should Have Approved Test." *Spiegel Online*, January 30, 2018

43. SEC complaint available from: https://www.sec.gov/files/complaint-2019-03-14_0.pdf
44. "Volkswagen Engineer Gets Prison in Diesel Cheating Case," *New York Times*, August 25, 2017.
45. J. Ewing, "Audi, Admitting to Role in Diesel-Cheating Scheme, Agrees to Pay Major Fine," *New York Times*, October 16, 2018.

第十一章

1. S. Begley, "The Truth About Denial," n.d. http://www.sharonlbegley.com/global-warming-deniers-a-well-funded-machine
2. G. Monbiot, "Climate Breakdown," October 4, 2013. https://www.monbiot.com/2013/10/04/climate-breakdown/
3. D. Furchtgott-Roth, "Testimony by Diana Furchtgott-Roth on Climate Change," Manhattan Institute for Policy Research, July 18, 2013. https://www.manhattan-institute.org/html/testimony-diana-furchtgott-roth-climate-change-6091.html
4. D. Furchtgott-Roth, "New Congress Breaks into Action with Smart Bills," Manhattan Institute for Policy Research Economics 21, April 17, 2015. https://economics21.org/html/new-congress-breaks-action-smart-bills-1301.html
5. National Oceanic and Atmospheric Administration, *Global Climate Report—Annual 2018*. https://www.ncdc.noaa.gov/sotc/global/201813
6. J. Cook, N. Oreskes, P. T. Doran et al. Consensus on Consensus: A Synthesis of Consensus Estimates on Human-Caused Global Warming. *Environmental Research Letters*. 2016; 11(4):48002. doi: 10.1088/1748-9326/11/4/048002.
7. S. J.Inhofe, *The Greatest Hoax: How the Global Warming Conspiracy Threatens Your Future*, New York: Midpoint Trade Books, 2012.
8. R. Savransky, "Dem Senator: GOP the Only Major Political Party Dedicated to Making Climate Change Worse," *The Hill* April 8, 2018.
9. C. Borick, B. G. Rabe, N. B. Fitzpatrick, and S. B. Mills. "As Americans Experienced the Warmest May on Record Their Acceptance of Global Warming Reaches a New High," *Issues in Energy and Environmental Policy*, July 2018; 37. http://closup.umich.edu/files/ieep-nsee-2018-spring-climate-belief.pdf
10. B. Dawson, "The Beat: The Roots of Conservatives' Environmental View," *Society of Environmental Journalists*, November 15, 2008. https://www.sej.org/publications/sejournal/the-beat-the-roots-conservatives-environmental-view
11. N. Oreskes and E. M. Conway, *Merchants of Doubt*, New York: Bloomsbury Press, 2010,

129.

12. Science & Environmental Policy Project, "Testimony of Dr. S. Fred Singer, Atmospheric Physicist; President, the Science & Environmental Policy Project: To the House Commerce Committee Subcommittee on Oversight and Investigations, August 1, 1995. https://research.greenpeaceusa.org/?a=download&d=3326

13. U.S Department of State, "The Montreal Protocol on Substances That Deplete the Ozone Layer." https://2009-2017.state.gov/e/oes/eqt/chemicalpollution/83007.htm

14. J. Tozzi, "Multinational Business Services Inc., to J. Boland, T. Borelli, and T. Lattanzio," December 29, 1993. https://www.industrydocumentslibrary.ucsf.edu/tobacco/docs/#id=kmxg0117

15. G. Vaidyanathan, "Think Tank That Cast Doubt on Climate Change Science Morphs into Smaller One, *E&E News*, December 10, 2015. https://www.eenews.net/stories/1060029290

16. CO_2 Coalition. http://co2coalition.org/

17. G. Supran and N. Oreskes, "Assessing ExxonMobil's Climate Change Communications (1977—2014)," *Environmental Research Letters*, 2017; 12 (8): 84019. doi: 10.1088/1748-9326/aa815f; Climate Investigators Center, "Shell Climate Documents." https://climateinvestigations.org/shell-oil-climate-documents/And B. Franta, "Early Oil Industry Knowledge of CO_2 and Global Warming," *Nature Climate Change*, 2018; 8 (12): 1024—1025. doi: 10.1038/s41558-018-0349-9

18. J. Mayer, *Dark Money*, New York: Doubleday, 2016.

19. J. Nesbit, *Poison Tea: How Big Oil and Big Tobacco Invented the Tea Party and Captured the GOP*, New York: St. Martin's Press, 2016.; and A. Fallin, R. Grana, and S. A. Glantz, "'To Quarterback Behind the Scenes, Third-Party Efforts': The Tobacco Industry and the Tea Party," *Tobacco Control*, 2014; 23(4): 322—331. doi: 10.1136/tobaccocontrol-2012-050815

20. Mackinac Center for Public Policy. https://www.mackinac.org/about; Koch funding is documented here: https://www.sourcewatch.org/index.php/Mackinac_Center_for_Public_Policy

21. Good Jobs First, "Subsidy Tracker Parent Company Summary." https://subsidytracker.goodjobsfirst.org/parent/koch-industries

22. E. Scheyder, "Exxon CEO Urges New York Prosecutor to Rethink Climate Change Probe," *Reuters*, May 30, 2018.

23. E. Negin, "Why is ExxonMobil Still Funding Climate Science Denier Groups?" August 31, 2018. https://blog.ucsusa.org/elliott-negin/exxonmobil-still-funding-climate-science-denier-groups

24. R. J. Brulle, "The Climate Lobby: A sectoral Analysis of Lobbying Spending on Climate Change in the USA, 2000 to 2016," *Climatic Change*, 2018; 149(3-4): 289—303. doi: 10.1007/s10584-018-2241-z

25. A. Parker, P. Rucker, and M. Birnbaum, "Inside Trump's Climate Decision: After Fiery Debate, He 'Stayed Where He's Always Been,'" *Washington Post*, June 2, 2017.

26. C. Davenport and E. Lipton, "How G.O.P. Leaders Came to View Climate Change as Fake Science," *New York Times*, June 3, 2017.

27. E. Bolstad, "How Steve Bannon is Shaping Trump's Views on 'Climate Change,'" *E&E News*, November 18, 2016. https://www.eenews.net/stories/1060045998

28. DeSmog "Will Washington Post's Hiring of Former WSJ Opinion Editor Bring Climate Deniers to its Pages?" May 31, 2018. https://www.desmogblog.com/2018/05/31/washington-post-hiring-former-wsj-opinion-editor-mark-lasswell-climate-deniers

29. S. Waldman, "Lawmaker Says Tumbling Rocks Are Causing Seas to Rise," *Science*, May 17, 2018.

第十二章

1. A. M. Brandt, *The Cigarette Century*, New York: Basic Books, 2007.

2. R. Hockett, "Application to the TIRC," January 4, 1954. https://www.industrydocumentslibrary.ucsf.edu/tobacco/docs/#id=mgjn0041

3. C. E. Kearns, L. A. Schmidt, and S. A. Glantz, "Sugar Industry and Coronary Heart Disease Research: A Historical Analysis of Internal Industry Documents," *JAMA Internal Medicine*, September 12, 2016. doi:10.1001/jamainternmed.2016.5394

4. H. B. Hass, "What's New in Sugar Research? American Society of Sugar Beet Technologists." https://www.assbt-proceedings.org/ASSBT1954Proceedings/ASSBTVol8p15to22WhatsNewinSugarResearch.pdf

5. R. B. McGandy, D. M. Hegsted, and F. J. Stare, "Dietary Fats, Carbohydrates and Atherosclerotic Vascular Disease," *New England Journal of Medicine*, 1967; 277(4): 186—192, and R. B. McGandy, D. M. Hegsted, and F. J. Stare, "Dietary Fats, Carbohydrates and Atherosclerotic Vascular Disease," *New England Journal of Medicine*, 1967; 277(5): 245—247.

6. M. Nestle, "Food Industry Funding of Nutrition Research: The Relevance of History for Current Debates," *JAMA Internal Medicine*, 2016; 176(11): 1685—1686. doi: 10.1001/jamainternmed

7. D. M. Johns and G. M. Oppenheimer, "Was There Ever a 'Sugar Conspiracy'?" *Science*, 2018; 16(359)6377: 747—750. doi: 10.1126/science.aaq1618

8. P. Barlow, P. Serôdio, G. Ruskin, M. McKee, and D. Stuckler., "Science Organisations

and Coca-Cola's 'War' with the Public Health Community: Insights from an Internal Industry Document," *Journal of Epidemiology & Community Health*, 2018; 72(9): 1—3. doi:10.1136/jech-2017-210375

9. R. Applebaum to S. Blair, G. Hand, J. C. Peters et al., "Proposal for establishment of the Global Energy Balance Network," July 9, 2014.https://usrtk.org/wp-content/uploads/2018/03/Establishing-the-GEBN.pdf

10. The Global Energy Balance Network: Getting the Word Out. Share WIK, 2014.https://web.archive.org/web/20150820204330/http://www.sharewik.com/portfolio-items/the-global-energy-balance-getting-the-word-out/

11. A. O'Connor, "Coca-Cola Funds Scientists Who Shift Blame for Obesity Away From Bad Diets," *New York Times*, August 9, 2015.

12. A. O'Connor, "Research Group Funded by Coca-Cola to Disband," *New York Times*, December 1, 2015.

13. A. O'Connor, "Coke Spends Lavishly on Pediatricians and Dietitians," *New York Times*, September 28, 2015.

14. P. Matos Serodio, D. Stuckler, M. Mckee, and D. Cohen, "OP76 Corporate Funding of Scientific Research: A Case Study of Coca-Cola," *Journal of Epidemiology and Community Health*, 2016; 70(Suppl 1): A43. doi: 10.1136/jech-2016-208064.76

15. M.F. Jacobson and W. Willett "Coke's Skewed Message on Obesity: Drink Coke. Exercise More," *New York Times*, August 13, 2015.

16. D. C. Wilks, S. J. Sharp, U. Ekelund, S. G. Thompson, A. P. Mander et al., "Objectively Measured Physical Activity and Fat Mass in Children: A Bias-Adjusted. Meta-Analysis of Prospective Studies," *PLoS ONE*, 2011; 6 (2): e17205. doi:10.1371/journal.pone.0017205 And C. Cook and D. Schoeller, "Physical Activity and Weight Control: Conflicting Findings," *Current Opinion in Clinical Nutrition and Metabolic Care*, 2011; 14(5): 419—424. doi: 10.1097/MCO.0b013e328349b9ff

17. S. Caprio, "Calories from Soft Drinks—Do They Matter?" *New England Journal of Medicine*, 2012; 367(15): 1462—1463. doi: 10.1056/NEJMe1209884

18. "Beverage Industry Addresses Sugar-Sweetened Beverages and Obesity Articles in the *New England Journal of Medicine*." *BevNet*, September 26, 2012.https://www.bevnet.com/news/2012/beverage-industry-addresses-sugar-sweetened-beverages-and-obesity-articles-in-the-new-england-journal-of-medicine

19. C. Choi, "Nutrition for Sale: How Candy Makers Shape Nutrition Science," *Chicago Tribune*, June 2, 2016.

20. D. Schillinger, J. Tran, C. Mangurian, and C. Kearns. "Do Sugar-Sweetened Beverages Cause Obesity and Diabetes? Industry and the Manufacture of Scientific Controver-

sy," *Annals of Internal Medicine*, 2016; 165(12): 895—7.

21. L. I. Lesser, C. B. Ebbeling, M. Goozner, D. Wypij, and D. S. Ludwig, "Relationship Between Funding Source and Conclusion Among Nutrition - Related Scientific Articles." *PLoS Medicine*, 2007;4(1): e5. doi: 10.1371/journal.pmed.0040005

22. E. A. Litman, S. L. Gortmaker, C. B. Ebbeling, and D. S. Ludwig, "Source of Bias in Sugar-Sweetened Beverage Research: A Systematic Review," *Public Health Nutrition*, 2018; 21(12): 2345—2350. doi: 10.1017/S1368980018000575

23. M. Bes-Rastrollo, M. B. Schulze, M. Ruiz-Canela, and M. A. Martinez-Gonzalez, "Financial Conflicts of Interest and Reporting Bias Regarding the Association Between Sugar-Sweetened Beverages and Weight Gain: A Systematic Review of Systematic Reviews," *PLoS Medicine*, 2013; 10: e1001578 and J. Massougbodji, Y. Le Bodo, R. Fratu, and P. De Wals, "Reviews Examining Sugar-Sweetened Beverages and Body Weight: Correlates of Their Quality and Conclusions," *American Journal of Clinical Nutrition*, 2014; 99: 1096—104. For more on the funding effect in studies on food, see M. Nestle, *Unsavory Truth: How Food Companies Skew the Science of What We Eat*. New York: Basic Books, 2018.

24. S. Lerner, "The Teflon Toxin Part 2," *The Intercept*, August 17, 2015.

25. G. M. Williams, M. Aardema, J. Acquavella et al., "A Review of the Carcinogenic Potential of Glyphosate by Four Independent Expert Panels and Comparison to the IARC Assessment," *Critical Reviews in Toxicology*, 2016; 46(sup1): 3—20, and J. Acquavella, D. Garabrant, G. Marsh, T. Sorahan, and D. L. Weed, "Glyphosate Epidemiology Expert Panel Review: A Weight of Evidence Systematic Review of the Relationship Between Glyphosate Exposure and Non-Hodgkin's Lymphoma or Multiple Myeloma," *Critical Reviews in Toxicology*, 2016; 46(suppl): 28.

26. E. Conneely, American Chemistry Council, to Dr. M. A. Danello, U.S. Consumer Product Safety Commission, September 9, 2014.https://www.cpsc.gov/s3fs-public/2014-09-09_ACC_Letter_to_CPSC_Dr_Danello.pdf

27. D. L. Weed, M. D. Althuis, and P. J. Mink, "Quality of Reviews on Sugar-Sweetened Beverages and Health Outcomes: A Systematic Review," *American Journal of Clinical Nutrition*, 2011; 94: 1340—7.

28. V. S. Malik and F. B. Hu, "Sugar-Sweetened Beverages and Health: Where Does the Evidence Stand?" *American Journal of Clinical Nutrition*, 2011; 94: 1161—62.

29. Sugar Association, "2015 Dietary Guidelines for Americans Recommendation for Added Sugars Intake: Agenda Based, Not Science Based," January 7, 2016. https://web.archive.org/web/20180222140805/https://www.sugar.org/2015-dietary-guidelines-for-americans-recommendation-for-added-sugars-intake-agenda-based-not-science-based/

30. M. Nestle, "Food Industry Funding of Nutrition Research: The Relevance of History for Current Debates," *JAMA Internal Medicine*, 2016; 176(11): 1685—1686. doi: 10.1001/jamainternmed. For more of Nestle's important work, see M. Nestle, "Food Company Sponsorship of Nutrition Research and Professional Activities: A Conflict of Interest? *Public Health Nutrition* 2001; 4:1015—1022. doi:10.1079/PHN2001253 and M. Nestle, *Unsavory Truth: How Food Companies Skew the Science of What We Eat*. New York: Basic Books, 2018.

31. J. Belluz, "Dark Chocolate Is Now a Health Food. Here's How That Happened," *Vox*, August 20, 2018.

32. E. Wyatt, "Regulators Call Health Claims in Pom Juice Ads Deceptive," *New York Times*, September 27, 2010.

33. L. Hurley, "U.S. Top Court Rejects POM Wonderful Appeal over Ads," *Reuters*, May 2, 2016.

34. K. D. Brownell and K. E. Warner, "The Perils of Ignoring History: Big Tobacco Played Dirty and Millions Died. How Similar Is Big Food?" *Milbank Quarterly*, 2009; 87(1): 259—294.

35. United States Department of Agriculture, "Research and Promotion." https://www.ams.usda.gov/rules-regulations/research-promotion

36. Centers for Disease Control and Prevention, "Economic Trends in Tobacco," May 4, 2018.https://www.cdc.gov/tobacco/data_statistics/fact_sheets/economics/econ_facts/index.htm

37. K. D. Brownell, T. Farley, W. C. Willett et al., "The Public Health and Economic Benefits of Taxing Sugar-Sweetened Beverages, *New England Journal of Medicine*, 2009; 361: 1599—1605.

38. M. Nestle, *Soda Politics: Taking on Big Soda (and Winning)*, New York: Oxford University Press, 2015.

39. S. A. Roache and L. O. Gostin, "The Untapped Power of Soda Taxes: Incentivizing Consumers, Generating Revenue, and Altering Corporate Behavior,"*International Journal of Health Policy and Management*, 2017; 6(9): 489—3. doi:10.15171/ijhpm.2017.69 And C. Sorensen, A. Mullee, and H. Duncan, "Soda Taxes: Old and New," *Tax Advisor*, June 1, 2017. https://www.thetaxadviser.com/issues/2017/jun/soda-taxes.html

40. M. A. Cochero, J. R. Rivera-Dommarco, B. N. Popkin, and S. W. Ng, "In Mexico, Evidence of Sustained Consumer Response Two Years After Implementing a Sugar-Sweetened Beverage Tax," *Health Affairs*, 2017; 36(3): 564—71. doi:10.1377/hlthaff.2016.1231

41. J. Falbe, H. R. Thompson, C. M. Becker, N. Rojas, C. E. McCulloch, and K. A. Madsen. "Impact of the Berkeley Excise Tax on Sugar Sweetened Beverage Consumption," *Ameri-*

can *Journal of Public Health*, 2016; 106(10): 1865-1871. doi:10.2105/AJPH.2016.303362

42. Y. Zhong, A. H. Auchincloss, B. K. Lee, and G. P. Kanter, "The Short-Term Impacts of the Philadelphia Beverage Tax on Beverage Consumption," *American Journal of Preventive Medicine*, 2018; 55(1): 26—34. doi: 10.1016/j.amepre.2018.02.017

43. C. Sorensen, A. Mullee, and H. Duncan, "Soda Taxes: Old and New," *Tax Advisor*, June 1, 2017, https://www.thetaxadviser.com/issues/2017/jun/soda-taxes.html

44. Oxford Economics, "The Economic Impact of the Soft Drinks Levy," August 2016.http://www.britishsoftdrinks.com/write/MediaUploads/Publications/The_Economic_Impact_of_the_Soft_Drinks_Levy.pdf

45. B. Richardson and T. van Rens, "Case Against Soft Drink Levy Is Sugar Coated," *The Conversation*, September 27, 2016.http://theconversation.com/case-against-soft-drink-levy-is-sugar-coated-66067

第十三章

1. A. Waters and E. J. Dionne. "Is Anti-Intellectualism Ever Good for Democracy?" *Dissent*, Winter 2019.

2. Wisconsin Radio Network, "Grothman: More Funding for Anti-Smoking Efforts Is Absurd [transcript]," September 6, 2007.https://www.wrn.com/2007/09/grothman-more-funding-for-anti-smoking-efforts-is-absurd

3. P. Marley, S. Walters, and S. Forster, "Assembly, Senate Pass Indoor Smoking Ban," *Journal Sentinel*, May 13, 2009.http://archive.jsonline.com/news/statepolitics/44913802.html/

4. A. Kaczynski and C. Massie, "Mike Pence Compared Health Risks of Tobacco to Candy in 1997 Op-Ed," *BuzzFeed*, July 18, 2016.https://www.buzzfeednews.com/article/andrewkaczynski/mike-pence-compared-health-risks-of-tobacco-to-candy-in-1997#.veo0G38qv

5. A. Kaczynski, "Smoking Doesn't Kill' and Other Great Old Op-Eds from Mike Pence," *BuzzFeed*, March 31, 2015.https://www.buzzfeednews.com/article/andrewkaczynski/smoking-doesnt-kill-and-other-great-old-op-eds-from-mike-pen#.peNE85VgkG

6. A. S. L. Rodrigues, A. Charpentier, D. Bernal-Casasola et al., "Forgotten Mediterranean Calving Grounds of Grey and North Atlantic Right Whales: Evidence from Roman Archaeological Records," *Proceedings of the Royal Society. Biological Sciences*, 2018; 285 (1882): 20180961. doi: 10.1098/rspb.2018.0961

7. Republican Platform 2016. 2016 Republican National Convention. https://prod-cdn-static.gop.com/media/documents/DRAFT_12_FINAL[1]-ben_1468872234.pdf

8. RAND Corporation, "Countering Truth Decay." https://www.rand.org/research/projects/

truth-decay.html

9. R. A. Charo, "Alternative Science and Human Reproduction," *New England Journal of Medicine*, 2017; 377(4): 309—311. doi: 10.1056/NEJMp1707107

10. K. Dilanian and M. Memoli, "Top Trump Campaign Aide Clovis Spoke to Mueller Team, Grand Jury," *NBC News*, October 31, 2017.

11. Texas Public Policy Foundation, "Fueling Freedom Project." https://web.archive.org/web/20161113225315/http://fuelingfreedomproject.com/

12. K. Hartnett White, "Energy and Freedom," Texas Public Policy Foundation, June 10, 2014. https://www.texaspolicy.com/energy-and-freedom/

13. D. Michaels, E. Bingham, L. Boden et al., "Advice Without Dissent," *Science*, 2002; 298 (5594): 703. doi: 10.1126/science.298.5594.703

14. https://www.houstonpress.com/news/tceq-scientist-says-the-smog-is-fine-because-texans-stay-indoors-6719701

15. L. A. Cox Jr., "Do Causal Concentration-Response Functions Exist? A Critical Review of Associational and Causal Relations Between Fine Particulate Matter and Mortality," *Critical Reviews in Toxicology*, 2017; 47 (7): 609—637. doi: 10.1080/10408444.2017.1311838 And L. A. Cox Jr., "The EPA's Next Big Economic Chokehold," *Wall Street Journal*, September 1, 2015.

16. T. Cox, MSHA's Draft Quantitative Risk assessment (QRA) of RCMD: Current Flaws and Possible Fixes. February 15, 2011.https://arlweb.msha.gov/regs/comments/2010-25249/AB64-COMM-74-12.pdf

17. P. Collignon, H. C. Wegener, H. P. Braam, and C. Butler, "Reply to Cox," *Clinical Infectious Diseases*, 2006; 42(7): 1053—1054. doi: 10.1086/501134. The Final Decision of the FDA Commissioner can be found at: https://www.regulations.gov/document?D=FDA-2000-N-0109-0137

18. United States Department of Energy, "The Los Alamos National Laboratory Site-Wide Environmental Impact Statement Process." https://www.energy.gov/sites/prod/files/EIS-0238-FEIS-01-1999.pdf

19. United States Department of Energy, "National Environmental Policy Act: Lessons Learned," June 1, 2000. https://www.energy.gov/sites/prod/files/LLQR-2000-Q2_0.pdf

20. C. Horner to T. N. Hyde and R. Tompson, "Federal Agency Science," December 23, 1996. https://www.documentcloud.org/documents/3445520-Horner-to-RJR-Reynolds-1996-Bracewell-Giuliani.html#document/p1

21. D. Michaels and T. Burke, "The Dishonest HONEST Act," *Science*, 2017; 356(6342): 989. doi: 10.1126/science.aan5967

22. Congressional Budget Office Cost Estimate, "HR 1030 Secret Science Reform Act of

2015," December 23, 1996.https://www.cbo.gov/sites/default/files/114th- congress-2015-2016/costestimate/hr1030.pdf

23. Congressional Budget Office Cost Estimate, "HR 1430 Honest and Open New EPA Science Treatment (HONEST) Act of 2017," March 29, 2017.https://www.cbo.gov/system/files?file=115th-congress-2017-2018/costestimate/hr1430.pdf

24. S. Reilly, "Pentagon Fires a Warning Shot Against EPA's "Secret Science" Rule," *Science*, 2018. doi: 10.1126/science.aav2466.

25. D. Cutler and F. Dominici, "A Breath of Bad Air: Cost of the Trump Environmental Agenda May Lead to 80,000 Extra Deaths Per Decade," *Journal of the American Medical Association*, 2018; 319(22): 2261—2262. doi: 10.1001/jama.2018.7351

第十四章

1. D. Barnes and L. Bero, "Why Review Articles on the Health Effects of Passive Smoking Reach Different Conclusions," *Journal of the American Medical Association*, 1998; 279: 1566-70, and D. E. Barnes and L. A. Bero, "Scientific Quality of Original Research Articles on Environmental Tobacco Smoke,"*Tobacco Control*, 1997; 6: 19—26.

2. R. Smith, "Medical Journals Are an Extension of the Marketing Arm of Pharmaceutical Companies," *PLoS Medicine*, 2005; 2(5): e138. doi: 10.1371/journal.pmed.0020138

3. D. Mukherjee, S. E. Nissen, and E. J. Topol, "Risk of Cardiovascular Events Associated with Selective COX-2 Inhibitors," *Journal of the American Medical Association*, 2001; 286(8): 954—959. doi: 10.1001/jama.286.8.954

4. M. A. Konstam, M. R. Weir, A. Reicin et al., "Cardiovascular Thrombotic Events in Controlled, Clinical Trials of Rofecoxib," *Circulation*, 2001; 104(19): 2280—2288. doi: 10.1161/hc4401.100078

5. M. A. Konstam and L. A. Demopoulos, "Cardiovascular Events and COX-2 Inhibitors," *Journal of the American Medical Association*, 2001; 286: 2809.

6. D. Graham, D. Campen, R. Hui et al., "Risk of Acute Myocardial Infarction and Sudden Cardiac Death in Patients Treated with Cyclo-Oxygenase 2 Selective and Non-Selective Non-Steroidal Anti-Inflammatory Drugs: Nested Case-Control Study," *Lancet*, 2005; 365: 475—481.https://doi.org/10.1016/S0140-6736(05)17864-7

Nested Case-Control Study," *Lancet*, 2005; 365: 475-481. https://doi.org/10.1016/S0140-6736(05)17864-7

7. H. M. Krumholz, J. S. Ross, A. H. Presler, and D. S. Egilman, "What Have We Learnt from Vioxx?" *British Medical Journal*, 2007; 334 (7585): 120—123. doi: 10.1136/bmj.39024.487720.68.

8. G. D. Curfman, S. Morrissey, and J. M. Drazen, "Expression of Concern: Bombardier et

al., 'Comparison of Upper Gastrointestinal Toxicity of Rofecoxib and Naproxen in Patients with Rheumatoid Arthritis.'" *New England Journal of Medicine*, 2000; 343: 1520—8, DOI: 10.1056/NEJMe058314. And G. D. Curfman, S. Morrissey, and J. M. Drazen, "Expression of Concern Reaffirmed." *New England Journal of Medicine*, 2006; 354: 1193. DOI: 10.1056/NEJMe068054.

9. R. Hersher, "Top EPA Science Advisor Has History of Questioning Pollution Research," *All Things Considered*, NPR, February 14, 2018. https://www.npr.org/sections/thetwo-way/2018/02/14/583972957/top-epa-science-adviser-has-history-of-questioning-pollution-research

10. J. J. Zou, "How the Oil Industry Set Out to Undercut Clean Air," *Center for Public Integrity*, December 12, 2017. https://apps.publicintegrity.org/united-states-of-petroleum/fueling-dissent/

11. J. E. Goodman, K. Zu, C. T. Loftus et al., "Short-Term Ozone Exposure and Asthma Severity: Weight-of-Evidence Analysis," *Environmental Research*, 2018; 160: 391—397. doi: 10.1016/j.envres.2017.10.018

12. K. Zu, L. Shi, R. L. Prueitt, X. Liu, and J. E. Goodman, "Critical Review of Long-Term Ozone Exposure and Asthma Development," *Inhalation Toxicology*, 2018; 30(3): 99—113. doi: 10.1080/08958378.2018.1455772

13. J. E. Goodman, S. N. Sax, S. Lange, and L. R. Rhomberg, "Are the Elements of the Proposed Ozone National Ambient Air Quality Standards Informed by the Best Available Science?" *Regulatory Toxicology and Pharmacology*, 2015;7 2 (1): 134—140. doi: 10.1016/j.yrtph.2015.04.001

14. N. Satija, "Texas Leading Challenge to New Smog Standards," *Texas Tribune*, June 26, 2015. For Gradient submissions to EPA, see: https://www.api.org/news-and-media/~/media/Files/News/Testimony_Speeches/Gradient_Comments_Ozone_Public_Hearings_Feb2010.ashx and https://www.api.org/~/media/Files/Policy/Ozone-NAAQS/Sax-Testimony-1-29-15.pdf

15. Batteries International, "New Findings on Lead Particles Mean Lower Absorption Rates." http://www.batteriesinternational.com/2017/09/07/new-findings-on-lead-particles-mean-lower-absorption-rates/

16. See: http://www.blackwellsettlement.com/uploads/BRIEF_EXHIBIT_B_-_Findings_of_Fact_and_Conclusions_of_Law_and_Order_Granting_Plaintiffs_Motion_for_C_1_.pdf; and T. Bowers, P. Drivas, and R. Mattuck, "Prediction of Soil Lead Recontamination Trends with Decreasing Atmospheric Deposition," *Soil and Sediment Contamination: An International Journal*, 2014; 23(6): 691—702. doi: 10.1080/15320383.2013.857294

17. White House Office of Management and Budget, *Meeting Record Regarding: Lead*

NAAQS, October 2, 2008. https://obamawhitehouse.archives.gov/omb/oira_2060_meetings_792/; and accompanying handout.

18. D. A. Rossignol, S. J. Genuis, and R. E. Frye, "Environmental Toxicants and Autism Spectrum Disorders: A Systematic Review," *Translational Psychiatry*, 2014; 4 (2): e360, and M. Arora, A. Reichenberg, C. Willfors et al., "Fetal and Postnatal Metal Dysregulation in Autism," *Nature Communications*, 2017; 8: 15493. https://doi.org/10.1038/ncomms15493

19. Gradient, "Science and Strategies for Health and the Environment." https://gradientcorp.com/alerts/pdf/Lynch%202014%20SOT%20(11x17).pdf

20. M. L. Dourson, B. K. Gadagbui, R. B. Thompson, E. J. Pfau, and J. Lowe, "Managing Risks of Noncancer Health Effects at Hazardous Waste Sites: A Case Study Using the Reference Concentration (RFC) of Trichloroethylene (TCE)," *Regulatory Toxicology and Pharmacology*, 2016; 80: 125-133. doi: 10.1016/j.yrtph.2016.06.013

21. Environmental Defense Fund, "Summary of 10 Chemicals Reviewed by Dourson and his firm TERA, Paid for by Private Industry, Arguing for Less Protective Standards," September 22, 2017.http://blogs.edf.org/health/files/2017/09/EDF-10-Dourson-chemicals-summary-and-profiles-9-22-17.pdf; Environmental Defense Fund, "EPA Toxics Nominee Has Been Paid by Dozens of Companies to Work on Dozens of Chemicals," July 24, 2017. http://blogs.edf.org/health/2017/07/24/epa-toxics-nominee-has-been-paid-by-dozens-of-companies-to-work-on-dozens-of-chemicals/. For more on diacetyl, see: A. Maier, M. Kohrman-Vincent, A. Parker, and L. T. Haber, "Evaluation of Concentration-Response Options for Diacetyl in Support of Occupational Risk Assessment," *Regulatory Toxicology and Pharmacology*, 2010; 58 (2): 285—296. doi: 10.1016/j.yrtph.2010.06.011

22. D. J. Paustenbach, P. S. Price, W. Ollison et al., "Reevaluation of Benzene Exposure for the Pliofilm (Rubberworker) Cohort (1936—1976)," *Journal of Toxicology and Environmental Health*, 1992; 36(3): 177—231, and M. B. Paxton, V. M. Chinchilli, S. M. Brett, and J. V. Rodricks, "Leukemia Risk Associated with Benzene Exposure in the Pliofilm Cohort: I. Mortality Update and Exposure Distribution," *Risk Analysis*, 1994; 14 (2): 147—154. doi: 10.1111/j.1539-6924.1994.tb00039.x; and M. B. Paxton, V. M. Chinchilli, S. M. Brett, and J. V. Rodricks, "Leukemia Risk Associated with Benzene Exposure in the Pliofilm Cohort: II. Risk Estimates," *Risk Analysis*, 1994; 14(2): 155—161. doi: 10.1111/j.1539-6924.1994.tb00040.x; and K. S. Crump, "Risk of Benzene-Induced Leukemia: A Sensitivity Analysis of the Pliofilm Cohort with Additional Follow-Up and New Exposure Estimates," *Journal of Toxicology and Environmental Health*, 1994; 42 (2): 219—242. doi: 10.1080/15287399409531875; and O. Wong, "Risk of

Acute Myeloid Leukaemia and Multiple Myeloma in Workers Exposed to Benzene," *Occupational and Environmental Medicine*, 1995; 52 (6): 380—384. doi: 10.1136/oem.52.6.380; and A. R. Schnatter, M. J. Nicolich, and M. G. Bird, "Determination of Leukemogenic Benzene Exposure Concentrations: Refined Analyses of the Pliofilm Cohort," *Risk Analysis*, 1996; 16(6): 833—840. doi: 10.1111/j.1539-6924.1996.tb00834.x; and K. S. Crump, "Risk of Benzene-Induced Leukemia Predicted from the Pliofilm Cohort," *Environmental Health Perspectives*, 1996; 104 (Suppl 6): 1437—1441; and M. B. Paxton, "Leukemia Risk Associated with Benzene Exposure in the Pliofilm Cohort," *Environmental Health Perspectives*, 1996; 104 (suppl 6): 1431—1436. doi: 10.1289/ehp.961041431; and L. Rhomberg, J. Goodman, G. Tao et al., "Evaluation of Acute Nonlymphocytic Leukemia and Its Subtypes With Updated Benzene Exposure and Mortality Estimates: A Lifetable Analysis of the Pliofilm Cohort," *Journal of Occupational and Environmental Medicine*, 2016; 58 (4): 414—420. doi: 10.1097/JOM.0000000000000689

23. R. B. Hayes, S. N. Yin, M. Dosemeci, and G. L. Li, "Benzene and the Dose-Related Incidence of Hematologic Neoplasms in China," *Journal of the National Cancer Institute*, 1997; 89(14): 1065—1071. doi: 10.1093/jnci/89.14.1065; and Q. Lan, L. Zhang, G. Li et al., "Hematotoxicity in Workers Exposed to Low Levels of Benzene," *Science*, 2004; 306(5702): 1774—1776. doi: 10.1126/science.1102443

24. European Chemicals Agency, "Committee for Risk Assessment Opinion on Scientific Evaluation of Occupational Exposure Limits for Benzene," March 9, 2018 (ECHA/RAC/O-000000-1412-86-187/).https://echa.europa.eu/documents/10162/13641/benzene_opinion_en.pdf/4fec9aac-9ed5-2aae-7b70-5226705358c7

25. F. Mowat, M. Bono, R. J. Lee et al., "Occupational Exposure to Airborne Asbestos from Phenolic Molding Material (Bakelite) During Sanding, Drilling, and Related Activities," *Journal of Occupational and Environmental Hygiene*, 2005; 2: 497—507.

26. D. Egilman, "The Production of Corporate Research to Manufacture Doubt About the Health Hazards of Products: An Overview of the Exponent Bakelite® Simulation Study," *New Solutions: A Journal of Environmental and Occupational Health Policy*, 2018; 28(2): 179—201. doi: 10.1177/1048291118765485

27. D. Paustenbach to D. Nunez Studier, "Re Ford Billing Rates—Proposal from ChemRisk for 2011," December 28, 2010.https://cdn.toxicdocs.org/50/50wDNYqLQpqN11yG8dG86gL5/50wDNYqLQpqN11yG8dG86gL5.pdf

28. Center for Public Integrity, "Facing Lawsuits over Deadly Asbestos, Paper Giant Launched Secretive Research Program," October 21, 2013. https://publicintegrity.org/environment/facing-lawsuits-over-deadly-asbestos-paper-giant-launched-secretive-

research-program

29. "Corrigenda Y1—2012/01/01," *Inhalation Toxicology*, 2012; 24(1): 80. doi: 10.3109/08958378.2012.655000

30. *Matter of New York City Asbestos Litig., 2013 NY Slip Op 04127* (N.Y. App. Div., 1st Dept., June 6, 2013). http://www.nycourts.gov/reporter/3dseries/2013/2013_04127.htm

31. P. Boffetta, J. P. Fryzek, and J. S. Mandel, "Occupational Exposure to Beryllium and Cancer Risk: A Review of the Epidemiologic Evidence," *Critical Reviews in Toxicology*, 2012; 42(2): 107-118. doi: 10.3109/10408444.2011.631898

32. J. F. Gamble, M. J. Nicolich, and P. Boffetta, "Lung Cancer and Diesel Exhaust: An Updated Critical Review of the Occupational Epidemiology Literature," *Critical Reviews in Toxicology*, 2012; 42(7): 549-598. doi: 10.3109/10408444.2012.690725

33. H. Checkoway, P. Boffetta, D. J. Mundt, and K. A. Mundt, "Critical Review and Synthesis of the Epidemiologic Evidence on Formaldehyde Exposure and Risk of Leukemia and Other Lymphohematopoietc Malignancies," *Cancer Causes Control*, 2012; 23(11): 1747—1766. doi: 10.1007/s10552-012-0055-2

34. P. Boffetta, H. Adami, P. Cole, D. Trichopoulos, and J. Mandel, "Epidemiologic Studies of Styrene and Cancer: A Review of the Literature," *Journal of Occupational and Environmental Medicine*, 2009; 51(11): 1275—1287. doi: 10.1097/JOM.0b013e3181ad49b2

35. E. T. Chang, H. Adami, P. Boffetta, P. Cole, T. B. Starr, and J. S. Mandel, "A Critical Review of Perfluorooctanoate and PerfluorooctanesulfonateExposure and Cancer Risk in Humans," *Critical Reviews in Toxicology*, 2014; 44 (S1): 1—81. doi: 10.3109/10408444.2014.905767

36. C. La Vecchia and P. Boffetta, "Role of Stopping Exposure and Recent Exposure to Asbestos in the Risk of Mesothelioma," *European Journal of Cancer Prevention*, 2012; 21(3): 227—230.

37. B. Terracini, D. Mirabelli, C. Magnani, D. Ferrante, F. Barone-Adesi, and M. Bertolotti, "A Critique to a Review on the Relationship Between Asbestos Exposure and the Risk of Mesothelioma," *European Journal of Cancer Prevention*, 2014; 23(5): 492—494.

38. C. La Vecchia and P. Boffetta, "Erratum: Role of Stopping Exposure and Recent Exposure to Asbestos in the Risk of Mesothelioma," *European Journal of Cancer Prevention*, 2015; 24(1): 68.

39. Coca-Cola. "Coca-Cola Honors 10 Young Scientists From Around the World," February 4, 2015. https://www.coca-colacompany.com/stories/coca-cola-honors-10-young-scientists-from-around-the-world

40. International Life Sciences Institute, "2015 Member and Supporting Companies." http://ilsi.org/wp-content/uploads/2016/01/Members.pdf

41. See: https://www.usrtk.org/wp-content/uploads/2016/05/ILSI2012donors.pdf
42. J. Erickson, B. Sadeghirad, L. Lytvyn, J. Slavin, and B. C. Johnston, "The Scientific Basis of Guideline Recommendations on Sugar Intake: A Systematic Review," *Annals of Internal Medicine*, 2017; 166(4): 257. doi: 10.7326/M16-2020
43. International Life Sciences Institute, "Nutrition." http://ilsina.org/our-work/nutrition/carbohydrates
44. D. Schillinger and C. Kearns, "Guidelines to Limit Added Sugar Intake: Junk Science or Junk Food?" *Annals of Internal Medicine*, 2017; 166(4): 305.

第十五章

1. See: https://www.patagonia.com/blog/2017/02/an-update-on-microfiber-pollution/
2. G. E. Markowitz and D. Rosner, *Deceit and Denial*, New York: University of California Press, 2013.
3. The result was a series of important papers including: B. S. Schwartz, M. P. McGrail, W. Stewart and T. Pluth, "Comparison of Measures of Lead Exposure, Dose, and Chelatable Lead Burden after Provocative Chelation in Organolead Workers." *Occupational and Environmental Medicine*. 1994;51(10):669—673. doi: 10.1136/oem.51.10.669; "K. I. Bolla, B. S. Schwartz, W. Stewart, J. Rignani, J. Agnew and D. P. Ford, "Comparison of neurobehavioral function in workers exposed to a mixture of organic and inorganic lead and in workers exposed to solvents." *American journal of industrial medicine*. 1995;27(2):231—246. doi: 10.1002/ajim.4700270208; M. McGrail, W. Stewart and B. Schwartz, B, "Predictors of Blood Lead Levels in Organolead Manufacturing Workers." *Journal of Occupational and Environmental Medicine*. 1995;37(10):1224—1229. doi: 10.1097/00043764-199510000-00014
4. R. R. Neutra, A. Cohen, T. Fletcher et al., "Toward Guidelines for the Ethical Reanalysis and Reinterpretation of Another's Research," *Epidemiology*, 2006; 17(3): 335—38.
5. "Full Disclosure: Regulatory Agencies Must Demand Conflict-of-Interest Statements for the Research They Use," *Nature*, 2014; 507(7490). doi: 10.1038/507008a; https://www.nature.com/news/full-disclosure-1.14817
6. D. Salisbury-Jones. "Academic 'hired' by Qataris to undermine US World Cup bid claims Qatar's was 'even stupider'" ITV Report July 30, 2018 https://www.itv.com/news/2018-07-30/academic-hired-by-qataris-to-undermine-us-world-cup-bid-claims-qatars-was-even-stupider/
7. Organisation for Economic Co-operation and Development. "Toward a new comprehensive global database of per- and polyfluoroalkyl substances (PFASs): Summary report on updating the OECD 2007 list of per- and polyfluoroalkyl substances (PFASs)" OECD

Series on Risk Management No. 39. May 4, 2018. And Z. Wang, J. C. DeWitt, C. P. Higgins and I. T. Cousins. "A never-ending story of per- and polyfluoroalkyl substances (PFASs)?" *Environmental science & technology*. 2017;51(5):2508—2518. doi: 10.1021/acs.est.6b04806

8. US Consumer Products Safety Commission. Public Meeting on the Petition Involving Additive Organohalogen Flame Retardants September 14, 2017.https://cdn.toxicdocs.org/G6/G654jYeRbr2Xoa8JYZO0e0jem/G654jYeRbr2Xoa8JYZO0e0jem.pdf

9. CPSC Commissioner Robert Adler, personal communication Feb 22, 2019.

10. D. Michaels, C. Monforton, and P. Lurie, "Selected Science: An Industry Campaign to Undermine an OSHA Hexavalent Chromium Standard," *Environmental Health*, 2006; 5: 5,

11. *In Re Elementis Chromium, Inc. TSCA Appeal No. 13-03 FINAL DECISION AND ORDER*.https://yosemite.epa.gov/oa/EAB_Web_Docket.nsf/TSCA~Decisions/C1325F1C5F7B886D85257E07006A88B7/$File/Elementis%20Decision%20Vol%2016.pdf

12. See for example: B. D. Kerger and M. J. Fedoruk, Pathology, toxicology, and latency of irritant gases known to cause bronchiolitis obliterans disease: Does diacetyl fit the pattern? *Toxicology Reports*. 2015;2(C):1463—1472. doi: 10.1016/j.toxrep.2015.10.012. and J. S. Pierce, A. Abelmann, L. J. Spicer, R. E. Adamsand and B. L. Finley. Diacetyl and 2,3-pentanedione exposures associated with cigarette smoking: implications for risk assessment of food and flavoring workers. *Critical Reviews in Toxicology*. 2014;44(5): 420—435. doi: 10.3109/10408444.2014.882292

13. M. L. Dourson, B. K. Gadagbui, R. B. Thompson, E. J. Pfau, and J. Lowe, "Managing Risks of Noncancer Health Effects at Hazardous Waste Sites: A Case Study Using the Reference Concentration (RFC) of Trichloroethylene (TCE)," *Regulatory Toxicology and Pharmacology*, 2016; 80: 125—133. doi: 10.1016/j.yrtph.2016.06.013

14. See M. Hawthorne. Officials knew ethylene oxide was linked to cancer for decades. Here's why it's still being emitted in Willowbrook and Waukegan Chicago Tribune. December 20, 2018. And Ramboll. Summary Chicagoland Background Ethylene Oxide Study. December 18, 2018. https://www.sterigenicswillowbrook.com/s/Background-Testing-Methodology_12_18_18.pdf

15. See: https://www.documentcloud.org/documents/5784030-2019-3-29-Sterigenics-Willowbrook-Cancer.html

16. These include K.H. Nguyen, S.A. Glantz, C.N. Palmer and L.A. Schmidt. "Tobacco industry involvement in children's sugary drinks market." *BMJ (Clinical research ed.)*. 2019;364:l736 doi:https://doi.org/10.1136/bmj.l736 and Y. van der Eijk and S. A. Glantz, "Tobacco Industry Attempts to Frame Smoking as a 'Disability' Under the 1990 Americans with Disabilities Act," *PLoS One*, 2017; 12 (11): e0188188. doi:

10.1371/journal.pone.0188188
17. P. D. Thacker, "Inside the Academic Journal That Corporations Love," *PacificStandard*, June 14, 2017. https://psmag.com/news/inside-the-academic-journal-that-corporations-love
18. P. Krugman, "Zombies of Voodoo Economics," *New York Times*, April 24, 2017. https://www.nytimes.com/2017/04/24/opinion/zombies-of-voodoo-economics.html
19. J. W. Singer, *No Freedom Without Regulation*, New Haven: Yale University Press, 2015.

图书在版编目(CIP)数据

怀疑的胜利:暗钱与科学腐败的真相/(美)戴维·迈克尔斯著;徐梦蔚译.—上海:上海科技教育出版社,2021.8

书名原文:The Triumph of Doubt: Dark Money and the Science of Deception

ISBN 978-7-5428-7555-6

Ⅰ.①怀… Ⅱ.①戴… ②徐… Ⅲ.①科技政策-研究-美国 Ⅳ.①G327.120

中国版本图书馆CIP数据核字(2021)第146721号

责任编辑　王怡昀　林赵璘
装帧设计　李梦雪

HUAIYI DE SHENGLI
怀疑的胜利——暗钱与科学腐败的真相
[美]戴维·迈克尔斯　著
徐梦蔚　译

出版发行	上海科技教育出版社有限公司 (上海市柳州路218号　邮政编码200235)
网　　址	www.sste.com　www.ewen.co
经　　销	各地新华书店
印　　刷	常熟市华顺印刷有限公司
开　　本	720×1000　1/16
印　　张	23.75
版　　次	2021年8月第1版
印　　次	2021年8月第1次印刷
书　　号	ISBN 978-7-5428-7555-6/N·1127
图　　字	09-2020-987号
定　　价	78.00元

The Triumph of Doubt:
Dark Money and the Science of Deception
© David Michaels 2020

The Triumph of Doubt was originally published in English in 2020. This translation is published by arrangement with Oxford University Press. Shanghai Scientific & Technological Education Publishing House is solely responsible for this translation from the original work and Oxford University Press shall have no liability for any errors, omissions or inaccuracies or ambiguities in such translation or for any losses caused by reliance thereon.

ALL RIGHTS RESERVED.